致密气藏高效开发理论与技术

Efficient Development Theory and Technology in Tight Gas Reservoir

王香增　著

科学出版社

北京

内 容 简 介

本书系统总结了国内外致密气藏的特征及分布、开发技术现状；阐述了致密气藏多尺度储层综合表征技术，提出基于动态知识库的储层预测方法；基于多尺度渗流机理，分析了致密气藏开采过程中的气水两相变化及开采特征；开展致密气藏试井模型理论研究，形成现代试井分析方法和产能"四维性"评价方法；研发了针对多层复杂叠置致密气藏的混合井网多层系立体动用技术；形成了复杂井况致密气藏工厂化绿色环保优快钻井技术；优化了低伤害压裂液和水平井分段压裂、CO_2压裂等致密气藏增产改造技术；发展了致密气藏采气生产技术与工艺；形成了黄土塬地貌等复杂地貌环境下的地面集输与处理技术。

本书可为从事致密气田勘探开发的科技人员、石油院校相关专业的师生提供参考。

图书在版编目(CIP)数据

致密气藏高效开发理论与技术 = Efficient Development Theory and Technology in Tight Gas Reservoir / 王香增著. —北京：科学出版社，2020.9

ISBN 978-7-03-065488-5

Ⅰ. ①致… Ⅱ. ①王… Ⅲ. ①致密砂岩-砂岩油气藏-油气田开发-研究 Ⅳ. ①P618.130.8 ②TE343

中国版本图书馆CIP数据核字(2020)第099781号

责任编辑：万群霞 陈娇娇 / 责任校对：王萌萌
责任印制：师艳茹 / 封面设计：蓝正设计

科 学 出 版 社 出版

北京东黄城根北街 16 号
邮政编码：100717
http://www.sciencep.com

北京汇瑞嘉合文化发展有限公司 印刷
科学出版社发行 各地新华书店经销
*
2020 年 9 月第 一 版 开本：720×1000 1/16
2020 年 9 月第一次印刷 印张：22 1/2
字数：454 000
定价：280.00 元
(如有印装质量问题，我社负责调换)

前　言

　　鄂尔多斯盆地是我国内陆大型盆地及重要的能源基地，拥有丰富的石油、天然气、煤炭和铀矿等资源，是我国较早发现油气的沉积盆地之一。1907 年，我国陆上第一口井——延一井产出原油，结束了中国陆上不产油的历史。1985 年，合参井于上古生界石盒子组获高产气流，拉开了鄂尔多斯盆地天然气勘探开发的序幕。随后，在盆地的北部先后发现了苏里格、榆林、大牛地、乌审旗等多个探明储量超过 $1000 \times 10^{8} m^{3}$ 的大型气田，而经多次研究的盆地的南部一直没有突破，从而形成了"南油北气"的格局认识，进一步制约了盆地南部天然气的勘探开发。自"十一五"以来，陕西延长石油(集团)有限责任公司总结前人经验，强化地质研究，转变勘探开发观念，大胆探索并积极实施，在盆地的上古生界多个层段获得工业气流，发现了探明天然气地质储量为 $7300 \times 10^{8} m^{3}$ 的延安大气田，并实施了高效开发。

　　我国致密气资源丰富，在天然气资源中占有非常重要的地位，当前已成为我国天然气增储上产最重要的领域。鄂尔多斯盆地延安气田致密气藏具有"低孔""低渗""低压""低产""层薄""多层复杂叠置""含水饱和度高"等特殊地质特征，导致开发难度大、采收率低。因此，如何实现致密气藏高效开发是保障天然气产量快速增长的重要途径。

　　本书是笔者十几年来从事致密气藏勘探开发理论与技术的科研和生产成果。全书将科研与生产实践紧密结合，系统阐述了致密气藏地质特征、储层表征、渗流机理、开发优化技术、试井及产能评价、高效钻完井、储层增产改造、采气工艺、地面集输与处理技术等内容，提出了一系列高效开发的创新性理论与技术，有针对性地解决了致密气藏开发中面临的各种难题。

　　本书是对致密气藏高效开发的经验与技术总结，为推动我国类似气藏的高效开发提供借鉴和参考。同时，致密气藏高效开发技术是我国天然气开发理论技术的重要组成，对促进我国天然气工业的发展会起到一定的推动作用。致密天然气的高效开发将有助于缓解我国天然气消费短缺、改善能源消费结构、促进生态环境保护和保障国家能源安全。

　　全书共九章，第一章主要阐述致密气的特征、分布和开发技术政策；第二章从宏观微观相结合阐述了致密气藏的多尺度储层表征技术方法；第三章论述了致密气藏多尺度渗流机理；第四章开展致密气藏试井模型理论研究，形成了现代试井分析方法和产能"四维性"评价方法；第五章针对我国致密气多层复杂叠置的特点论述了致密气藏混合井网多层系立体动用技术；第六章论述了复杂井况致密气藏工厂化绿色环保优快钻井技术；第七章论述了致密气藏增产改造技术，优化了低伤害压裂液和水平井分段压裂、CO_2压裂等致密气藏增产改造技术；第八章论述了致密气藏低成本采气工艺与技术；第九章论述了黄土塬等复杂地貌环境下的地面集输与处理技术。

本书所涉及的内容主要来自笔者及研究团队的研究成果，也参考了国内外同行、专家公开出版或发表的文章及相关资料，所参阅资料已尽量在参考文献中列出，若由于疏忽或遗忘而没有列出的敬请谅解。

本书在撰写过程中，得到了研究团队王念喜、赵习森、乔向阳等同志的帮助；本书基础资料的整理、实例的撰写、图件制作和排版等方面，由时丕同、赵鹏飞、曹军、杜永慧、周耐强、杨超、梁小兵、唐永槐、韩建红等同志协助完成；中国石油大学(北京)的李相方教授、中国地质大学(北京)的李治平教授等为本书提出了宝贵的意见，在此一并表示感谢。

由于掌握资料的局限，书中难免存在疏漏之处，请有关专家和读者批评、指正。

作　者
2020 年 5 月

目　录

第一章 绪 论

天然气作为一种低碳的清洁能源，日益受到各国的青睐和重视。随着全世界对天然气能源需求量的不断增大，常规天然气藏的产量和储采比都出现日益降低的趋势，非常规天然气资源被认为是最有希望的能源补充。其中，致密气已成为全球非常规天然气勘探开发的主要领域之一，特别是美国致密气大规模的开发利用，不仅助推美国天然气产量的快速回升，也推动了许多国家致密气勘探开发进程。随着认识及勘探开发程度的不断提高，我国致密气藏储量增长迅速，产量占比越来越大，未来天然气供应将在很大程度上依赖致密气藏。因此，加强致密气藏研究，提高开采技术水平，合理高效开发是我国实现天然气开发利用可持续发展的有力保障。

第一节 致密气的定义、特征及分布

一、致密气的定义

国际上对致密气的地质评价尚未形成统一的标准和界限，不同国家、不同地区一般会根据不同时期的天然气资源状况和技术经济条件，制定标准和界限；而在同一国家、同一地区随着认识程度的提高，致密气的概念也在不断发展和完善[1-6]。

1978 年，美国联邦能源管理委员会首次规定，只有地层渗透率不大于 $0.1 \times 10^{-3} \mu m^2$ 时，才可以被定义为致密气藏[1]。1989 年，Spencer 将原地渗透率低于 $0.1 \times 10^{-3} \mu m^2$ 的含气储层定义为致密气储层[2]；1997 年，Surdam 提出将孔隙度小于 12%、渗透率小于 $1 \times 10^{-3} \mu m^2$ 作为致密砂岩的标准[3]；在实际研究和生产中，国外一般将孔隙度小于 10%、含水饱和度大于 40%、渗透率小于 $0.1 \times 10^{-3} \mu m^2$ 的含气砂岩层作为致密气储层。目前，国际上一般采用美国联邦能源管理委员会 20 世纪 70 年代提出的标准，将空气渗透率小于 $1 \times 10^{-3} \mu m^2$ 的砂岩气藏定义为致密气藏。

国内对致密气藏地质评价标准的研究也有较长的历史，并逐步达到统一。1995 年，关德师将孔隙度小于 12%、渗透率小于 $1 \times 10^{-3} \mu m^2$ 的砂岩储层定义为致密砂岩储层[4]；1997 年，李道品将平均渗透率为 $(0.1 \sim 1) \times 10^{-3} \mu m^2$ 的砂岩储层定义为超低渗储层[5]；2004 年，王允诚将孔隙度为 2%～8%、渗透率为 $(0.001～0.1) \times 10^{-3} \mu m^2$ 的砂岩定义为致密砂岩[6]。

2010 年，由中国石油勘探开发研究院牵头组织"致密气地质评价方法"研究，提出致密砂岩储层地质评价标准为孔隙度小于 10%、原地渗透率小于 $0.1 \times 10^{-3} \mu m^2$ 或空气渗透率小于 $1 \times 10^{-3} \mu m^2$、孔喉半径小于 $1 \mu m$、含气饱和度小于 60%。该评价方法于 2011 年经国家能源局颁布实施，成为中国第一个关于致密气的行业标准[《致密砂岩气地质评价方法》(SY/T 6832—2011)]。2014 年，该标准升级为国家标准[《致密砂岩气地质评价方法》(GB/T 30501—2014)]，明确将致密气藏定义为覆压基质渗透率小于等于 $0.1 \times 10^{-3} \mu m^2$，单井一般无自然产能或自然产能低于工业气流下限，但在一定经济条件和技术措施下可获得工业天然气产量。通常情况下，这些措施包括压裂、水平井、多分支井等。

国外多采用地层条件下的渗透率来评价致密储层，地层条件下的渗透率值一般通过试井或实验室覆压渗透率测试求取。由于覆压基质渗透率难以求取，致密砂岩确定比较困难。国内一般习惯采用常压条件下实验室测得的空气渗透率来评价储层，测试的围压条件一般为 1～2MPa。考虑致密储层的滑脱效应和应力敏感效应影响，对于不同孔隙结构的致密砂岩，地层条件下的渗透率 $0.1 \times 10^{-3} \mu m^2$ 大体对应常压空气渗透率 $(0.5～1.0) \times 10^{-3} \mu m^2$。笔者认同国家标准[《致密砂岩气地质评价方法》(GB/T 30501—2014)]，并且还认为随着技术的进步和认识程度的提升，致密气的概念也会不断地发展和完善。笔者研究认为空气渗透率 $1 \times 10^{-3} \mu m^2$ 对应原地渗透率 $0.1 \times 10^{-3} \mu m^2$。

二、致密气藏基本特征

1. 地质特征

致密气藏是非常规气藏之一，与常规气藏具有较大差别，其主要地质特征如下。

1) 储层物性差

致密气藏最基本的特征是储层致密、物性差。北美地区致密气藏的孔隙度为 3%～15%，渗透率为 $(0.001～1) \times 10^{-3} \mu m^2$；鄂尔多斯盆地苏里格气田、川中须家河组气藏，储层孔隙度均为 4%～10%，覆压渗透率小于 $0.1 \times 10^{-3} \mu m^2$ 的样品所占比例为 80%～92%，与美国的 60%～95%相近，均超过 50%。

2) 含水饱和度较高

毛细管半径小限制了气体的流动，引起高的毛细管压力，发生毛细吮吸，造成气层含水饱和度高。致密砂层的含水饱和度一般为 30%～70%，但基本上为束缚水，游离水很少，致密气藏很少有下倾的气水界面。

3) 渗流能力低

致密砂岩颗粒小，胶结物含量高，而且大部分为次生孔隙，造成孔隙小、喉道细、孔喉连通性差，不便于流体流动。致密气藏渗流能力低，而且容易发生低速非达西渗流[7]。

2. 致密气藏基本开发特征

1) 依靠天然能量的衰竭式开发

致密气藏的驱动能量有三个：①天然气自身的弹性能量；②储层岩石的弹性能量，这部分能量普遍较小；③地层水的弹性能量。开发方式一般只能依靠天然能量的衰竭式开发[8]。

2) 单井产量低，需要压裂改造

致密砂岩储层物性差、渗透率低，气井的自然产能低，需经压裂和酸化才能获得较高的产量或达到工业气井的标准[9]。

3) 气井稳产条件差

致密气藏储层物性差，单井控制储量和可采储量少，供气范围小，投产后产量递减快，气井稳产是以不断放大生产压差来实现的。

与常规砂岩储层相比，致密砂岩储层物性差，开发难度更大。为保证致密气藏获得最大经济效益和合理的稳产年限，需要针对该类气藏的地质和开发特征，加强研究工作，并制订合理的工艺技术措施，以达到科学合理经济开发的目的。

三、国内外致密气藏分布

全球致密气资源丰富，分布范围广泛。据美国联邦地质调查局研究表明，全球已经发现或推测含致密气的盆地大约有 70 个，资源量约为 $210 \times 10^{12} m^3$，亚太、北美、拉丁美洲、俄罗斯、中东—北非等地区均有分布，其中亚太、北美、拉丁美洲拥有的致密气资源占全球致密气的 60% 以上[10]。

1. 国外致密气藏分布特征

目前，全球已有美国、加拿大、澳大利亚、墨西哥、委内瑞拉、阿根廷、印度尼西亚、俄罗斯、埃及、沙特阿拉伯等十几个国家和地区进行了致密气藏的勘探和开发。其中，北美地区的美国和加拿大在致密气资源的勘探开发方面处于世界领先地位。

目前，美国已在 23 个盆地发现了 900 多个致密气藏，主要分布在西部，特别是落基山地区，该地区的致密砂岩储层以白垩系和古近系—新近系砂岩、粉砂岩为主[11]。美国开发致密气的主要盆地是落基山地区的大绿河盆地、丹佛盆地、圣胡安盆地、皮申斯盆地、粉河盆地、尤因他盆地，另外还有阿巴拉契亚盆地、阿纳达科盆地等。美国致密气纵向层系跨度小、平面气藏产状与气藏类型呈规律性分布。纵向上，北美前陆盆地致密气主要分布在晚侏罗世—古近纪的沉积地层中，而且主要分布在白垩系；储盖组合层位纵向跨度小、厚度大。平面上，美国致密气藏在不同地区具有不同的分布特征，西部的大绿河、尤因他和皮申斯等盆地为透镜状气藏，埋深较大，为 1500～4000m，气层厚度一般为 60～150m；中部的丹佛、圣胡安、风河和棉花谷等盆地，则为中浅—中深层层状气藏，埋深为 700～2700m，气层厚度一般为 10～30m；北部大平原（包括威列斯顿盆地）为浅层层状气藏，埋深较浅，为 200～800m，气层厚度一般为 10～20m。值得关注的是，该地区的气藏源岩为海相页岩。气藏类型上，落基山地区以阿尔伯塔盆地为代表的前陆盆地致密气，特征是在逆掩断层带发育的背斜型致密气藏；前渊深盆地区为深盆气，以动态圈闭型气藏为主；东部斜坡区以大面积分布的地层与岩性气藏为主。

加拿大致密气主要储集在西部地区的阿尔伯塔盆地深盆区，故又称为深盆气。阿尔伯塔致密气藏分布于落基山东侧的盆地西部凹陷最深的深盆区，中生界厚度达 4600m，发现了 20 多个产气层段，含气面积为 62160km^2。该地区地层厚度由西向东呈楔形急剧减薄，向东逐渐过渡为常规油气藏分布区。在该地区 1000m 以下分布的地层中几乎所有储层均饱含天然气。该盆地的致密气储层包括整套中生界地层，但主要是白垩系致密砂岩层系；储层虽然物性差，但却大面积饱含气。

2. 我国致密气藏分布特征

目前，致密气已成为我国天然气增储上产的主要领域，在天然气工业发展中占有非常重要的地位。中国致密气资源量广泛分布于鄂尔多斯、四川、松辽、渤海湾、柴达木、塔里木及准噶尔等盆地，其中鄂尔多斯盆地和四川盆地最丰富。另外，我国近海海域的东海盆地、莺歌海盆地和珠江口盆地也发育致密气藏（表1-1）[12]。鄂尔多斯盆地和四川盆地是我国致密气藏地质储量最大的区域，也是目前致密气藏的主要生产区。经过 30 多年的探索，特别是近 10 年地质认识的提高和技术的快速发展，鄂尔多斯盆地和四川盆地致密气藏的勘探开发已取得了显著成效，堪称我国致密气藏勘探开发的典范[13]。

鄂尔多斯盆地天然气大规模勘探始于 20 世纪 80 年代末，目前已发现气田 11个。其中苏里格、乌审旗、神木等探明储量超千亿立方米的大型气田为致密气田。苏里格气田为我国目前最大的气田，主要含气层系为上古生界二叠系石盒子

表 1-1　中国主要盆地致密气资源量

区域	盆地	盆地面积/10^4km^2	层系	地质资源量/$10^{12}m^3$	技术可采资源量/$10^{12}m^3$
陆域	鄂尔多斯	25.0	C—P	5.9~8.1	2.9~4.0
	四川	20.0	T_3x	4.3~5.7	2.0~2.9
	松辽	26.0	K_1	1.3~2.5	0.5~0.9
	塔里木	56.0	J+K	2.7~3.4	1.5~1.8
	准噶尔	13.4	J+P	1.2~1.9	0.5~0.8
	吐哈	5.5	J	0.4~0.8	0.2~0.4
	渤海湾(陆上)	13.8	Es_{3-4}	1.2~1.9	0.6~0.7
	合计	159.7		17.0~24.3	8.2~11.5
海域	东海	24.1	E	1.0	0.4~0.7
	莺歌海	9.9	N	1.2	0.4~0.8
	珠江口	20.3	N—E	0.7	0.3~0.5
	合计	54.3		2.9	1.1~2.0
全国	总计	214.0		19.9~27.2	9.3~13.5

组盒八段和山西组山一段,已探明天然气储量 $3.49×10^{12}m^3$。苏里格气田发育众多的小型辫状河透镜状砂体,交互叠置形成了广泛分布的砂体群,整体上叠置连片分布,但气藏内部多期次河道的岩性界面约束了单个储渗单元的规模,导致储层井间连通性差、单井控制储量低。苏里格气田的砂岩厚度一般为 30~50m,辫状河心滩形成的主力气层厚度平均在 10m 左右,砂岩孔隙度一般为 4%~10%、常压渗透率为 (0.001~1.000)×$10^{-3}μm^2$,含气饱和度为 55%~65%,埋藏深度为 3300~3500m,异常低压,平均压力系数为 0.87,气藏主体不含水。

四川盆地上三叠统须家河组为海陆过渡相三角洲沉积,含气范围几乎遍布整个盆地,不仅探明了川中地区的八角场、广安与合川等大气田,以及川西地区的中坝、平落坝气田,而且在川北地区的龙岗、川西北的九龙山及川西南的白马庙地区,也都获得了重要发现。须家河组致密气的规模开发利用已有近半个世纪的历史,早期发现的气田主要位于川西的龙门山前构造发育区,以构造和裂缝型气藏为主,气藏规模小,但储量丰度高,气层厚度较大。上三叠统须家河组平均孔隙度为 4.77%,平均渗透率小于 $1×10^{-3}μm^2$;为致密—超致密砂岩储层,储层总体表现为低孔、低渗、高含水、强非均质性的特征。川中地区须家河组发育了 3套近 100m 厚的砂岩层,横向分布稳定,但由于天然气充注程度较低,构造较高部位含气饱和度较高,而构造平缓区表现为大面积气水过渡带的气水同层特征。须家河组砂岩埋藏深度为 2000~3500m,构造高部位含气饱和度为 55%~60%,平缓区含气饱和度一般为 40%~50%,常压—异常高压,压力系数为 1.1~1.5。

3. 国内外致密气藏对比

美国沉积环境以海相—海陆过渡相为主、我国沉积环境以陆相与海陆过渡相为主；不同的沉积环境与构造演化特征是国内外致密气藏特征不同的主要原因；国内外致密气藏在储层分布特征、储层物性和压力系统等方面存在差异（表1-2）。

表 1-2　国内外致密气基本情况对比

对比项目	国内	国外
烃源岩	以煤系地层为主	以泥页岩为主
运移	以短距离运移为主	自生自储
沉积	以陆相浅水三角洲沉积为主	以被动大陆边缘海相沉积为主
砂体	多层叠置多夹层	厚层块状少夹层，大面积分布
孔隙级别	微米至纳米级	纳米级
渗透率/$10^{-3}\mu m^2$	0.111～1	0.0001～1
致密程度	致密-特低渗	极致密
非均质性	强	相对弱
压力系统	异常低压或高压	异常低压或高压
地形地貌	山地、丘陵、沙漠	以平原为主
水源	缺乏	充足
地面管网	不完善	发达
政策支持	不明确	税收优惠

1）储层分布特征

受沉积环境控制，我国的致密气藏储层多呈现单层厚度薄、多层复杂叠置的现象。鄂尔多斯盆地石炭系—二叠系为陆表海缓坡沉积环境的三角洲与（水下）分流河道砂体，透镜状与层状砂体共生，本溪组、山一段、山二段和盒八段多层砂体复杂叠置，单层砂体有效厚度仅为3～10m，多层累计厚度可达40～60m。四川盆地须家河组须二段为海陆过渡相三角洲沉积，须四段、须六段致密砂体为前陆盆地性质的河道砂和水下分流河道砂体，呈透镜状，砂体有效厚度大（10～34m）。美国致密气储层分布稳定、厚度大，如美国皮申斯盆地梅萨默德群主要为海陆过渡相三角洲沉积，砂体以透镜状展布为主，气层累计厚度超过600m，气藏连续分布；南部的圣胡安前陆盆地梅萨默德群以河流相与三角洲分流河道沉积为主，砂体呈透镜状展布，砂岩有效厚度大（24m），含气砂岩面积为410km^2，纵向多层叠置。相比而言，美国致密气藏储层分布相对稳定、厚度较大。

2）储层物性

低孔隙度和低渗透率是致密储层典型的物性特征，鄂尔多斯盆地石炭系—二叠系致密砂岩储层的孔隙度为 4%～10%,平均为 6.7%,渗透率平均为 $0.6 \times 10^{-3} \mu m^2$。四川盆地须家河组致密储层的孔隙度和渗透率更低,平均仅为 4.2% 和 $0.35 \times 10^{-3} \mu m^2$。国外致密砂岩储层的孔隙度较中国致密砂岩储层略高,平均为 5%～12%,但不同盆地渗透率差异较大,如圣胡安盆地致密砂岩储层渗透率为 $(0.5\sim2) \times 10^{-3} \mu m^2$,而丹佛盆地的渗透率低至 $(0.05\sim0.005) \times 10^{-3} \mu m^2$,加拿大白桦地致密气藏储层所有样品的渗透率全部小于 $0.1 \times 10^{-3} \mu m^2$,低至 $(0.0001\sim0.002) \times 10^{-3} \mu m^2$。

3) 压力系统

异常高压或异常低压是国内外致密气藏的普遍现象。鄂尔多斯盆地致密气藏均为异常低压,平均压力系为 0.85～0.95;四川盆地川西拗陷侏罗系致密气藏压力则为异常高压,压力系数为 1.8～2.0。美国丹佛盆地、圣胡安盆地和阿巴拉契亚盆地致密气藏皆为异常低压;而美国大绿河盆地联合堡地层致密气藏和棉花谷盆地棉谷气藏均为异常高压,压力系数分别为 1.57 和 1.49。加拿大白桦地致密气藏压力系数为 1.3～1.5。

另外,从地形地貌上看,国外以平原为主,水源充足;我国致密气藏主要分布于山地、丘陵和荒漠等,水源缺乏,地面管网部署难度大,导致我国致密气藏开发技术政策和国外相比有所不同。

第二节 致密气藏开发技术现状

目前,国外致密气藏研究的重点在深盆气藏,主要通过三维地质数据,研究古沉积相的途径,确定致密砂体分布范围;利用钻井、测井资料,分析致密砂岩储层的岩石物理特征;再通过分析气水配置关系,进行深盆气藏识别。针对致密气储层物性差、单井井控储量小等地质与开发特征,美国形成了气藏描述、开发技术政策优化、大型压裂和水平井钻井等主体技术。

我国致密气藏勘探开发大致经历了探索起步、快速发现、高速发展三个阶段。

(1) 1995 年之前为探索起步阶段。我国早在 1971 年就在四川盆地川西地区发现了中坝致密气田,之后在其他含油气盆地中也发现了很多致密小型气田或含气显示。但早期主要是按照低渗-超低渗气藏进行勘探开发,进程比较缓慢。

(2) 1996～2005 年是致密气藏快速发现阶段。20 世纪 90 年代中期,鄂尔多斯盆地上古生界天然气勘探取得重大突破,先后发现了乌审旗、榆林等一批致密气田,此外在四川盆地上三叠统也有零星发现。期间共新增探明储量 $1.58 \times 10^{12} m^3$,年均新增探明地质储量 $1580 \times 10^8 m^3$,占同期天然气新增探明总储量的 44%。但该时期限于经济技术条件下难以有效开发,产量增长缓慢,到 2005 年全国致密气产量仅 $28 \times 10^8 m^3$。

(3)2006 年以来致密气藏勘探高速发展阶段。以长庆油田为代表,实现合作开发模式、采用新的市场开发体制,走管理和技术创新、低成本开发之路。集成创新了以井位优选、井下节流、地面优化技术等为重点的 12 项开发配套技术,实现了苏里格气田经济有效的开发。

延安气田上古生界砂体规模小、层薄、多层叠置;岩性致密、物性差;黄土塬地貌、井位落实难;储量丰度低,高效动用难度大。自主研发形成有效储层预测技术、混合井网多层系立体动用技术、适用于致密储层的高效多段分压技术和黄土塬复杂地貌致密气藏中压集输工艺四项开发关键技术,实现了低丰度多层差异叠置致密气藏的有效规模开发。

我国自 1971 年发现川西中坝气田以来,在借鉴、引进、吸收国内外先进技术的基础上,已探索形成了一套致密气藏有效开发主体技术、特色技术和适用的配套技术体系。

一、气藏描述技术

致密气储层"精细"刻画分宏观和微观两个层次。宏观上,包括储层三维空间展布、气水检测及分布规律、裂缝规模及定量描述等多个方面;微观上,包括岩石孔喉结构、气水赋存状态及渗流规律等。由于致密气储层描述技术刻画更精细,需要建立地震、测井、纳米 CT 等六个级别尺度的研究方法,包括需要高精度地震技术[叠前保幅、叠前振幅随偏移距变化(AVO)等]和全方位测井技术(微电阻率成像、核磁共振等)以预测致密气储层、裂缝分布;多功能实验手段(场发射扫描电子显微镜、FIB、纳米 CT 等)和测试方法(高压压汞、离心力分析等)以重构孔喉结构、气-水赋存状态及渗流规律。

美国发展了以提高储层预测和气水识别精度为目标的二维、三维地震技术系列,如构造描述技术、波阻抗反演储层预测技术、地震属性分析技术、频谱成像技术、三维可视化技术、地震叠前反演技术等[14]。三维地震技术的应用,有效提高了钻井成功率。1990 年以前,以二维地震为主体技术,开发井的钻井成功率小于 70%;1990 年以后,气藏描述及三维地震技术的应用,使钻井成功率提高到 75% 以上。

中国致密气藏主要分布于山地、丘陵和荒漠等地区,形成了复杂地貌条件下的致密气藏地震勘探开发技术。数十年来,黄土塬地震一直是世界性难题,非纵地震技术是在三维采集的基础上,吸收、消化其优点后形成的适应于黄土塬区的地震技术。用二维方式模拟三维的采集与处理方法,尽量避开近炮点强面波干扰,力求压制地面和近道的各种不规则干扰,以提高地震资料品质。由于激发与接收因素差异大,受表层介质非均匀变化影响,采集的地震资料炮间能量及频率特征变化大、一致性差,为了统一资料的品质,利用振幅恢复与补偿技术及子波处理技术来消除地震资料之间的差异。运用"先低频(长波长)、后中高频(中短波长),逐步逼近"的静校正处理技术,有效解决了黄土塬区地震资料的静校正难题。通过"常规地震勘探向全数字地震勘探、单分量地震勘探向多分量地震勘探、叠后储层预测向叠前有效储层预测"三大技术转变,实现了岩性体刻画向有效储层预测和流体检测转变。形成了全数字地震薄气层预测和多波地震流体检测两大主体技术。

针对不同储层特征,国内外致密气藏的研究重点存在明显不同:由于沉积环境及砂体结构的不同,国内致密气储层研究工作重点是"甜点"类型及地质控制因素;国外致密气储层研究重点是"储量"落实及"脆性"评价。相应的研究方法存在以下三点不同。

(1)国外实验数据更接近原始地层条件,多数物性数据都是在覆压、地层温度条件下直接实验获得的;国内实验数据通常都是在常温、常压下获得,然后运用常压与覆压条件下的数据关系进行转换。

(2)国外测井解释更贴近应用,通过最常见的解释方法(如 Archie 公式),变换相关参数,使解释数据与实验数据吻合;国内测井解释更贴近原理,相应的解释方法选取更复杂(如双水模型、三水模型),参数获取更困难。

(3)国外综合评价更逼近动态,把产量数据作为储层评价的先决条件;国内则把产量数据作为储层评价的后验结果。

二、储层改造技术

目前,致密气储层改造使用最早、最常用的技术是水力压裂。美国最早将水力压裂技术运用到圣胡安盆地的致密含气砂岩层,大绿河盆地 Jonah 气田。1993 年以前,采用单层压裂,只压开底部 50%,单井初期日产量仅为 $4 \times 10^4 \sim 11 \times 10^4 \mathrm{m}^3$;随着工艺技术的进步,2000 年以后,多至 10 层压裂,单井控制储量增加 3~7 倍,单井初期日产量达到 $14 \times 10^4 \sim 28 \times 10^4 \mathrm{m}^3$。但许多致密储层的水敏、强水锁等特性,使之不适合采用水力压裂,因此国外发展起了 CO_2 加砂压裂技术(又称干式压裂技术),最后出现了液态 CO_2 井下配置加砂压裂技术和超长水平井技术取代压裂缝技术,解决了许多储层水敏、强水锁的难题。

以往储层改造工艺以直井多层和水平井多段常规改造为主,体积改造是近年来兴起的新型储层改造技术。经过攻关实践,我国自主研发的体积改造技术成熟配套,已实现规模化应用,与"井工厂化"作业模式结合,成为非常规低成本开发的关键技术。其主体技术为大通径桥塞分段压裂技术和低黏滑溜水液体体系,配套技术包括桥塞泵送与分簇射孔、连续混配与连续输砂、压裂液回收利用等。在工具装备方面,我国自行研制的可溶桥塞压裂技术已达到国际领先水平,实现了从技术模仿到技术引领的转变。其中,四川盆地的致密砂岩改造以应用大型水力压裂为主，在川中八角场、川西新场、洛带等气田取得了较好的效益。在鄂尔多斯盆地对压裂改造措施也进行了一系列的尝试，从简单的常规压裂逐渐过渡到伴注液氮压裂技术和二氧化碳压裂技术。应用表明，川西及鄂尔多斯盆地北部的致密砂岩储层压裂改造措施增产效果明显，使原本无自然产能或产能低的井层产量得到了大幅度提高。

国外近年来在分层压裂改造方面，使用机械工具进行封隔的技术发展较快，主要以机械封隔器、永久式桥塞及可捞式桥塞进行分层，这些分层工具在贝克休斯（Baker Hughes）、威德福国际有限公司（Weatherford）和欧文（Owen）等国际著名大公司都得到了应用。随着我国天然气工业的快速发展，四川、长庆、华北、吉林、新疆等油气田在借鉴国外气藏压裂改造技术的基础上，根据储层特点开展了致密气藏分层压裂工艺、工具及入井液体系的研究，先后采用了投球选压、填砂+液体胶塞分层压裂、机械封隔器分层压裂、可捞式桥塞分层压裂、油套分压等分层压裂工艺的现场试验研究，均取得了一定的成果，但在工具开关的灵活性、可靠性及工具管串组合方面，仍处于不断摸索、完善阶段。

三、水平井井工厂开发技术

美国的水平井技术已成为一种开发致密气田的成熟技术。水平井生产剖面具有很强的泄气能力，特别是水平井分段压裂和水平井加欠平衡钻井技术，能够成倍提高采气效率[15]。美国克里弗兰德气田早期采用直井生产，单井累采气量低，经济效益差；2003 年探索水平井开采，应用效果较好，单井产量提高 2.5～3 倍。自 2008 年美国将"井工厂"技术应用于北美页岩气开发以来，国外通过关键技术攻关与工艺配套，已经形成了一套较为成熟的"井工厂"作业模式。美国致密气采用"井工厂"技术后，钻井数量快速上升使钻井周期缩短、成本降低。

我国自 2009 年以来，开始探索应用"井工厂"技术开发致密气，先后在苏里格南合作区和大牛地气田等，进行了"井工厂"钻完井技术的积极探索和应用，并取得了很多认识和收获；但与国外相比，我国"井工厂"钻完井技术仍处于起步阶段，还存在许多不足。目前，国内现有的技术储备、配套设备及工具等，还不能完全满足"井工厂"作业的需求，尚未形成一套完整的"井工厂"施工及评价标准。

由于致密气藏是 21 世纪最有希望而又最现实的重要天然气勘探开发领域，开发好这类气藏对石油工业的持续稳定发展、满足市场需求具有十分重要的意义。中国致密气分布广泛、资源丰富、潜力巨大，为有效开发致密气，需进行深入细致的研究与探索，突破地质认识与工艺技术瓶颈，实现致密气的规模有效开发。

第三节 致密气藏开发技术政策

一、致密气藏高效开发坚持的原则

致密气藏完全动用难度很大，实现高效开发必须依靠科技创新、简化开采、走低成本开发之路，坚持全过程低成本、全方位一体化、持续优化和绿色环保四个原则。

1) 全过程低成本原则

致密气藏的本质特性是低品位资源、边际资源，即"贫矿"。开发该类资源，必须树立全过程从简、节省、适用的低成本基本理念。从简是指根据非常规油气资源单井产气量低、开发投资大的实际，从简制订开发方案、简化地面工艺流程；节省是指在勘探开发投入上要精打细算，努力节约每一分钱；适用是指不追求最新最好的技术，体现经济适用。只有全过程最大程度地压缩成本，才有望实现致密气资源的经济有效开发。

2) 全方位一体化原则

强化管理与技术并重，加强勘探开发一体化、地质工程一体化、地面地下一体化。致密气藏勘探开发一体化是用直井控制规模，"水平井+大型压裂改造"提高单井产量，先产量后储量，尽快回收投资，提高整体效率。致密气藏开发地质工程一体化要以经济可采储量最大化为目标，以"储层改造"为核心，采用气藏、地质、钻井、完井、压裂和地面工程交互式一体化的理念，实现控制储量最大化、经济效益最大化。

3) 持续优化原则

致密气藏需通过勘探开发一体化来提高效益。地质认识是一个逐步深化的过程，相应的开发方案就需要反复优化调整，对应的工程和地面也需要持续优化。因此，要全过程质量管理，坚持全过程最优效益原则，从开发理念及工程指标、工程技术、运行管理、投资效益四个方面对比分析，集成配套，形成技术系列，模块化、标准化设计、工厂化实施，有效推动致密气的高效开发。

4) 绿色环保原则

致密气藏开发中必须将环境保护置于优先考虑的位置，依据有关现行法律法规，坚持资源最佳利用，减少土地资源浪费，减少或消除有害废弃物排放，对废旧产品进行回收处理再利用，拒用有毒有害的原料和产品，以实现绿色环保开发。

二、致密气藏开发技术政策

美国致密气藏以定压方式生产,单井初期产量高,投资回收期短,但单井递减速度较快,为了保持气田稳产,采取大规模钻井、井间接替方式。美国圣胡安盆地为大面积致密层状气田,开发初期采用 0.77 井/km² 的井网密度开发有利区块,随着空气钻井、分层压裂、地面流程简化等降低成本、提高单井产量技术的不断发展完善,逐步扩大开发区块,井网逐步加密至 3 井/km²,开发井数不断增加,使气田产量基本保持稳定[14]。

由于气井产能分布极不均衡,国内往往利用高产带上的钻井采出低产带中的储量,所以采用非均匀布井方式,在高渗透区采用高井网密度,而在低渗透区采用低井网密度[16]。因此,气田布井很难一次完成,一般是在主体井网的基础上利用加密井网来完善。目前,国内致密气藏在开发早期,大多采用定产方式开发,需要稳产控压,根据压力变化情况,坚持"保护高产井、稳定中产井、挖潜低产井、力求控制压降"的原则。深化气藏地质和开发特征认识,合理控制采气速度,强化气藏动态监测与分析研究,适时评价气井阶段产能,及时调控,实现开发生产的良好循环,做到长期稳定供气,对开发全过程实行有效控制,以提高气藏开发生产管理水平。常用的开发技术政策主要包括以下几个方面。

1. 勘探开发一体化

加强勘探开发一体化指围绕相对有利区,预探、评价、产建通盘考虑,整体部署,快速落实储层,控制气藏规模。生产运行一体化指预探、评价按开发井网部署,按大井场组织实施;若气层落实,即可迅速用原钻机钻开发井。资料录取一体化指探井、评价井、开发井互相补位,满足资料录取需求,开发所需资料可在探井、评价井上录取,预探井、评价井未取到的资料也可在开发井上予以补充。开发向勘探延伸,气藏评价紧跟勘探,坚持早期介入,加快区域地质认识的节奏;勘探向开发延伸,实现快速、规模、高效开发。通过坚持"两个延伸",缩短勘探开发周期,加深地质认识程度,提高了勘探开发的整体效益。

2. 整体部署、分批实施

致密气藏地质条件复杂,需整体部署、立体开发、分批实施。在对致密气藏规模"整体性"把控的前提下,地面建设通过标准化设计,以适应气田勘探开发建设的需要,整体规划、分步实施、滚动建设。首先,整体性评价探井、评价井、骨架井、开发井井网一次成型,一体化管理;然后,规模性建产,直井控制规模,"水平井+体积压裂改造"提高单井产量。探井、评价井、骨架井、开发井整体部署,采取大井场建设模式,避免重复建设,实现土地资源节约、地面建设节约和生产管理节约。

3. 地质工程一体化

应用系统工程的思想和方法，集中配置人力、物力、投资、组织等要素，以现代科学技术、信息技术和管理手段，改进传统石油开发施工和生产作业方式，以达到降本增效的目标。完善气藏、地质、钻井、完井一体化设计，探索标准集约化建设施工，实现控制储量最大化、经济效益最大化；同时，实现了绿色环保循环利用。以经济可采储量最大化为目标、以"储层改造"为核心，按集约化"井工厂"模式进行一体化设计。气藏与地质一体化，提高整体控制程度；气藏与压裂一体化，实现缝网立体开发；气藏与钻井工程一体化，实现集约建设；气藏与射孔一体化，提高储层改造效果；气藏与压裂工艺一体化，提高储层改造效果。工厂化钻井，在实现优快钻井的同时大幅度降低资源占用与消耗，有效实现节能减排与环保。裂缝和井网适配最大限度地提高改造规模和波及范围。

4. 科学配产、保稳控减

基于气田储量情况和市场需求，设计出合理的稳产期和采气速度。考虑到气藏衰竭问题，应采取阶梯式稳产的方式进行设计。此外，应正确认识单井稳产与气田稳产的关系，在气井配产中考虑各井的实际条件，保证气田总体稳产。

开发后期加强递减规律与剩余气分析研究。一是致密气藏多为多层叠置的透镜状气藏，单井泄气面积小，井间加密是提高气藏采收率的关键技术；在综合地质研究的基础上，应用试井、生产动态分析和数值模拟等动态描述手段，确定井控储量与供气区形态，优化加密井网。二是实施重复酸化压裂、补孔、换管柱排液等改造增产措施，挖掘有潜力井及低产低效井的产能；开发层位以单层开采为主，合层开采较少，随着气田开发，单井产量下降，措施井增多，上部层位逐步打开，合层开采将逐步增多。控制递减，提高气藏开发水平。

5. 优化采气工艺，经济排液

利用气井自身能量来提高瞬时流量(大于油管临界携液流量)、增大生产压差，从而达到减少井底积液回压、释放储层产能、增加气井产量的排水采气方法，具有操作简单、实施方便、工艺投资少的特点。随着气井的不断开采，地层能量的不断衰竭，提产排水效果越来越差，尤其是地层能量本就不足的低产井。因此，低产井在直接提产排水效果不明显的情况下，可采用间开加泡排复合排水措施；产水井定期泡排维护、保持连续携液生产。在气井积液规律预测的基础上，采用复合排液技术，调整工作制度，合理配产，减小生产波动，通过加强生产管理，充分发挥气井潜力，延长稳产时间。针对低压低产积液气井，利用小直径管增大气体流速，提高携液能力，依靠地层自身能量达到低水平稳定连续生产。

6. 低成本集输

国外天然气工业起步较早，地面管网发达，且有政策和税收支持，根据天然气田类型分别采用不同的采气工艺进行开发。低压、负压集气工艺主要是为了提高气藏采收率，利用地面不加热、低压集气、混相计量技术。我国的致密气藏主要分布于高原、山地、丘陵和荒漠等地区，地面集输难度大；加上致密气藏单井产量低，一般采用衰竭式开发，投产后递减率高，稳产主要依靠区块接替和打加密井，地面集输的设计和优化需尽可能遵从简化工艺、节省投资、降低运行成本等基本理念。

气田进入开发末期，地层压力下降，当井口压力不断下降，接近输压时，应用气藏数值模拟和节点系统分析等方法，合理选择气井增压时机，通过高低压分输、站场流程简化、增压输送等方法实现低压气井的连续稳定生产，提高气藏采收率。

由于致密气藏在孔隙结构、渗流特征等方面与低渗气藏存在差异，需重点研究致密气藏开发机理、开发规律、井型井网优化、合理配产和合理产能规模等开发技术政策，为规模有效开发致密气藏提供技术支撑。

参 考 文 献

[1] Law B E. Basin-centered gas systems[J]. AAPG Bulletin, 2002, 86(11): 1891-1919.

[2] Spencer C W. Review of characteristics of low-permeability gas reservoirs in western United States[J]. AAPG Bulletin, 1989, 73(5): 613-629.

[3] Surdam R C. A new paradigm for gas exploration in anomalously pressured "tight gas sands" in the Rocky Mountain Laramide basins[J]. AAPG Memoir, 1997, 67: 283-298.

[4] 关德师, 牛嘉玉, 郭丽娜, 等. 中国非常规油气地质[M]. 北京: 石油工业出版社, 1995.

[5] 李道品. 低渗透油田开发概论[J]. 大庆石油地质与开发, 1997, 16(03): 36-40+79.

[6] 王允诚, 孔金祥, 李海平. 气藏地质[M]. 北京: 石油工业出版社, 2004.

[7] 石秀华. 低渗透气藏的开发特点及产能分析[J]. 内蒙古石油化工, 2010, 36(12): 59-60.

[8] 吴志均, 何顺利. 低渗砂岩气藏地质特征和开发对策探讨[J]. 钻采工艺, 2004, (4): 103-106.

[9] 钟嘉, 史纪元, 李静. 低渗致密气藏和凝析气藏的压裂技术研究[J]. 内江科技, 2013, 34(4): 25, 52.

[10] 杨涛, 张国生, 梁坤, 等. 全球致密气勘探开发进展及中国发展趋势预测[J]. 中国工程科学, 2012, 14(6): 64-68, 76.

[11] 童晓光, 郭彬程, 李建忠, 等. 中美致密砂岩气成藏分布异同点比较研究与意义[J]. 中国工程科学, 2012, 14(6): 9-15, 30.

[12] 张国生, 赵文智, 杨涛, 等. 我国致密砂岩气资源潜力、分布与未来发展地位[J]. 中国工程科学, 2012, 14(6): 87-93.

[13] 康毅力, 罗平亚. 中国致密砂岩气藏勘探开发关键工程技术现状与展望[J]. 石油勘探与开发, 2007, (2): 239-245.

[14] 雷群, 万玉金, 李熙喆, 等. 美国致密砂岩气藏开发与启示[J]. 天然气工业, 2010, 30(1): 45-48, 139-140.

[15] 黎红胜, 汪海阁, 纪国栋, 等. 美国页岩气勘探开发关键技术[J]. 石油机械, 2011, 39(9): 78-83.

[16] 罗迪, 张小龙, 谭红. 低渗透气藏开发及稳产技术研究[J]. 内蒙古石油化工, 2011, 37(9): 115-116.

第二章 致密气藏多尺度综合储层表征技术

储层表征是应用多学科信息定量研究地下不均质储层的过程。应用多种测试手段识别储层特征，如利用岩心和测井资料识别沉积相类型、构型要素类型、流动单元类型、岩石相类型、层理类型及孔隙结构类型等。对已识别的储层类型进行成因和机理分析，研究储层及其特征要素的分布规律；并从一维或二维角度描述储层外部形态及内部结构特征，如针对曲流河砂体，描述砂体外部轮廓、内部点坝(及点坝内侧积体)的大小及形态分布等特征，最后建立储层特征三维分布的数学化模型。三维储层模型是一套利用计算机存储和显示的储层数据体来进行储层的三维显示，并进行任意切片(不同层位、不同方向)，以及进行各种运算和分析，从而深入认识地下非均质储层，有利于油气藏评价和油气藏管理。相对于常规储层，其表征方法并不能完全适用于致密气藏储层表征。致密储层的孔隙度和渗透率低，孔隙结构复杂，孔隙以微米—纳米级孔隙为主体，孔隙结构表征难度大。致密储层岩石粒度细小，岩石成分复杂多样，泥质含量高，造成气层测井响应复杂，测井解释结果多解，有效储层识别难度大。同时，致密砂岩气藏储层与围岩声阻抗差异小，地震储层预测面临较大挑战。为此，本章在前人研究工作的基础上，综合传统储层表征技术及致密气储层特殊性表征技术，对致密气储层表征进行系统研究。

第一节　致密气藏储层微观孔隙结构表征技术

储层微观孔隙结构特征直接影响储层的储集能力和渗流能力，而致密砂岩储层的微观结构具有特殊性，孔隙结构复杂，喉道类型多样，需要从孔隙和喉道的类型、尺寸、分布范围、孔喉之间的匹配关系、连通状况及空间分布等多方面进行表征。致密气藏砂岩储层的孔喉结构特征是导致其在源储配置、储层特征、渗流机理、开发方式等方面有别于常规气藏砂岩储层的主要原因。因此，微观孔喉结构研究不仅是认识储层基本特征的基础，更是揭示致密气开发机理的基础。

一、孔隙微观结构表征技术进展

对微观孔隙结构的研究起源于 20 世纪 20 年代；早期主要采用实验统计学方法，仅限于利用铸体薄片鉴定、扫描电子显微镜(SEM)、图像孔隙、X 射线衍射

（XRD）、常规压汞等实验方法，对微观孔喉特征进行定性-半定量描述，但对其不同实验间联系的研究尚显不足，而且未涉足多实验、多尺度的微观耦合机理的定量表征。传统的铸体薄片只能对岩心薄片中的孔隙结构特征进行半定量分析，如孔隙形态与直径、喉道形态与直径、面孔率、孔喉配位数等，而该方法主要基于点计法进行统计。传统的扫描电子显微镜只能定性描述孔隙内的情况以及黏土、胶结物等基本特征。随着医学、材料学等分析测试技术在油气勘探开发领域的不断应用，高分辨率场发射扫描电子显微镜技术能够对致密油气层和页岩气储层的纳米级孔隙进行研究，可以发现直径小于 1μm 的纳米级孔隙[1-3]。随着共聚焦显微镜的使用，对铸体薄片进行扫描的图像得以重建，获取岩石结构特征的三维立体图像，大大减弱了二维薄片的切面效应。Washburn 在 1921 年首次利用压汞实验技术分析孔喉半径大小及分布范围、孔喉分选、孔喉连通程度等参数，从而使孔隙结构的研究开始进入半定量化，经过后期的发展与完善，已经成为孔隙结构研究的重要方法。

利用核磁共振、恒速压汞及与上述取得进展的传统实验手段相结合，多学科交叉定量标定，并利用一些其他能够真实反映微观孔喉特征的物理模型，开展储层的综合分类评价。恒速压汞实验采用高分辨压力自动数据采集系统记录压力变化，再根据孔隙和喉道的进汞量大小建立毛细管压力曲线，将孔隙、喉道的发育及分布特征分别进行定量化表征。核磁共振技术的应用对孔隙结构研究有其特有的优势。利用核磁共振技术绘制的 T_2 谱，不仅可以利用 T_2 截止值定量标定出储层的微观流动孔喉下限，还可以获取可动流体饱和度和可动流动孔隙度两个特征参数，这两个特征参数是对储层宏观和微观特征的综合反映。

目前，孔隙结构理论模型主要有分形模型和网络模型两种微观模型。分形是指那些特定几何形态不明显，但整体上具有一定相似性的图形、构造及现象的总称，这里指孔隙形态；维数则是表征孔隙形态在空间上的复杂程度。分形模型的主要特点是多孔介质高度复杂，孔隙结构和孔喉分布都具有比较相似的分形特征。分形维数法并不能建立一个真实模型，而是首先利用基础资料，如核磁共振 T_2 谱分布，导出一个分形维数为孔隙结构的表达式，通过表达式来区分不同的孔隙；或者根据毛细管压力曲线数据，计算孔隙结构的分形维数和孔喉半径大小概率密度分布区分不同的孔隙[2-4]。网络模型是在假设微观孔隙均为孤立的板状、球状及管状孔隙的基础上，通过数学推导的方法进行研究。假设使用球管模型，岩石的孔隙为球形而喉道为管形，先将岩石孔隙分组，并在每一个分组中使用球管模型，将岩石的孔隙分为毛细管孔和球形孔，通过数值分析的方法加以研究。这种方法的优点在于既能直观地观察孔隙在岩心中的空间几何分布情况，又可以真实地反映地层信息。现在兴起的数字岩心技术就是一种建立网络模型的方法，在微观测试手段的基础上通过计算机的模拟，来获取岩心内部的孔隙空间分布和颗粒构架。通过分形模型或网络模型的建立，并与常规实验分析手段和先进的恒速压汞、核磁共振实验方法相结合，对低渗、特低渗储层微观孔喉结构的深入剖析具有重要意义。

二、致密储层孔隙结构表征技术方法

定量表征储层孔隙结构的参数有反映孔喉半径大小分布集中程度的分选系数（S_p），反映孔喉半径位置偏于粗喉或细喉的歪度（S_{kp}），反映最大孔喉的门槛压力（P_r）和最大孔喉半径（R_d），反映孔喉半径均值水平的平均孔喉半径（R_m）、中值半径（R_{50}），反映孔喉储集性能的最大进汞饱和度（S_{Hgmax}），反映渗流能力的主流孔喉半径（R_z）和主流孔喉空间的进汞量（V_z）等[1]。与常规储层相比，纳米级孔隙系统中流体为非线性渗流，"渗透率"这一参数已不能准确地表示致密岩石的渗透能力。2012 年，邹才能等提出用孔隙"连通率"，即纳米级孔隙连通程度参数来表示致密岩石的渗透能力[5]。表征致密储层孔隙形貌与连通性的技术，主要有光学显微镜、激光共聚焦显微镜、场发射扫描电子显微镜和微米 CT、纳米 CT、聚焦离子束扫描电子显微镜等。表征孔径分布的技术，则主要有高压压汞实验、气体吸附实验等（图 2-1）。

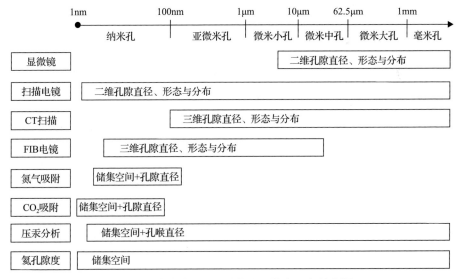

图 2-1 致密储层孔隙结构表征技术及有效范围

1. 铸体薄片技术

铸体薄片图像的孔隙特征分析，不仅可以得到储层孔隙直径的面积频率、累计频率，还能得到表征孔隙大小、连通性和分选性的特征参数，如面孔率、平均孔隙直径、平均比表面、平均形状因子、平均孔喉比、平均配位数、均质系数和分选系数等。面孔率是可视孔隙在薄片上的面积百分含量；平均孔喉比是孔隙直径与喉道直径的比值，孔喉比越大，越容易发生卡断；平均配位数是孔喉连通状况的重要参数，其值越大，表明与孔隙连通的喉道数越多；均质系数越大，孔喉分布越均匀；分选系数越小，表示喉道分选程度越好，喉道分布越均匀；岩石比表面越大，说明其骨架的分散程度越大，骨架颗粒越细[4]。

2. 压汞技术

压汞技术是孔隙结构定量评价的关键技术，包括常规压汞、高压压汞与恒速压汞。常规压汞法是研究多孔物质特性的一项较好技术，其作为测量大孔和中孔孔容及孔径分布的标准已被广泛接受。高压压汞实验技术的最大进汞压力约为 350MPa，最小测试孔径为 4.6nm～643μm，对低渗-致密气储层孔径分布研究具有较强的适用性，可以对致密储层微孔喉分布进行定量研究[6]。

高压压汞原理与常规压汞方法基本相同，主要优点在于最大进汞压力足够大，能够测试更小孔隙。岩石孔隙中，汞为非润湿相，空气为润湿相，注汞过程即为非润湿相驱替润湿相。当注入压力高于对应孔隙的毛细管压力时，汞开始填充孔隙，此时注入压力等于毛细管压力，与之对应的毛细管半径即为喉道半径，进汞量即为喉道控制孔隙的容积；不断改变注入压力，就可以得到毛细管压力曲线和孔喉分布曲线。压汞法得到的毛细管压力曲线，可以提供储层的微观孔隙结构信息[7]。一方面，曲线自身形态可以为储层孔隙结构类型、分选性等研究提供帮助；另一方面，获得的测量参数还可提供包括岩石喉道半径及其分布、喉道分选性及均质性、岩石储集性及渗透性、岩石流体可动性、孔隙喉道弯曲迂回程度等大量储层特征参数。

恒速压汞适用于孔喉性质差别较大的低渗、特低渗、致密储层。恒速压汞法以非常低的恒定速度(0.00005mL/s)进汞，保证了准静态进汞过程的实现[2-4,8]。基本的原理假设是：在进汞过程中，界面张力与接触角恒定不变，汞进入岩石孔隙的过程由喉道控制，逐次从一个喉道进入下一个喉道。在这种准静态进汞过程中，认为汞的饱和度在某一个瞬时不变，当汞突破岩石喉道的限制进入孔隙的瞬间，汞在孔隙空间内迅速重新分布，结果产生一个压力降落。恒速压汞中孔隙和喉道的大小和数量都会反映在进汞压力曲线上。通过恒速压汞法测试，可获得喉道大小及数量、孔隙大小、孔喉比等丰富的孔隙结构方面的信息[8]。恒速压汞提供的压力范围为 0～900psi(6.2MPa)，有效半径最小为 120nm。

3. CT 扫描技术

CT 扫描技术是目前非常规储层三维孔隙表征的重要技术，其原理是利用 X 射线对岩石样品进行无损探测，根据 X 射线对不同密度物质穿透能力的差异，区分岩石组分和孔隙。目前，在石油工业中应用的 CT 设备，按照分辨率可分为三类：①医用 CT，扫描电压较高，速度快，可对全直径岩心进行分析，但分辨率相对低，只能达到百微米级或毫米级别，主要应用于大尺度岩心分析与流体充注实验研究等；②微米 CT，扫描电压跨度大，从几十千伏到几百千伏，样品尺寸从几毫米到全直径岩心，对应的分辨率具有较大的差别，是三类 CT 设备中应用最广泛的设备，主要应用于致密砂岩、致密碳酸盐岩等孔隙结构表征、裂缝研究与流体充注实验等；③纳米 CT，扫描电压固定，目前多采用 50nm/像素点的分辨率进行扫描，对应的样品大小为 65μm，可识别的最小孔隙直径为 100nm 左右，主要应用于泥页岩、致密碳酸盐岩等孔隙结构表征与裂缝研究等[6]。

4. 核磁共振技术

利用核磁共振、高速离心等实验手段，确定不同喉道区间控制的可动流体饱和度，分析不同气区、不同物性的致密气储层基质储集能力及特定喉道区间内可流动孔隙的空间大小，为储层分级精细评价及可动用性研究提供依据。核磁共振技术可以检测各种赋存状态下流体的弛豫特性，因此，可以通过不同条件下的弛豫时间谱来研究可动流体的变化规律。核磁是研究多孔介质结构的有力工具，能够提供多孔介质的孔隙度、孔隙分布、渗透率、含水饱和度等多种孔隙结构相关信息。石油测井、岩心分析是其最为典型的应用。

5. 气体吸附技术

气体分子在固体表面的吸附机理极为复杂，其中包含化学吸附和物理吸附。为了使足够气体吸附到固体表面，测量时固体必须冷却，常冷却到吸附气体的沸点。通常氮气作为被吸附物，因此固体被冷却到液氮温度(77.35K)(−195.6℃)。在密封体系中，某种材料在特定温度下对气体的吸附量与吸附平衡后的压力有其特殊的对应关系。吸附量的多少直接表征了孔隙发育程度等温吸附曲线的斜率变化规律，可用于表征不同尺寸孔隙占全部孔隙的比例。利用低温吸附分析结果，可以给出储层岩心比表面(对应于所有孔隙)、孔容(单位质量下半径为 0.35～100nm 的孔隙的体积)、平均孔隙半径(半径为 0.35～100nm 的孔隙的半径平均值)、孔隙率(半径为 0.35～100nm 的孔隙占岩心总体积的百分比)和孔隙百分数(半径为 0.35～100nm 的孔隙占岩心总孔隙的百分比)等参数，来对岩样的纳米孔隙特征进行定量分析。当孔容、平均孔隙半径较大，比表面、孔隙率、孔隙百分数较小时,岩样的纳米孔隙含量较少,纳米孔隙发育程度较低;反之,当孔容、平均孔隙半径较小,比表面、孔隙率、孔隙百分数较大时,岩样的纳米孔隙含量较多,纳米孔隙发育程度较高。

6. 数字岩心技术

岩心作为油气田勘探开发研究的原始性和第一性实物资料,极易风化,即使通过岩心库集中存放也不可避免地要受到自然条件及保存环境的影响,造成岩心本来面貌的缺失。另外,实体岩心资料也存在使用不便的特点,严重影响了岩心资源的利用率[9]。随着信息时代的到来,利用计算机技术和数据库技术创建数字化岩心库,并通过网络平台发布,实现信息共享,已成为抢救原始岩心资料,实现岩心资源最大化利用的必要途径。

数字岩心技术是指通过计算机模拟岩心内部孔隙结构的技术,可以在不破坏真实岩心的情况下,对岩石的孔隙结构进行构建与模拟。弥补了岩石物理实验的不足,在分析同一块岩心的某一特定性质时,数字岩心技术可保证其他性质不产生影响。依靠数字岩心技术进行孔隙结构的三维重构时,一般有两种方法。第一种是利用扫描电子显微镜或者 CT 成像仪等高精度的仪器获取岩心的二维图像,再对二维图像进行三维重构即可获得数字岩心。第二种是数值重建的方法,通过岩心扫描图像等资料,经过图像分析提取出孔喉结构信息,再利用数值算法建立数字岩心。

三、延安气田储层微观孔隙结构研究

1. 储层孔隙结构

储层孔隙结构是指岩石所具有的孔隙和喉道的几何形状、大小、分布、相互连通情况,以及孔隙与喉道间的配置关系等。它反映储层中各类孔隙之间连通喉道的组合,是孔隙与喉道发育的总貌。孔隙结构特征的研究与储层认识和评价、油气层产能预测、油气层改造及提高油气采收率研究都息息相关。研究内容主要包括储层的孔隙和喉道类型,孔隙结构的研究方法,参数定量表征,分类及评价、应用等。

致密储层以微米—纳米级孔隙系统为主,局部发育毫米级孔隙,微裂缝极少发育,结构复杂。通过常规薄片、铸体薄片和扫描电子显微镜观察,根据不同储集空间发育的成因与产状特征,将延安气田储集空间分为原生孔隙、次生孔隙和裂缝三大类。

1)原生孔隙

原生孔隙是指经压实作用和胶结作用后仍保留下来的孔隙。可进一步分为残余粒间孔和填隙物内微孔。延安气田上古生界气藏普遍埋深大于 2000m，压实作用及后期成岩作用强烈，原生孔隙基本消失。可见的残余粒间孔一般发育于石英砂岩中[图 2-2(a)]，面孔率仅为 0.5%；填隙物内微孔仅可在泥质杂基含量较高的粉-细砂岩中见到，微孔孔径普遍小于 10μm，面孔率小于 0.3%[图 2-2(b)]。

2）次生孔隙

次生孔隙是延安气田最主要的储集空间，包括粒间溶孔、粒内溶孔和晶间孔。延安气田砂岩中的粒间溶孔通常不规则、较小，岩屑和长石边缘被溶蚀后呈港湾状、长条状、蚕食状和半球状，粒间溶孔形态多样[图 2-2(c)]。粒内溶孔主要是长石溶孔和岩屑溶孔，同时可见少量石英溶孔[图 2-2(d)、(g)、(j)、(k)]。晶间孔主要为高岭石晶间孔[图 2-2(e)]和伊利石晶间孔[图 2-2(l)]，是天然气重要的储集空间之一。高岭石晶间孔有两种类型：一种晶间孔内不含杂基，这类高岭石充填在粒间溶孔内；另一种晶间孔内含有杂基，这类高岭石属重结晶高岭石，来自长石蚀变或火山岩岩屑的溶蚀。当高岭石晶体被溶蚀后则形成晶间溶孔。最大溶蚀孔隙可达 300μm，主流孔径为 5～50μm。高岭石晶间孔孔细喉微，储层物性很差。

3）裂缝

裂缝本身虽然不一定含大量天然气，但它对储层内的流体流动产生重要影响，不仅可以提高储层的孔渗能力，而且可以增强储层渗透率的非均质性。延安气田的岩心上见多组裂缝，以高角度裂缝或垂直裂缝为主，长度为 5～30cm，且部分裂缝不同程度地被方解石充填。薄片中可见多条微裂缝，呈弯曲状或锯齿状，大部分具开启性，只有少部分被后期黏土矿物或方解石胶结物充填[图 2-2(f)、(i)]。

4）孔隙组合类型

砂岩中各类储集空间大多不是单独存在的，而是呈现两种或两种以上的孔隙以某种组合形式出现，这就构成了孔隙组合。

延安气田山二段至盒八段各层段的主要孔隙组合类型不同。其中，山二段以溶孔-粒间孔型为主，该类型占总孔隙的 71.9%；山一段以溶孔型为主，该类型占总孔隙的 88.1%；盒八段以晶间孔-溶孔型为主，该类型占总孔隙的 76.9%（图 2-3）。

5）喉道类型

岩石颗粒间连通孔隙的狭窄空间称为喉道。油气在储层中的运移或被驱替都要受喉道控制。喉道的大小、分布及几何形状是影响储层储集能力和渗流能力的关键因素。喉道的大小和形态主要取决于岩石颗粒的大小和形状，以及颗粒的接触关系和胶结类型。根据碎屑颗粒的接触类型和胶结类型，将喉道分为四类，即缩颈喉道、点状喉道、片状或弯片状喉道、管束状喉道[4,10]（图 2-4）。

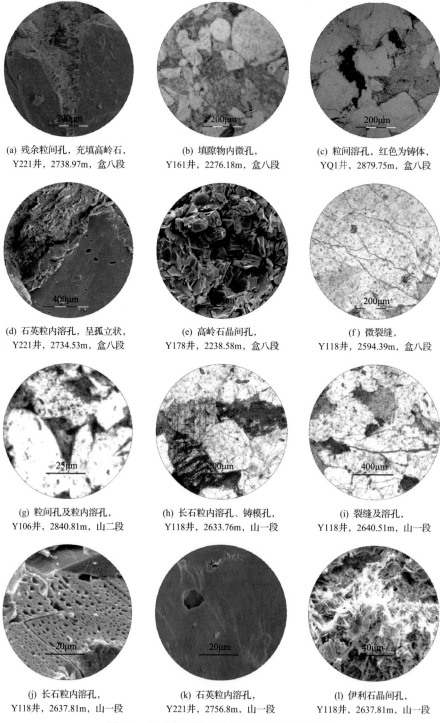

(a) 残余粒间孔, 充填高岭石,
Y221井, 2738.97m, 盒八段

(b) 填隙物内微孔,
Y161井, 2276.18m, 盒八段

(c) 粒间溶孔, 红色为铸体,
YQ1井, 2879.75m, 盒八段

(d) 石英粒内溶孔, 呈孤立状,
Y221井, 2734.53m, 盒八段

(e) 高岭石晶间孔,
Y178井, 2238.58m, 盒八段

(f) 微裂缝,
Y118井, 2594.39m, 盒八段

(g) 粒间孔及粒内溶孔,
Y106井, 2840.81m, 山二段

(h) 长石粒内溶孔、铸模孔,
Y118井, 2633.76m, 山一段

(i) 裂缝及溶孔,
Y118井, 2640.51m, 山一段

(j) 长石粒内溶孔,
Y118井, 2637.81m, 山一段

(k) 石英粒内溶孔,
Y221井, 2756.8m, 山一段

(l) 伊利石晶间孔,
Y118井, 2637.81m, 山一段

图 2-2　延安气田致密砂岩孔隙类型镜下照片

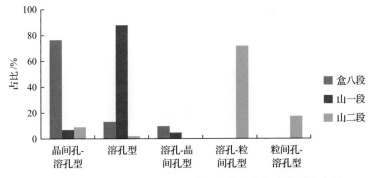

图 2-3 鄂尔多斯盆地延安气田致密砂岩孔隙组合类型直方图

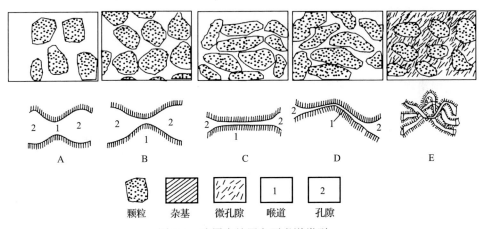

图 2-4 碎屑岩储层主要喉道类型

A-喉道是孔隙的缩小部分(缩颈喉道);B-可变断面收缩部分是喉道(点状喉道);C-片状喉道;
D-弯片状喉道;E-管束状喉道

根据铸体薄片和扫描电子显微镜分析,延安气田上古生界压实作用强烈,造成目的层喉道类型以片状喉道为主,同时还有点状喉道及管束状喉道(图 2-5)。

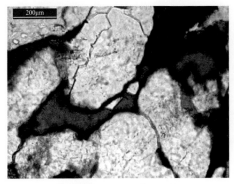

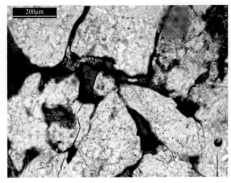

(a) 片状喉道,SD50-47井,3088.00m   (b) 点状喉道,SD38-46井,2995.40m

(c) 管束状喉道，T20井，2955.37m

图 2-5 鄂尔多斯盆地典型喉道类型

2. 延安气田储层孔隙结构特征

采用常规压汞、恒速压汞、扫描电子显微镜、铸体薄片等多种实验手段，并与分形模型相结合，对延安气田上古生界储层微观特征进行系统表征。

延安气田上古生界储层的孔隙结构特征分析表明（表 2-1），主流孔喉半径为 0.03～0.78μm，孔隙半径为 10～50μm，属小孔隙—细孔隙。主流喉道半径为 0.05～0.4μm，小于 0.5μm 的占比达 96%，属于细喉道—微喉道（图 2-6），具有小孔细喉是普遍特征，其中本溪组比石盒子组和山西组好。孔喉分选的参数特征表明本溪组、山西组砂岩的孔喉分选性比石盒子组好。孔喉连通性及控制流体运动的参数特征表明，孔喉连通性差，流体渗流阻力大，整体上毛细管压力参数变化较大，砂岩储层的孔隙结构具有较强的非均质性。

表 2-1 延安气田上古生界储层砂岩孔隙结构特征参数表

层位	样品数	参数值	排驱压力/MPa	中值压力/MPa	最大孔喉半径/μm	平均孔喉半径/μm	中值孔喉半径/μm	孔喉半径均值/μm	进汞迂曲度	退汞迂曲度	相对分选系数	歪度	分选系数	结构系数
石盒子组	35	最大值	9.51	24.5	1.88	2.51	0.24	1.37	1.92	4.04	2.76	4.31	0.42	1.81
		最小值	0.02	3.09	0.08	0.03	0.03	0.00	0.26	0.20	0.74	1.12	0.01	0.09
		平均值	1.98	10.05	0.61	0.23	0.11	0.70	1.29	11.85	1.10	1.78	0.12	0.88
山西组	52	最大值	9.59	28.72	1.24	0.93	0.53	0.37	2.77	38.43	2.48	3.35	0.89	4.24
		最小值	0.61	1.43	0.08	0.03	0.03	0.01	0.17	0.13	0.64	0.86	0.01	0.05
		平均值	2.97	9.00	0.44	0.16	0.14	0.10	1.19	0.77	1.09	1.94	0.09	1.22
本溪组	13	最大值	4.10	19.89	5.84	1.12	0.78	0.90	5.05	29.13	1.05	2.07	0.95	9.21
		最小值	0.13	0.97	0.18	0.06	0.04	0.04	0.64	1.48	0.81	1.15	0.03	0.28
		平均值	0.94	4.46	1.86	0.46	0.34	0.37	2.16	9.75	0.95	1.51	0.30	2.83

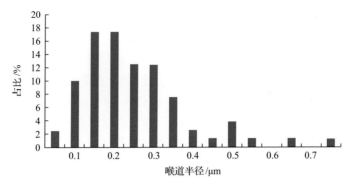

图 2-6　延安气田致密砂岩储层喉道半径分布范围

1998 年,贺承祖和华明琪推导出了毛细管压力曲线的分形维数表达式[式(2-1)],在双对数坐标图上进汞饱和度与毛细管压力为一条直线,根据直线的斜率可计算出分形维数[11]。

$$\lg S_w = (3 - D)\lg P_{min} + (D + 3) \tag{2-1}$$

式中,S_w 为润湿相饱和度,%;D 为分形维数;P_{min} 为入口毛细管压力,MPa。

根据以上模型计算,延安气田的平均分选系数为 2.81,分形维数为 2.51~2.97,平均为 2.73[1]。

总体上看,延安气田上古生界致密砂岩储层的总平均孔喉半径为 0.565μm,其中,山二段平均孔喉半径为 0.697μm,山一段平均孔喉半径为 0.167μm,盒八段平均孔喉半径为 0.551μm;主流孔喉空间进汞饱和度均值为 23.57%,平均最大进汞饱和度为 60.32%。上古生界致密砂岩储层普遍具有毛细管压力偏高、大孔隙、小喉道、微裂缝不发育、孔喉连通性差的孔隙结构[12]。

将延安气田与鄂尔多斯盆地内其他几个致密砂岩气田的孔隙结构进行对比,孔隙结构综合特征由好至次的顺序依次为榆林气田山二段、苏里格气田中部盒八段和山一段、延安气田山二段、靖边气田北部盒八段和山一段、苏里格气田东部盒八段和山一段及神木-双山气田、延安气田山一段和盒八段[1](表 2-2)。延安气田总体孔隙结构较差,其中山二段相对较好,山一段和盒八段均比北部气田差。

表 2-2　鄂尔多斯盆地气藏储层微观孔喉参数统计表

地区	R_{50}/μm	R_m/μm	R_z/μm	V_z/%	S_{Hgmax}/%	S_p	D
靖边气田	0.094	0.458	1.075	22.23	76.99	2.94	2.68
延安气田	0.309	0.565	1.232	23.57	60.32	2.81	2.73
苏里格气田东部	0.131	0.225	0.400	34.55	69.38	2.91	2.63
苏里格气田中部	0.338	1.607	1.939	30.39	87.10	2.38	2.58
神木-双山气田	0.074	0.272	0.572	22.77	86.36	2.49	2.63
榆林气田	0.836	1.322	1.289	35.26	78.20	2.76	2.73

3. 致密砂岩气藏微观孔隙结构分类

基于致密砂岩储层特点及复杂的孔隙结构特征,对表征储层特征的众多参数进行优选,确定采用反映储层渗流能力的物性参数(孔隙度、渗透率),反映微观孔隙结构特征的参数[分选系数、歪度、主流孔喉半径(μm)],反映孔喉储集性能的门槛压力(MPa)、最大进汞饱和度(%),能综合反映孔喉非均质性及结构特征的分形维数,结合主要发育的储集空间类型及主控成岩作用,结合岩石相类型,从微观到宏观,系统全面地对延安气田储层孔隙结构进行聚类,最终将上古生界储层的微观孔隙结构划分成 4 种基本类型(表2-3),并总结了各类孔隙结构的主要特征。

1) A 类孔隙结构

A 类孔隙主要岩石相为纯石英砂岩和富石英贫塑性颗粒岩屑石英砂岩,岩屑溶孔、凝灰质溶孔和残余粒间孔较发育,溶蚀作用较强,硅质加大现象明显,孔隙组合类型以溶孔-粒间孔型和粒间孔-溶孔型为主。孔隙结构均匀,孔喉连通性好,渗流能力强,物性最好,孔隙度大于 8%,渗透率大于 $0.5×10^{-3}μm^2$,喉道分选系数小于 2,分形维数小于 2.6,样品整体分形维数的拟合度较好,但其形态上可近似分为粗孔喉(甚至过渡带)和细孔喉的 2~3 段,粗孔喉分形维数小于细孔喉分形维数,表示粗孔喉部分的均质程度和结构好于细孔喉部位。在渗流中起主要作用的主流孔喉半径大于 0.8μm,呈现双峰(或多峰)态,各峰的分布频率值不高;毛细管压力曲线有"粗歪度、分选好、排驱压力较低"的特点,门槛压力最小,小于 0.3MPa,反映出该类储层的喉道连通性较好,渗流阻力较小,为最优质储层孔隙结构。

2) B 类孔隙结构

B 类孔隙岩石相以富石英贫塑性颗粒岩屑石英砂岩为主,长石含量较高,溶蚀孔隙发育,储集空间类型以岩屑溶孔、晶间溶孔为主。孔隙度为 6%~8%,孔隙结构较为均匀,主流孔喉半径为 0.5~0.8μm,细喉道发育,渗流能力较 A 类孔隙稍弱,渗透率为 $(0.2~0.5)×10^{-3}μm^2$;毛细管压力曲线表现为"粗歪度、分选中等、排驱压力较低"的特征,喉道分选系数为 2~3.3,分形维数为 2.6~2.8,反映出该类储层的微观孔隙结构复杂,非均质性较强,是次好储层。

3) C 类孔隙结构

C 类孔隙主要岩石相为富凝灰质杂石英砂岩和富塑性颗粒岩屑砂岩,该类型溶蚀作用弱、胶结作用强,粒间孔大都被钙质和凝灰质充填,储集空间类型以局部岩屑溶孔、晶间溶孔为主,偶见极小的残余粒间孔,大部分样品被钙质胶结、部

表 2-3　致密砂岩气藏微观孔隙结构分类表

类别	微观参数						压汞特征	储集空间类型	主要成岩作用	物性特征		岩石相类型
	喉道分选系数	歪度	主流孔喉半径/μm	分形维数	排驱压力/MPa	最大进汞饱和度/%	典型进汞曲线形态			孔隙度/%	渗透率/10^{-3} μm^2	
A类	<2	>-0.2	>0.8	<2.6	<0.8	>80	Y121井, 2769.13m	岩屑溶孔、凝灰质溶孔和残余粒间孔为主	溶蚀作用较强	>8	>0.5	以纯石英砂岩和富石英贫塑性颗粒岩屑石英砂岩为主
B类	2~3.3	-1.1~-0.2	0.5~0.8	2.6~2.8	0.8~2	60~85	Y124井, 2695.64m	岩屑溶孔、晶间溶孔为主	压溶作用强、溶蚀作用较强	6~8	0.2~0.5	以富石英贫塑性颗粒岩屑石英砂岩为主

续表

类别	微观参数				压汞特征			储集空间类型	主要成岩作用	物性特征		岩石相类型
	喉道分选系数	歪度	主流孔喉半径/μm	分形维数	排驱压力/MPa	最大进汞饱和度/%	典型进汞曲线形态			孔隙度/%	渗透率/10⁻³μm²	
C类	3.3~3.9	-1.6~1.1	0.2~0.6	2.8~2.9	2~5	40~85	Y217井, 2538.72m	局部岩屑溶孔、晶间溶孔为主	溶蚀作用弱、胶结作用强	3~6	0.05~0.2	以富凝灰质杂基砂岩和富塑性颗粒岩屑砂岩为主
D类	>3.9	<-1.6	>0.8	>2.9	>5	<50	Y127井, 2542.53m	晶间溶孔、微裂缝为主	压实作用强、溶蚀作用极差	<3	<0.05	以富塑性颗粒砂岩为主

分区域残留未溶蚀的凝灰质，局部区域溶蚀发育，孔隙组合类型以溶孔-晶间孔型为主。孔隙结构不均匀，孔隙度为 3%~6%，主流孔喉半径为 0.2~0.6μm，渗流能力差，渗透率为 $(0.05~0.2) \times 10^{-3} \mu m^2$。分形维数为单段、中孔喉极低频率的单峰态，分选差，分形维数较大，为 2.8~2.9，进汞饱和度在 50% 左右，进汞量主要集中在范围狭窄的孔喉分布空间内；毛细管压力曲线上，排驱压力高，分选差，细歪度，反映出孔隙结构差，喉道狭小，连通性差，渗流阻力大。发育该类孔隙结构的储层，微观非均质性很强，是差储层。

4) D 类孔隙结构

D 类孔隙结构为微裂缝分布，孔隙与喉道相差不大。岩石相主要为富塑性颗粒岩屑砂岩，由于受到强烈的压实作用影响，粗细砂岩互层分布、溶蚀孔少，粒间大多被黏土矿物充填而致密，溶蚀孔发育极少，且被蚀变为高岭石的岩屑堆积紧密，微裂缝和裂缝发育，部分样品极为发育。孔隙组合类型以微孔型为主，次为晶间微孔-微裂缝型。孔隙度小于 3%，喉道分选系数大于 3.9，分选极差，发育小孔细喉，储集渗流条件极差，渗流阻力大，不能形成有效流动，渗透率小于 $0.05 \times 10^{-3} \mu m^2$。分形维数大于 2.9，非均质性极强。主要发育该类型孔隙结构的储层一般无法成为有效储层。

延安气田盒八段、山一段和山二段的孔喉分布形态，总体具有以下特征：孔喉半径分布形态有低频率宽范围态孔喉分布、中低孔喉极低频率的单峰态和偏于大孔喉的双峰(或多峰)态等多种类型。A 类、B 类、C 类孔隙结构中，随着孔隙结构变差，喉道逐渐偏细，物性逐渐变差。恒速压汞实验结果表明，致密砂岩气藏储层以小孔-细微喉为主，同时还发育中孔-粗喉型和中孔-中喉型等多种类型。因此，发育 A 类孔隙结构和 B 类孔隙结构的储层，应该作为致密气藏勘探开发的主要目标。

第二节　致密气藏有效储层测井识别及评价

测井资料除可详细划分岩层，准确确定储层的深度和厚度外，还可以提供一系列的地质参数，如地层体积分析(骨架岩性成分、泥质或黏土含量、孔隙度)、孔隙流体分析(地层水、可动烃和残余烃的相对体积)、油气分析(含水饱和度、烃相对体积、单位体积岩石中的油气重量)、渗透性分析(渗透率、颗粒平均密度、次生孔隙度)及裂缝分析(裂缝发育程度、裂缝倾角和方位等)。由于每种测井方法仅能反映岩层单一物理参数，而且只是间接、有条件地反映储层地质特征的一个侧面，因此，要全面准确认识地层特性，往往需要应用多种测井资料结合解释，最终准确表征和评价油气藏。

致密气藏与常规气藏相比，其储层的岩性复杂，粒度细；物性差，孔隙结构复杂；泥质或黏土矿物含量高等特点造成储层有效识别难度大。

致密储层的岩石物理特性与测井曲线的响应规律复杂，对测井解释和评价技术提出了一系列挑战，主要体现在以下几个方面。

（1）致密储层具有"低孔、低渗、低气饱和度，高束缚水饱和度"的特点，孔隙流体对测井响应的贡献容易被基质掩盖，致使测井曲线对流体的分辨率低，增大了测井资料的解释难度。岩性种类及其组分的复杂性，又使得骨架值不易求准，难以准确计算孔隙度。

（2）致密储层孔隙结构复杂，导致孔渗关系为非线性关系，渗流特征大多不符合达西定律，建立有效的渗透率模型困难。同时，由于孔隙结构复杂对储层电性特征影响大，经典 Archie 公式模型中的 m、n 参数取值范围大，饱和度计算的不确定性增大，气层测井识别难度增大，建立适用的饱和度解释模型十分困难。

（3）多数致密储层的纵、横向非均质性强，沉积相和成岩相带变化频繁，很难建立具有广泛适应性的测井解释模型。

为此，国内外的测井分析专家都力求打破常规，寻找具有自身特点的、适合本区致密气藏勘探开发的测井综合解释技术。将非线性数学方法及非平稳信号处理方法引入测井资料处理与综合解释中，提高测井响应的分辨率，建立致密砂岩气藏储层参数、测井响应特征的"隐式"及"非线性"关系模型，基于生产动态资料及其他地质资料约束，提高致密砂岩气藏勘探开发评价精度[13]。目前致密气藏的有效储层识别主要通过测井评价，综合分析岩性、岩石物性、含气性和电性之间的"四性"关系，在准确识别岩性的基础上，建立储层参数的精细模型，识别流体，确定有效储层下限，进而进行有效储层识别。

一、致密气层测井识别

对于中高孔隙度、中高渗透率储层，利用气层与油层、水层测井响应特征的显著差异即可识别油气层，但对于低渗透致密储层，其孔隙结构的复杂性使孔隙中的流体对测井响应贡献小，气层识别难度较大。由于岩性致密，大多数砂岩电阻率较高，孔隙度很低，且砂岩之间孔隙度差别小。所以，按照常规测井解释气层方法，干层与含气层不易区分。由于油气田开发阶段测井资料以常规测井资料为主，因此需要提取多种参数进行气层识别[14]。

1. 重叠图技术

对于油、气、水层识别，重叠图技术是一种相对于其他分析方法更为方便且快速直观的解释方法，其主要是根据气层在不同测井曲线上的特征，通过重叠或者反向处理等方式将两条曲线对比，突出有效信息，可在较短时间内迅速锁定储层，极大提高工作效率[15]。目前，对于致密砂岩气层的识别，主要有以下几种重叠图方法。

1) 声波时差-自然电位曲线重叠法

在渗透层段，声波时差值高，自然电位曲线产生负异常，因此利用声波时差曲线与自然电位曲线重叠能够有效识别渗透层段。具体方法如下：调整声波时差与自然电位取值范围，使其在泥岩部位重合，确定泥岩基线后，可根据重叠部位的幅度差来判断地层的渗透性。选取良好的渗透层段是判断储层含气性的基础工作。

2) 声波时差-深感应电阻率曲线重叠法

针对气层的高电阻率及高声波时差特征，应用测井解释中的"反向"增大数据处理方法，将声波时差曲线与深感应电阻率曲线反向重叠，能够有效识别气层[15]。

2. 三孔隙度插值法、比值法

利用常规测井资料识别气层，最常用的方法之一是中子和密度测井曲线，因为天然气的含氢指数与体积密度比油和水小，当地层含气时，测井密度值和中子值均会比油层或水层低，据此特点在显示测井图时，若将密度与中子曲线以相反的方向进行刻度，采用合适的左右刻度值，二者在含气层就会有明显的交叉现象，且交叉导致的包络面积越大，表示含气越多。但是当地层不纯时，泥质含量的影响会使中子和密度测量值发生变化而掩盖气层的测井响应特征(如泥质会使中子值增大)，从而给含气层的识别造成困难。这时，利用经过泥质校正后的中子、密度孔隙度差值法，则可大大提高判断的准确性，因为泥质校正消除了影响，还原到纯砂岩情况下的气层响应特征，即地层如果含天然气，则中子孔隙度小于密度孔隙度，密度孔隙度与中子孔隙度的差值为正值。此方法在鄂尔多斯盆地应用时能非常好地解决致密气层识别难题。另外，当密度曲线缺失或质量不可靠时，也可采用声波时差代替密度曲线，因为在含气地层中，天然气的存在会导致声波时差较油、水层明显增大，计算的地层孔隙度也会偏大。

此外，由于气层具有低密度、低中子、高声波时差响应特征，因此，也可采用三孔隙度比值法，进行气层识别。

$$
\begin{cases}
P_g = (\phi_D + \phi_S) / (2\phi_N) \\
\phi_D = \phi'_D - V_{sh} \dfrac{\rho_{ma} - \rho_{sh}}{\rho_{ma} - \rho_{mf}} = 100 \dfrac{\rho_{ma} - \rho_b}{\rho_{ma} - \rho_{mf}} - V_{sh} \dfrac{\rho_{ma} - \rho_{sh}}{\rho_{ma} - \rho_{mf}} \\
\phi_S = \phi'_S - V_{sh} \dfrac{\Delta t_{sh} - \Delta t_{ma}}{\Delta t_{mf} - \Delta t_{ma}} = 100 \dfrac{\Delta t - \Delta t_{ma}}{\Delta t_{mf} - \Delta t_{ma}} - V_{sh} \dfrac{\Delta t_{sh} - \Delta t_{ma}}{\Delta t_{mf} - \Delta t_{ma}} \\
\phi_N = \phi'_N - V_{sh} \dfrac{\Phi_{Nma} - \Phi_{Nsh}}{\Phi_{Nma} - \Phi_{Nmf}} = 100 \dfrac{\Phi_{Nma} - \Phi_N}{\Phi_{Nma} - \Phi_{Nmf}} - V_{sh} \dfrac{\Phi_{Nma} - \Phi_{Nsh}}{\Phi_{Nma} - \Phi_{Nmf}}
\end{cases}
\tag{2-2}
$$

式中，P_g 为含气指示；ϕ'_D、ϕ_D 分别为泥质校正前、后补偿密度计算孔隙度，%；ϕ'_S、ϕ_S 分别为泥质校正前、后声波时差计算孔隙度；ϕ'_N、ϕ_N 分别为泥质校正前、后中子计算孔隙度；V_{sh} 为泥质含量；ρ_{ma} 为岩石骨架密度；ρ_b 为测量的岩石密度；ρ_{mf}、ρ_{sh} 分别为泥浆滤液、泥质的密度；Δt 为测量的岩石声波时差；Δt_{ma} 为岩石骨架声波时差；Δt_{mf}、Δt_{sh} 分别为泥浆滤液、泥质的声波时差；Φ_N 为测量的岩石中子值；Φ_{Nma}、Φ_{Nmf}、Φ_{Nsh} 分别为纯砂岩骨架、泥浆滤液、泥质的中子值。

对于气层，$\phi_D > \phi_N$，$\phi_S > \phi_N$，$P_g = (\phi_D + \phi_S)/(2\phi_N) > 1$，即：当 $P_g > 1$ 时判别为气层，其值越大，反映储层含气饱和度越高；当 $P_g < 1$ 时判别为非气层[14]。

3. 偶极声波测井资料识别致密气层

利用纵、横波时差曲线对比识别气层的原理是：当地层含气时，其纵波速度下降明显，但横波速度下降不明显，纵波曲线和横波曲线以合适的左右边界值显示在同一道中时，在含气层处两条曲线会有交叉显示[16]。

泊松比是指对一个单位体积的岩体施加一个方向的压力，与压力方向垂直和平行的两组张力之比，反映了岩石的压缩性；而体积压缩系数也反映了地层的可压缩性，二者都与所含流体性质有关。当地层含气时，泊松比会降低，流体体积压缩系数则明显增大，所以在同一道按照相同方向刻度显示时会有明显的交叉现象。

4. 测井-气测综合解释法

气层：岩性较纯，物性较好，录井见气显示；典型测井响应特征表现为"三低两高"特征，即低自然伽马、低补偿中子、低密度和高声波时差、高电阻率（图 2-7）。

低产气层：岩性不纯，物性较好，录井显示较差；中低自然伽马、中低声波时差（小于 235μs/m）、中低电阻率、深浅电阻率呈负差异或重合。

水层：录井无显示或显示较差；随物性变好，电阻率降低，电阻率曲线与声波时差曲线在反向刻度情况下呈"同向变化"特征。

干层：录井无显示或显示较差，泥质含量较高，物性较差；电阻率低，电阻率曲线与孔隙度曲线呈"同向变化"特征[17]。

二、储层测井解释参数模型

1. 泥质含量解释模型

对致密气层来说，求取泥质含量的方法较多，目前主要有自然伽马、自然伽马能谱法、自然电位法、Q 因素法及交会图法等。

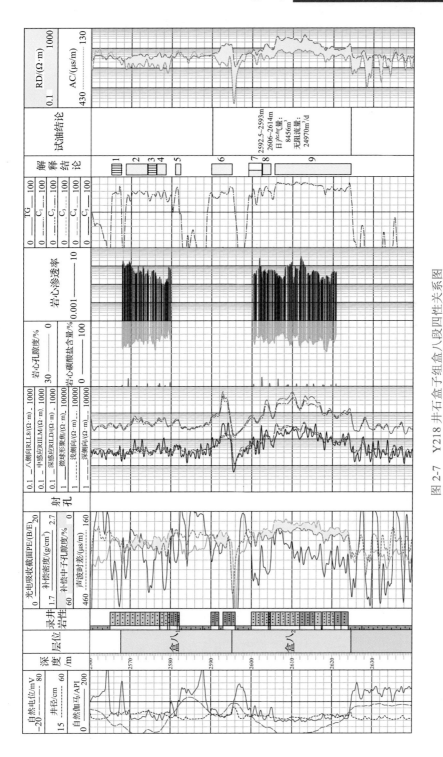

图 2-7 Y218 井石盒子组盒八段四性关系图

自然伽马法求取泥质含量的要求是地层中的放射性物质均来源于泥质，其他部分不含放射性物质，否则计算结果将偏高。用自然伽马能谱法计算泥质含量时，必须考虑放射性的来源，一般不用铀含量计算泥质含量，而用总计数率、钍含量和钾含量的测井值计算。自然电位法适用于地层厚度较大的水层、淡水泥浆井，不适用于厚度小的油气层、盐水泥浆井。Q 因素法是借助孔隙度测井计算泥质含量的方法，该方法的优点在于不受储层放射性的影响，但其要求地层中的泥质应以分散泥质为主，且密度测井易受井眼状况的影响，因而井眼较差的情况下，效果将降低。此外，用中子-密度、中子-声波、密度-声波交会图都可以确定地层的泥质含量，其基本原理都是相同的，但每种交会图应根据地层具体的岩性加以选用[13,18]。

当用多种方法计算同一地层的泥质含量时，应选择最小值作为该岩层的泥质含量。

采用式(2-3)，通过自然伽马曲线法计算延安气田目的层系的泥质含量。

$$V'_{\text{sh}} = \frac{\text{GR} - \text{GR}_{\min}}{\text{GR}_{\max} - \text{GR}_{\min}} \tag{2-3}$$

$$V'_{\text{sh}} = \frac{2^{\text{GCUR} \times V'_{\text{sh}}} - 1}{2^{\text{GCUR}} - 1} \tag{2-4}$$

式中，V'_{sh} 为泥质含量指数；GR 为测量的岩石自然伽马值；$\text{GR}_{\min}$ 为纯砂岩的自然伽马值；$\text{GR}_{\max}$ 为纯泥岩的自然伽马值；GCUR 为与地层有关的系数，取值为 2。

2. 孔隙度模型

利用常规测井曲线计算地层孔隙度的方法有两种：一是利用声波、密度、中子测井响应，建立体积孔隙度计算模型；二是利用统计模型，计算地层孔隙度，即利用岩心与测井资料之间的关系，通过回归分析的方法来计算孔隙度[13]。对于致密砂岩气层来说，以上两种方法同样适用。

采用核磁共振(NMR)测井，可获取地层的孔隙度信息。当储层含有气体时，会引起地层含氢指数降低，导致核磁测井求取的孔隙度偏低。因此，对于致密砂岩气藏而言，利用单一的孔隙度测井资料难以准确地计算储层孔隙度[13,17]。1998 年，Freedman 等提出密度测井与核磁共振测井相结合，来计算经过气体校正的地层孔隙度的方法[19]。2015 年，Xiao 等提出了一种新的结合声波时差-核磁共振测井资料，计算低孔低渗气层真实孔隙度的方法[20]，计算式为

$$\phi = \left(\frac{\beta}{\alpha + \beta}\right)\text{PHIS} + \left(\frac{\alpha}{\alpha + \beta}\right)\text{CMRP} \tag{2-5}$$

式中，$\alpha = \dfrac{\Delta t - \Delta t_{ma}}{\Delta t_f - \Delta t_{ma}}$，其中，$\Delta t$ 为测量的岩石声波时差，Δt_{ma} 为岩石骨架声波时差，Δt_f 为岩石孔隙流体的声波时差；$\beta = 1 - HI_g P_g$，其中，HI_g 为气体含氢指数，P_g 为含气指示；PHIS 为由声波测井计算的孔隙度；CMRP 为由核磁共振计算的孔隙度。

根据延安气田的实际资料状况，采用岩电归位好、取心较全的岩心实验孔隙度与声波时差关系建立孔隙度统计解释模型。选用延安气田山二段 10 口井 118 个层点，建立了实测孔隙度与声波时差回归分析式(图 2-8)：

$$\phi = 0.1091\Delta t - 17.005, \quad R = 0.83 \tag{2-6}$$

用孔隙度测定值对式(2-6)进行验证，绝对误差小于 1.5% 的层点占 90.6%，平均绝对误差仅为 0.01%(图 2-9)。

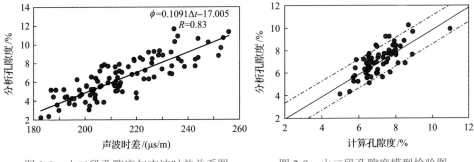

图 2-8　山二段孔隙度与声波时差关系图　　　图 2-9　山二段孔隙度模型检验图

3. 渗透率模型

目前，测井解释渗透率的方法很多，1927 年 Kozeny 提出的经验方程，就给出了孔隙度和渗透率之间的关系式。此后，国内外很多学者在渗透率计算方面做了大量研究，经典的有 Timur 方程(1968 年)、Coates 方程(1974 年)等。虽然这些方程都具有一定的代表性，但是由于地区的复杂性，迄今为止，还没有一个普遍适用的测井渗透率模型[13,18]。多元回归法也是计算渗透率常用的一个方法。

2005 年，Salazar 等以路易斯安那北部地区的低渗致密砂岩气层为例，提出了一种新的岩石物理反演算法，并成功地用裸眼井阵列感应测量值计算出渗透率[21]。该方法需要详细了解井眼环境变量，包括上覆岩层压力、温度、钻井液性质及侵入时间，精确模拟钻井液滤液的侵入过程，还需了解流体性质和岩石-流体性质，且渗透率估计值的分辨率和精确度很可能会随着使用"原始"电压来取代视电阻率曲线而得到改善[13]。

2008 年，Hamada 等提出一种计算含气储层渗透率新技术，计算气体核磁共振渗透率[22]。该方法通过核磁共振资料计算出冲洗带气体体积，进而利用密度核磁孔隙度得到校正过的气体孔隙度，再根据气体孔隙度和渗透率的相关性得到渗透率计算公式[13]。通过实际资料处理表明气体磁共振渗透率与岩心渗透率之间的一致性好。

2013 年，Xiao 等提出了一种基于流动单元(hydraulic flow unit，HFU)的核磁共振测井渗透率预测方法[23]。根据流动带指标(FZI)将储层划分为五类，分别建立了孔隙度和渗透率的关系，基于对 FZI 和经典 SDR(数字化)模型的分析，提出了一种从核磁共振测井获得 FZI 的新方法。现场实例的处理结果表明，从核磁共振测井资料计算的 FZI 值与岩心匹配很好，绝对误差在 ±0.15，计算得到的渗透率值与岩心分析结果一致[13,23]。

一般情况下，渗透率与孔隙度之间为指数或幂函数关系。据实际取心分析资料，分层段建立了延安气田的渗透率与孔隙度关系式。

选用延安气田山二段 14 口井所有的全直径孔渗数据，编制孔隙度与相应渗透率的交会图(图 2-10)，可以看出孔渗之间有较好的相关关系。

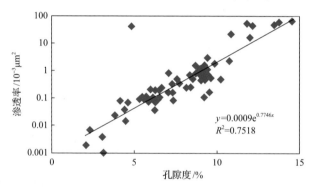

图 2-10　延安气田山二段孔隙度与渗透率关系图

山二段渗透率解释模型为

$$K = 0.0009\mathrm{e}^{0.7746\phi}, \qquad R^2 = 0.7518$$

4. 含气饱和度模型

对于致密砂岩气储层而言，含水饱和度是极其重要的一个参数，研究表明含水饱和度对储层有效渗透率有很大影响[13]。几十年来，国外学者在 Archie 公式的基础上，提出了改进的 Archie 模型[24]，主要有考虑泥质影响的饱和度解释模型、考虑骨架及多重孔隙影响的饱和度解释模型和非均质条件下基于网络导电的通用饱和度解释模型[13,18,25]。

传统测井解释的 Archie 公式计算含水饱和度为

$$S_{\mathrm{w}} = \left(\frac{abR_{\mathrm{w}}}{\phi^m R_{\mathrm{t}}} \right)^{\frac{1}{n}} \tag{2-7}$$

$$S_{\mathrm{g}} = 1 - S_{\mathrm{w}}$$

式中，S_{w} 为含水饱和度，%；S_{g} 为含气饱和度，%；ϕ 为孔隙度，%；R_{t} 为地层真电阻率，$\Omega \cdot \mathrm{m}$；R_{w} 为地层水电阻率，$\Omega \cdot \mathrm{m}$；a, b 为与岩性有关的系数；m 为胶结指数；n 为饱和度指数。

2012 年，Amiri 等针对美国西部 Mesaverde 致密含气砂岩开展了研究[26]。建立了一种新的方程来改善印尼模型，并通过电阻率、伽马射线、中子及密度测井实现，计算公式为

$$S^*_{\mathrm{windonesia}} = \mathrm{MA}^* \left[\frac{(V_{\mathrm{sh}})^{0.5(1-V_{\mathrm{sh}})}}{(R_{\mathrm{sh}}/R_{\mathrm{t}})^{0.5}} + \left(\frac{R_{\mathrm{t}}}{R_{\mathrm{o}}} \right)^{0.5} \right]^{-2/n} \tag{2-8}$$

$$\mathrm{MA}^* = \frac{\mathrm{GR}/[N-(100\phi_{\mathrm{t}}+R_{\mathrm{t}})/2]}{\sqrt[3]{\sqrt[3]{\left(\frac{\phi_{\mathrm{t}}}{C_{\mathrm{o}}} + \frac{R_{\mathrm{t}}}{F} \right)/2 + \frac{R_{\mathrm{o}}}{R_{\mathrm{t}}}}/2}} \tag{2-9}$$

式中，$S^*_{\mathrm{windonesia}}$ 为修改的印尼含水饱和度模型；MA^* 为一个 Amiri 研究引入的新关系式；R_{t} 为地层真电阻率；R_{o} 为孔隙中 100%含水时地层电阻率；R_{sh} 为泥岩电阻率；GR 为自然伽马测井值；ϕ_{t} 为地层总孔隙度；F 为地层因子；N 为自然伽马校正值（取 70 或 100）。结果表明，该模型能有效降低地层含水饱和度预测的不确定性[18]。

利用延安气田上古生界 8 口井 304 块砂岩岩电实验数据，得到各层位的 F-ϕ 关系和 I-S_{w}（I 为电阻增大率）关系，并求取相应的岩电参数。

延安气田山二段砂岩储层的地层因素与孔隙度关系见图 2-11。根据结果，可将地层因子与孔隙度关系分为四类：Ⅰ类储层的 m 值介于 1.9～2.03；Ⅱ类储层的 m 值介于 1.7～1.8；Ⅲ类储层的 m 值介于 1.5～1.6；Ⅳ类储层的 m 值介于 1.2～1.4。Ⅰ类储层的 a、m 值与粒间孔隙型纯砂岩储层的经验值接近，说明反映的是延安气田孔喉结构特征最好的粒间孔-溶孔型储层的岩电特征。

鉴于延安气田各层段的储层 a 值差别小，为 1.0 左右。利用单样品分析资料，令 $a=1$，得到 $m=-\lg F/\lg \phi$；据式（2-7），求取每个样品的胶结指数 m。胶结指数 m 与储层孔隙度有着较好的相关性（图 2-12）。

山二段：

$$a=1，\quad m=0.2911\ln\phi+2.6028$$

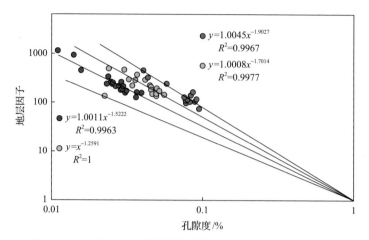

图 2-11　延安气田山二段储层地层因子（F）与孔隙度（ϕ）交会图

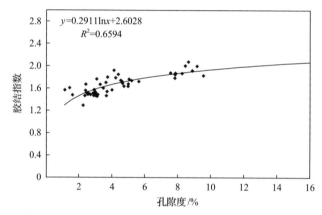

图 2-12　延安气田山二段储层胶结指数与孔隙度交会图

当孔隙度小于 7.5% 时，二者呈正相关关系，胶结指数表现为随孔隙度增大而增大的特征；当孔隙度增大到 7.5% 以后，m 值趋于稳定（m 值约为 2.0）。

同时，利用 8 口井 304 块砂岩电阻增大率（I）和含水饱和度（S_w）数据，回归分析后得到各层段的 b、n 值（图 2-13）。

山二段：

$$b=1.0379，n=1.9013，I=1.0379S_w^{-1.9013}$$

三、岩石相测井识别技术

致密储层岩屑含量偏高，成岩作用强烈，胶结类型多样，普遍发育纳米—微米级孔隙，束缚水含量高，导致储层与非储层电性差异小，常规的"四性"关系不能满足储层识别与评价的要求。针对致密储层有效性识别和定量评价的关键

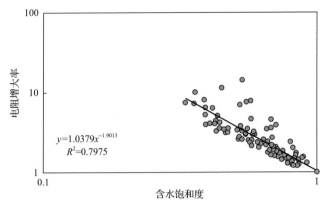

图 2-13　延安气田山二段储层电阻增大率和含水饱和度交会图

问题，引入能反映储层脆性组分和胶结类型的"岩石相"参数，以储层非均质性研究为切入点，划分储层砂岩岩石相，利用测井资料进行不同岩石相的识别，定量评价储层有效性[27]。应用"四性及岩石相特征"的致密气有效储层定量表征和评价技术，形成了储层分类标准，为精细三维地质建模及有效储层预测打下了基础。

1. 储层岩石相类型划分

基于钻井岩心观察和描述，通过铸体薄片鉴定、X 射线衍射全岩和黏土矿物分析及扫描电子显微镜观察(含能谱分析)，分析储层的岩石学和孔隙特征，结合实测物性，认识岩石学组构对成岩作用类型和成岩产物、孔隙及物性的影响，划分砂岩岩石相类型，认识有效储集岩石的特征[27]。依据岩心相、岩石学组构、成岩作用及物性特征的差异，将延安气田含气储层砂岩划分为贫塑性颗粒岩屑石英砂岩、富塑性颗粒岩屑砂岩及碳酸盐致密胶结岩屑砂岩三种岩石相。

1) 贫塑性颗粒岩屑石英砂岩

整体上，贫塑性颗粒岩屑石英砂岩中碎屑石英含量高、塑性颗粒含量小于 15%，浅变质岩岩屑含量低，胶结物种类多但总含量低。石英颗粒含量平均值为 76%，孔隙度平均值为 7.2%；渗透率平均值为 $0.23 \times 10^{-3} \mu m^2$，贫塑性颗粒岩屑石英砂岩构成了致密砂岩气的有效储层。

2) 富塑性颗粒岩屑砂岩

富塑性颗粒岩屑砂岩以贫石英颗粒，塑性颗粒含量大于 15%，富含浅变质岩岩屑和黏土杂基，胶结物含量少为特征。碎屑石英含量平均值为 52%，浅变质岩岩屑含量平均值为 24%，孔隙度平均值为 3.6%，渗透率平均值为 $0.031 \times 10^{-3} \mu m^2$。物性差，含气性差。

3) 碳酸盐致密胶结岩屑砂岩

碳酸盐致密胶结岩屑砂岩中碳酸盐含量大于 15%，以石英颗粒含量低、浅变质岩岩屑含量高、方解石和菱铁矿胶结物含量高为特征。碎屑石英含量平均值为 48%，见零星的碎屑长石，浅变质岩岩屑含量平均值为 18%，方解石含量平均值为 22%，孔隙度平均值为 2.4%，渗透率平均值为 $0.015 \times 10^{-3} \mu m^2$。物性极差，含气性差。

2. 储层岩石相测井识别

在复杂岩石类型地区的油气勘探开发过程中，岩心观察和分析是识别复杂岩石类型最直接的方法，且岩心识别岩石类型精度最高，能够达到厘米级，可识别韵律层内部及层理内部的夹层等[28]。但是取心井的资料往往有限，仅靠岩心资料来识别井中的岩石类型并分析其在横向上的展布特征不够，而测井资料一般较丰富。因此，利用岩心观察结果来标定测井，建立利用测井资料识别不同岩性和不同类型砂岩的图版，为有效储层的识别和预测提供基础。

1) 不同类型岩石相的测井响应特征

由于不同岩石相岩石学组分和结构不同，成岩作用过程与成岩产物存在差异，决定了孔隙发育程度、孔隙结构特征及储集性能各异。测井获取的地层信息主要是地层岩石各种物理属性，如元素或矿物组分、与颗粒大小有关的泥质含量、声波传播速度、密度、含氢指数及电阻率等的反映。自然伽马和自然电位测井可以反映储层的岩性和沉积环境，而密度、声波时差和中子孔隙度测井则是储层岩石物性的直观显示，电阻率测井可以间接反映储层的孔隙结构[29]。因此，根据不同的测井资料指示的储层岩石相差异的信息，识别储层岩石相。

利用延安气田山一段岩心和薄片数据进行标定，读取不同岩石相的测井响应值（读取的是 0.125m 的测井响应值），绘制交会图。贫塑性颗粒岩屑石英砂岩由于富泥质塑性颗粒、黏土杂基或自生黏土矿物含量均低，机械压实强度中等、孔隙性好及体积密度低，含气性好，表现出低自然伽马（GR）、低补偿中子（CNL）、中—高声波时差（AC）、低补偿密度（DEN）、中—高电阻率（RD）的特征。相反，富塑性颗粒岩屑砂岩因富含富泥质塑性颗粒和黏土杂基，黏土质含量高，压实强度高、孔隙性差，含气性差，表现出中—高 GR、中—高 CNL、中—低 AC、高 DEN、低 RD 的特点。碳酸盐致密胶结岩屑砂岩碳酸盐含量高，孔隙性极差，含气性也极差，表现为中 GR、中—低 CNL、极低 AC、极高 DEN、低 RD 值（图 2-14，表 2-4）。交会图分析发现整体上不同岩石相的测井响应有一定的差别，但也不同程度地存在重叠，仅利用单一交会图难以对不同岩石相进行有效识别和区分。

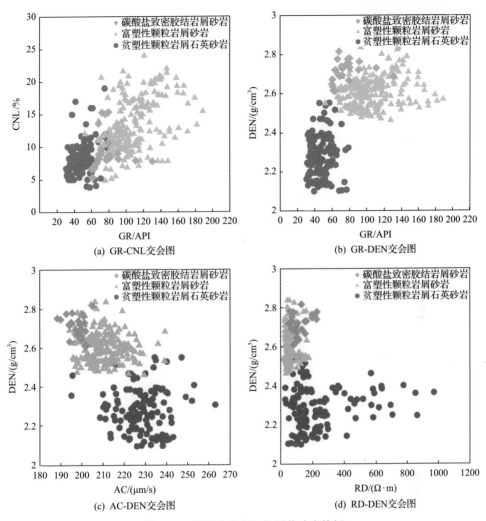

图 2-14 不同砂岩岩石相测井响应特征

表 2-4 不同砂岩岩石相测井响应特征表

测井响应值		贫塑性颗粒岩屑石英砂岩	富塑性颗粒岩屑砂岩	碳酸盐致密胶结岩屑砂岩
GR/API	最大值	78	188	130
	最小值	30	52	60
	平均值	48	106	75
AC/(μs/m)	最大值	263	239	205
	最小值	195	194	188
	平均值	228	209	197

测井响应值		贫塑性颗粒岩屑石英砂岩	富塑性颗粒岩屑砂岩	碳酸盐致密胶结岩屑砂岩
DEN/(g/cm³)	最大值	2.55	2.83	2.82
	最小值	2.12	2.5	2.61
	平均值	2.28	2.61	2.71
CNL/%	最大值	19	26	15
	最小值	4	5	5
	平均值	8	13	9
RD/(Ω·m)	最大值	969	180	230
	最小值	31	21	52
	平均值	239	63	122

2）主成分分析划分岩石相

利用交会图对不同岩石相进行识别，往往需要多组测井曲线，这使识别过程复杂且效果不理想。主成分分析是将原始多个可能存在相关性的变量作线性变换导出新的几个互相无关的综合变量，尽可能多地反映原始变量信息的统计方法。基于主成分统计分析的岩石相测井识别，采用降维思想，在原始信息损失很小的前提下，利用多个测井曲线构建主成分变量，以少数的主成分代表原有测井数据变化的主要信息，从而简化数据运算[27]。

通过主成分分析法提取主成分，主成分个数选取通常以累计方差百分比大于80%为标准。然后根据每个主成分对原始变量的解释能力除以主成分响应的特征值，再开平方就能得到每一个主成分对应的系数，即得到特征向量，将特征向量与标准化之后的数据相乘就得到了每个主成分的表达式。

$$F_1 = -0.107 \times ZAC + 0.073 \times ZCNL + 0.599 \times ZDEN + 0.930 \times ZGR - 0.811 \times Z\ln RD$$
$$F_2 = 0.881 \times ZAC + 0.395 \times ZCNL + 0.581 \times ZDEN - 0.017 \times ZGR - 0.188 \times Z\ln RD$$

$$(2-10)$$

式中，F_1、F_2 为主成分。

根据取心井的化验分析数据，提取三种砂岩岩石相，贫塑性颗粒岩屑石英砂岩、富塑性颗粒岩屑砂岩及碳酸盐致密胶结岩屑砂岩的测井响应特征，利用主成分分析法将 AC、CNL、DEN、GR、lnRD 五条测井曲线进行尺度缩减，将主成分个数累计，以百分比大于80%为准提取主成分。考虑到数据大小之间的差异，采用了均一化的方法，将5个参数均划分到0~1的范围内，得到ZAC、ZCNL、ZDEN、

ZGR、ZlnRD。由表 2-5 可知，F_1(主成分)特征值为 2.726，能够解释原有 5 个变量的 54.5%，F_2(主成分)特征值为 1.056，能够解释原有 5 个变量的 29.1%，选用 2 个变量就能解释原先变量的 83.6%。

表 2-5　山西组一段不同类型砂岩常规测井响应主成分分析结果

成分	初始特征值			自变量解释能力				
	特征值	方差/%	累计方差/%	ZAC	ZCNL	ZDEN	ZGR	ZlnRD
F_1	2.726	54.5	54.5	−0.107	0.773	0.599	0.930	−0.811
F_2	1.056	29.1	83.6	0.881	0.395	0.581	−0.017	−0.188
F_3	0.633	7.7	91.3					
F_4	0.498	4.9	96.2					
F_5	0.187	3.8	100.0					

通过制作主成分分析识别图版(图 2-15)，发现三类岩性能够较好地识别出来，其中数目较多的贫塑性颗粒岩屑石英砂岩和富塑性颗粒岩屑砂岩具有明显的关系，通过 F_1 和 F_2 可以很明显地识别出来，并且不存在交集。碳酸盐致密胶结岩屑砂岩和富塑性颗粒岩屑砂岩通过 F_1 没有很好的办法区分开，必须综合 F_1 和 F_2 参数才能将二者区分开。

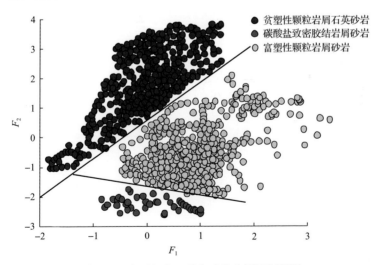

图 2-15　山西组山一段主成分分析识别图版

3)方法验证

利用主成分分析首先在取心丰富和矿物学、物性分析数据丰富的关键井 Y340 井上进行验证。解释结果与人工解释结果对比(图 2-16)，吻合率高达 75%。

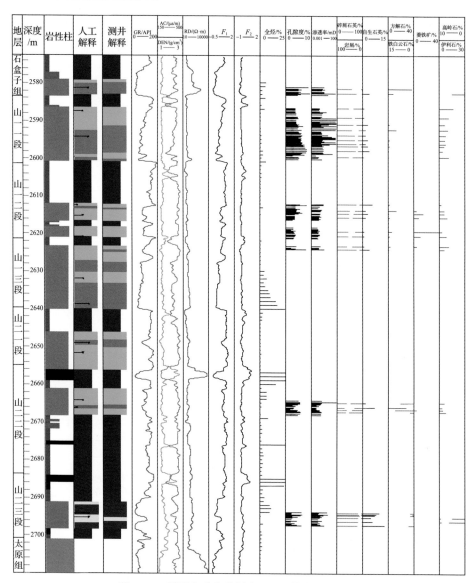

图 2-16   利用主成分分析在 Y340 井的识别结果

第三节   致密气藏地震表征技术

地震技术在油气勘探开发中起着举足轻重的作用，特别是随着技术的不断发展而得以在二维地震技术中发展起来的三维地震技术，其是一种集地球物理学知识、计算机知识及数学知识于一体的，能够充分反映地下地质信息的应用技术，是一种对地质体三维空间的立体表征技术。

我国大部分致密砂岩气田都处在山地、沙漠、黄土塬、丘陵等地区，地表条件复杂，静校正难度大。因孔隙度低，致密砂岩和泥质围岩之间的声波阻抗差很小，地震响应非常微弱，尤其存在层间多次反射和易受到其他外界噪声的干扰，加大了储层有效识别的难度。由于渗透率低，流体饱和度变化产生的地球物理特征变化微弱，流体检测难度大[30,31]。因此，在该类地区采用地震资料解决地质方面的问题面临较大挑战。且由于致密气藏本质上是一种低品位资源，在地震表征工作中，不能一味追求先进，也应遵循适用原则，多种地震资料结合地质、测井等资料综合应用解决问题。

一、复杂地貌条件下地震资料采集与处理技术

1. 致密气藏复杂地貌对地震的影响

(1)我国致密气藏分布的山地、丘陵和黄土塬地区地表地形起伏、沟壑纵横，恶劣的地形条件使野外原始地震资料的采集施工面临巨大挑战。

(2)在黄土塬和沙漠地区，浅层主要覆盖松散的第四系黄土，孔隙度大、结构疏松、潜水面深、垂直节理发育，表层结构复杂，巨厚的黄土层对地震波的吸收严重，频率低，有效频带窄，子波一致性差，原始资料信噪比低，干扰波等问题异常严重。浅层强反射界面导致大量地震反射信息损失。第四系黄土直接覆盖在中生界地层之上，二者之间的速度差、密度差很大，形成强反射系数界面，激发能量被大量反射，严重屏蔽了下传能量。

(3)地层整体构造平缓，微构造幅度小，对地震资料静校正提出了较高的要求，应注意避免地表静校正错误而导致的"伪高点"和"伪断层"现象。主要目的层砂体薄，对地震资料分辨率要求高。以三角洲前缘水下分流河道为主的优势砂体单层可薄至2m，单砂体主要分布区间为2~6m，对地震分辨率提出了极高的要求。含气砂岩、致密砂岩、泥岩的速度和密度总体上比较接近，用声波阻抗难以区分。要求在地震资料采集、处理过程中，最大限度地提高分辨率及信噪比。主要目的层岩性复杂，大量地震反射信息被屏蔽。如鄂尔多斯盆地上古生界本溪组至盒八段发育多套煤层，中间还发育太原组灰岩。多种岩性的地震波速度和密度与砂泥岩地层有较大差别，所形成的强反射界面对地震反射波有很强的屏蔽作用，导致砂岩储层无法被正常识别。

2. 复杂地貌条件下地震资料采集

针对我国致密储层特殊的地表和地下地质条件，地震勘探工作首先要根据目标和工区的不同来设定基本思路，综合选用不同的方式。目前，已形成了黄土塬和山地地震采集技术系列：二维沟中弯线地震采集技术、2.5维地震采集技术、非纵地震采集技术、高精度三维地震采集技术和多波多分量全数字地震采集技术。

1)二维沟中弯线地震采集技术

二维地震测线采用了沿着沟谷布弯线采集方式,在一定精度范围内,将反射点比较靠近的各共面元道集进行叠加,通过共反射点的聚焦和优化,改进反射面元的属性,提高剖面的信噪比。但弯曲测线由于激发点和接收点连线的非共线性,地下共反射点会产生偏离性,影响反射波的叠加成像,造成剖面拐弯大的地方信噪比低、反射波同相轴的连续性差,降低了剖面品质。

2)2.5维地震采集技术

在二维测线后通过宽线、三维观测,在黄土塬特性下进行去噪和静校正处理后进行邻道面元的叠加[32]。该方法优势明显:①多线接收增加了覆盖次数,提高了对干扰的压制能力。②多线接收增加了炮点优选机会,减少了空炮。③确保全线均匀的高覆盖次数叠加。④邻道叠加压制干扰。依据表层条件、干扰波、征地费用、青苗补偿费用情况,炮检线可以在相同或不同线上。该方法有效弥补了沟中弯线采集的不足。

3)非纵地震采集技术

非纵地震采集技术的基本思路是用二维方式模拟三维的采集与处理方法,尽量避开近炮点强面波干扰,力求压制地面和近道的各种不规则干扰,以提高地震资料品质。在充分吸取多线和三维方式优点的基础上,通过设计合理的非纵采集参数,尽最大可能展宽叠加道集方位角、压制噪声、提高信噪比和分辨率,达到非纵勘探方法的理想效果[33]。

4)高精度三维地震采集技术

常规三维在采样密度上远远小于高精度三维,偏移效果不如高精度三维,刻画地下地质体精确性差[34]。采用宽方位角小面元尺寸高覆盖次数的采集方法施工,具有"四小二高"的优势,即小药量、小井深激发、小组合基距、小偏移距和高覆盖次数、高信噪比接收。还有"四高四小一降低",即高采样率、高宽频带接收、高覆盖次数、高自然频率检波器;小药量、小道距、小组合基距、小偏移距;降低环境噪声[34]。

5)多波多分量全数字地震采集技术

多波多分量全数字地震采集技术主要以满足天然气低丰度区地震叠前弹性波反演储层预测为目标,与处理、解释方法相配套的地震采集观测系统论证方法和技术方案;以现有资料分类为基础,进一步完善精细近地表结构调查方法和数据库;以识别有效储层为目标,针对有效储层预测的高精度全数字地震采集技术[33]。为了满足天然气低丰度区地震叠前描述的要求,设计了小道距、小面元、高覆盖、宽方位、非正交、适合弹性波阻抗反演、AVO 烃类检测的二、三维观测系统。在提高野外采集资料视主频和频宽，进一步提高资料的分辨能力的同时，还要注重确保资料的保真度，尽最大可能接收到地下目的层反射上来的各种地震信息[33]。应用三分量微测井纵、横波联合表层调查方法，通过精细的表层结构调查及基础数据库技术，逐点设计激发井深。同时，加强多波多分量数字检波器接收技术研究和噪声控制，从而获得高信噪比的宽频原始资料，比常规模拟检波器拓宽频带 5～10Hz[33]。

3. 地表一致性处理技术

采集的地震资料炮间能量及频率特征变化大、一致性差，为了统一资料的品质，利用振幅恢复与补偿技术及子波处理技术，消除地震资料之间的差异[31,35]。

1) 振幅恢复与补偿技术

该技术补偿地震波在介质中传播时损失的能量。振幅补偿分为三部分来完成：首先消除记录中的极大值，然后进行球面扩散和地层吸收补偿，最后采用叠前地表一致性振幅补偿技术和叠后剩余振幅分析及补偿使振幅能量级别趋于一致[31,35]。

2) 子波处理技术

地震资料处理中提高分辨率的主要手段是反褶积。最佳反褶积方法及参数选择的原则是：在提高高频成分能量、拓宽有效波频谱、压缩子波的同时，而又不严重损失资料的信噪比和连续性。反褶积处理是改善地震波波组特征的主要手段之一，同时又是影响地震波波组特征的重要环节。反褶积方法及参数的选取，直接制约着波组特征的可靠性和清晰度[31,35]。

(1) 地表一致性反褶积和时变谱白化组合提高分辨率。采用共激发点、共接收点、共偏移距、共中心点多个域对地震子波进行统计估算的地表一致性反褶积，在统一子波和提高信噪比方面优势明显。除了叠前采用地表一致性反褶积外，在叠后采用时变谱化技术提高高频段的能量，以进一步提高地震资料的分辨率。

(2) 子波处理技术。由于地表一致性反褶积使用了最小相位假定和期望输出为尖脉冲，在地表复杂地区效果将受到影响。因此，采用 Robinson 褶积模型从地震资料中提取子波的方法进行子波处理。通过多道加权平均求取功率谱的方法求取子波，选择合理的期望输出，利用最小平方法求取反子波的方法进行子波处理技术，不但对资料的相位和频率进行了统一，而且地震子波得到了有效压缩，处理的成果分辨率明显提高。

4. 地震资料处理技术

1) 静校正技术

受复杂地表条件及其独特的近地表结构影响，静校正问题解决得彻底与否将直接关系到地震勘探工作的成败。

常规静校正方法主要包括：①层析反演法折射静校正；②基于反射波的剩余静校正。野外静校正和折射静校正，可使中、长波长的静校正问题及部分短波长静校正问题得到基本解决。此时，如果剖面中仍然存在剩余静校正量，基于反射波的剩余静校正方法是解决短波长静校正问题的有效方法[31,35]。运用"先低频(长波长)、后中高频(中短波长)，逐步逼近"的静校正处理思路，可以有效解决复杂地貌条件下地震资料的静校正难题。

常规动校正由于没有考虑较大入射角的各向异性的影响，动校正后大偏移距数据往往不能被校平，影响到叠前反演的可靠程度；并导致分偏移距叠加剖面同一层位出现时差、远偏移距叠加剖面聚焦效果差，影响到 AVO 分析和叠前反演的准确程度。应用多波多分量全数字纵波大偏移距高精度动校正处理技术，道集上远近道完全被校平；分偏移距叠加数据上目的层在同一时间上，远偏移距叠加剖面叠加效果得到改善，大大地提高了 AVO 分析、叠前反演的可靠程度和反演的精度，保证了有效储层预测的可靠性、准确性。以地表高程、微测井、小折射、高密度的大炮初至信息为基础，开展了模型法、延迟时分离法、共接收点相关法、迭代法、层析法等多种静校正方法的研究应用，从研究射线路径入手，在时间域、空间域中同时分析，将各种方法的优越性结合在一起。既考虑了地震资料处理剖面的叠加效果，也考虑了区域产状，获得了较精确的静较正量[33]。

2)叠前去噪技术

在复杂地区地震资料处理中，提高地震资料的分辨率是最终目的，而去噪是提高信噪比的前提。去噪技术主要包括：①道编辑及大脉冲野值压制技术；②面波压制技术；③线性干扰压制技术；④叠前高保真和串联去噪技术。针对黄土塬地区噪声类型多、分布范围广等特点，可采用"先强后弱，多域联合"的串联去噪思路和配套技术，在高保真前提下最大限度地压制噪声，提高资料的信噪比[36]。

3)叠后去噪技术

由于测区地震地质条件十分复杂，且外界干扰背景比较严重，尽管在叠加前进行了一系列的去噪处理，但在叠加剖面上仍有比较严重的随机噪声。若采用比较高的速度或比较低的波数进行倾角滤波，叠加剖面上的地震同相轴虽然可以光滑一些，但是还会带来严重的横向混波现象[36]。因此，采用一种不产生混合特征，又能对该随机噪声进行有效衰减的方法技术是必要的。

对于在叠加剖面上与 x 有关的近于线性的同相轴(对于非线性的同相轴，可以把它分为若干个近于线性同相轴的子剖面)，并假定同相轴是一个与脉冲褶积后的任意子波，在此情况下，可得到一模型道集：

$$u(t,x) = \sum_{j-1}^{N} V_j[t - b_j(x)]$$

$$(2-11)$$

在 (ω, x) 中，方程为

$$u(\omega,x) = \sum_{j-1}^{N} V_j(\omega) e^{-\omega b_j(x)}$$

$$(2-12)$$

式中，$V_j(t)$ 为与每个同相轴有关的任意子波；$V_j(\omega)$ 为相应的傅里叶变换；$b_j(x)$ 为同相轴斜率的量度。上述模型实际上为纯正弦波复值函数，可通过单步褶积预测滤波器进行预测[36]。

信号的可预测性使利用"预测维纳滤波原理"来估计每个特殊频率时 $u(\omega, x)$ 的可预测部分的最小平方近似值；再变换回 (t, x) 域，就可对剖面上的随机噪声进行衰减，改善地震剖面的品质。

4) 高精度速度分析技术

复杂地貌地区地震资料信噪比低，常规速度谱只能反映速度趋势，很难准确拾取速度，从而影响到叠加的信噪比和横向分辨率。采用变速扫描交互速度分析，能较为准确地求取叠加速度。在低信噪比和复杂构造区，变速扫描交互速度分析方法求取叠加速度是一种快捷准确的方法。同时，利用速度分析和剩余静校正进行多次迭代，可进一步提高速度分析的精度[31,33,35]。

5) 地震成像方法

偏移成像的方法有两类：一类是采用静校正技术，将资料校正到一个水平基准面上，然后进行叠加偏移处理；另一类是从浮动基准面进行偏移，一定程度上克服了地表起伏较大对地震成像的影响。当近地表的速度横向变化较大或地形起伏较大时，检波器所接收的地震波通常不是垂向传播的，用常规静校正方法来补偿地形的变化也就不精确，而静校正之后的 CMP(共中心点道集)速度分析和偏移速度分析也会受到严重影响。采用基于浮动基准面的 Kirchhoff 叠前深度偏移可以适应速度的横向变化。

探索应用了基于叠前时间偏移的转换波成像和纵横波匹配处理技术，转换波常规的 ACP(渐近线道集)分选、叠加是基于某一特定 T_0 时，固定 γ 值的近似转换波几何射线归位，但由于转换波射线路径的复杂性及对纵波速度、横波速度关联的依赖性，ACP 叠加往往不能对横向变化的 γ 场、横向构造变化的目标层进行准确成像，影响纵横波联合解释及反演的可靠程度。基于 Kirchhoff 叠前时间偏移的转换波成像方法，可以获得真正意义上的共转换点道集，有利于纵横波叠前联合解释与反演。纵横波匹配是纵横波联合解释的基础，实际资料表明正演模型控制下的纵横波匹配

处理，获得了匹配程度较高的、可用于纵横波联合解释与反演的纵横波成果数据。

二、致密储层地震储层表征技术方法

以往储层预测方法是建立在叠后地震资料的基础上，由于全角度多次叠加损失、模糊了储层流体信息，削弱了地震资料反映储层变化的敏感性。随着近年来勘探的不断深入，大偏移距全数字单分量、三分量数据的采集，使基于叠前弹性参数的储层预测技术有了资料基础。以大偏移距全数字地震资料为基础，探索了以 AVO 理论为基础的一系列利用弹性参数进行含气储层预测的纵波叠前储层描述技术，因其较叠后技术减少了许多不确定性而取得了较好的应用效果。多波地震资料因增加了横波信息，在岩性和流体预测等方面比单一纵波有明显的优势。在精细 PS 波标定、纵横波匹配的基础上，综合利用全波属性分析、纵横波 AVO 技术及纵横波联合反演等技术，在研究区进行含气储层预测，实钻效果表明多波技术在研究区是有效可行的[37-39]。

1. 岩性与流体敏感因子优选

统计分析表明，致密气藏砂岩与泥岩叠置严重，纵波阻抗不能区分岩性更难以区分流体。将纵波速度和含气饱和度作交会分析，总体呈负相关，两者的变化量则接近线性负相关，含气饱和度的变化对纵波速度的影响是十分明显的，这是进行含气储层预测的基础。

为了优选岩性及流体敏感因子，对有全波列测井数据井作弹性参数交会分析，首先将 V_p(纵波速度)、V_s(横波速度)、PI(纵波阻抗)、SI(横波阻抗)、ρ(密度)等弹性参数作交会分析，表明 SI 可以区分岩性，但不能区分流体；进一步交会分析 V_p/V_s(纵横波速度比)、$\lambda\rho$(拉梅系数与密度之积)、$\mu\rho$(剪切模量与密度之积)、SI 等弹性参数，交会分析表明 V_p/V_s 对流体较敏感，同时利用 V_p/V_s 与 SI，$\mu\rho$ 与 $\lambda\rho$ 等弹性参数的交会解释有利于进一步提高含气层的预测精度。

2. 纵波叠前同时反演

因为反演结果同时生成 PI、SI、V_p/V_s、ρ 等多种弹性参数数据体，叠前反演也被称为叠前同时反演。叠前同时反演要求高品质的全波列测井数据、保真的叠前道集或部分叠加数据、精确的时深关系和合理的 AVO 子波。同时反演根据输入数据的类型，可分为基于道集同时反演和基于部分叠加数据同时反演。基于道集同时反演的特点是数据量大、运算量大，但保留了更多 AVO 信息，为真正意义上的叠前反演，该方法对道集质量要求高，适用于地震资料信噪比较高的地区；基于部分叠加数据同时反演要求输入三个以上分偏移距叠加(分角度叠加)数据，适用范围更广，根据研究区资料情况可采用该反演方法。

输入三个以上不同角度叠加的地震数据和对应的 AVO 子波，给出不同数据（纵横波阻抗、密度）的纵向变化趋势及横向上的约束范围，通过模型井质量控制优选出一组合理的参数。同时反演必须充分重视的是不同角度子波的提取及平衡因子的选取。这样就可以选择 Zocppirst 方程 Aki-Rihcards 近似进行叠前同时反演，从而得到纵、横波阻抗和密度数据，进而得到 $\lambda\rho$、$\mu\rho$、V_p/V_s 和泊松比等敏感弹性参数。地震岩石物理分析表明，较低的 V_p/V_s 指示含气有利区。

3. 全波属性分析

Ostrander 在 20 世纪 80 年代发现"亮点"这种含气层的地球物理现象，带来了岩性勘探的革命。但以纵波叠加剖面为研究对象的"亮点"技术，一直受到多解性突出问题的困扰。多波资料比单一纵波勘探成倍增加了地震属性（如纵横波属性差、属性比、属性积、属性差异率和复分量等），这些属性的综合应用可以有效提高地震属性的应用成功率，有助于克服单一"亮点"属性的多解性[37,39]。

4. 纵横波联合反演

在只有纵波资料的情况下，只能从近似方程出发研究从纵波资料提取横波信息，这需要满足一些假设；另外，反演存在较多不确定性，纵横波联合反演可以增加反演的稳定性，得到更精确的纵横波速度、密度等弹性参数。纵横波联合反演包括基于叠加数据的叠后联合反演和基于分角度叠加数据的叠前联合反演[37]。

纵横波联合反演的基本思路如下：将几组 PS 波数据分别转换到 PP 波时间域并在 PP 波时间域提取转换波子波；选取几组 PP 波数据、PS 波数据及对应的纵波和转换波子波；通过 Knott-Zoeppirtz 方程求解纵横波速度、纵横波速度比及其他更多的岩性及流体敏感参数[37]。

三、延安气田致密气藏地震储层预测实践

延安气田位于黄土塬地区，沟壑纵横，地表条件复杂，致使大面积三维地震勘探受限。为此，延安气田的地震勘探工作基于特殊的黄土塬地貌条件发展出自己的特色，全区采取二维沟中弯线、直测线地震勘探，重点区域进行三维地震勘探。

为充分提高地震利用率，最大程度发挥现有三维地震作用，实现二维、三维联合储层预测，对三维资料采用地震沉积学和地震属性分析技术，寻找储层敏感参数，并应用于二维地震覆盖区，最终完成全区储层预测，提高地震资料的利用率，为后续有效储层的精细预测奠定了基础。

1. 储层预测基本思路和方法

Yq2 井区储层与泥质围岩在声波速度、密度和声阻抗方面差异不明显，无法

有效区分，这为利用储层反演手段预测砂岩储层带来了一定困难。同时，由于区内煤层发育，三维地震受煤层干涉影响严重，主频相对较低，加上砂岩储层厚度比较薄，使地震属性分析在定性预测储层时存在多解性。

为了在一定程度上解决上述问题，同时对储层特征进行精细预测，本次储层预测提出了如下方法对策。

(1) 采用地震属性分析技术定性描述储层分布。通过储层标定并精选对储层特征敏感的地震属性，在精确识别储层反射界面基础上提取地震属性并形成平面展布，然后调整色标形成优势分布区域。结合已知井储层情况，对属性分布图开展评价。

(2) 采用拟声波反演手段预测储层厚度及物性。由于原始井上声阻抗无法有效区分砂岩储层与围岩，而岩性指示曲线自然伽马能很好地识别出砂岩储层，因此，利用自然伽马的高频信息与声阻抗的低频信息进行融合，形成新的声阻抗曲线参与地震反演，在此基础上完成储层厚度和孔隙度分布的预测。

(3) 相控模式下开展储层预测。由于研究工区目标层段岩性复杂，而且易受使用的地震资料品质和煤层干涉影响，导致预测结果多解性程度高。为此，采用沉积模式、沉积微相模式约束，开展储层预测。

2. 盒八段储层预测

盒八段位于中二叠统石盒子组底部，以骆驼脖子砂岩标志层与下伏山西组为界。整体沉积环境为辫状河三角洲沉积体系，沉积微相包括(水下)分流河道、河口坝、(水下)天然堤、(水下)分流间湾、心滩、废弃河道等。

对区内高产井和低产井进行统计，对比砂泥岩声波速度可以看出，两者平均速度较为接近，均为 4300～4700m/s。通过对储层与围岩测井响应数值范围的统计，其中储层声阻抗范围为 8500～11500m/s·g/cm³，围岩声阻抗范围为 10000～14000m/s·g/cm³，对比发现围岩整体较储层在阻抗方面要高。统计分析后可知，有效储层物性下限取孔隙度5%，自然伽马小于85API，对应声阻抗分布在 8500～11500m/s·g/cm³，声阻抗无法有效区分储层与围岩，但总体趋势上储层段的阻抗要低于围岩的阻抗(表 2-6)。

表 2-6　盒八段储层与围岩测井响应数值统计

参数	GR/API	DEN/(g/cm³)	AC/(μs/m)	声阻抗/(m/s·g/cm³)
储层响应范围	35～85	2.1～2.5	210～250	8500～11500
围岩响应范围	75～250	2.3～2.7	200～225	10000～14000

首先，选取地震提取的子波进行单井储层的精细标定(图 2-17)，之后为进一步详查盒八段储层的地震反射特征，选取了过多口井的地震测线振幅剖面，将剖

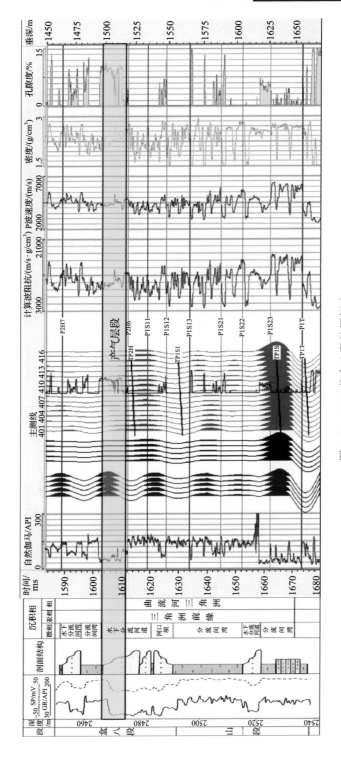

图 2-17　Yq2 井盒八段储层层标定
P2H7指地层界面，余同

面上孔隙度大于 5%的部分以黄色充填用于指示砂岩储层(图 2-18)。对比发现，储层基本上位于 TP2H 界面往上的第一个波峰相位范围内，顶界面为波谷反射特征，储层较厚时由于与围岩存在阻抗差而形成整个波峰相位反射。

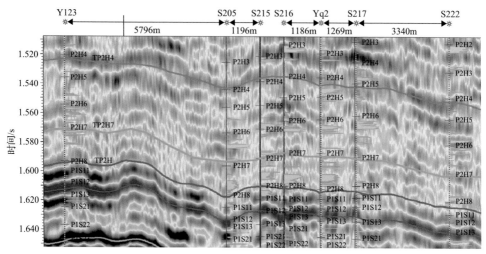

图 2-18　过 Y123 井-S205 井-S215 井-S216 井-Yq2 井-S217 井-S222 井连井振幅剖面

根据阻抗门槛值，利用盒八段顶底反射界面作为参考，统计该时窗范围内大于阻抗门槛值的样点，并计算其累计时间厚度，可以得到预测的砂岩储层时间厚度。结合该时窗段范围内的平均速度，即可获得预测的砂岩地层厚度。本次预测厚度误差为 0～5m，基本吻合。

研究区盒八段砂岩储层的沉积微相以水下分流河道为主，其阻抗总体低于泥岩，正常相位情况下砂岩段是对应波峰能量反射的；但实际资料中往往在复波反射范围内，为较弱波峰反射能量特征。为此，统计了盒八段振幅特征(图 2-19)，黄红色指示较强振幅。可见，均方根振幅能量属性分布在研究区西侧 S246 井区、中部 Yq2 井区和南侧，北部 S229 井区、Y123 井区另有条带能量分布。同样利用相同时窗统计阻抗属性，如图 2-20 所示，黄红色指示较高阻抗。将两者对比并结合实际钻探情况发现，有利砂岩分布区带主要位于研究区中部 Yq2 井区，而南侧 Y218 井钻遇了 40m 砂岩，且含砾，为水下分流河道。

以有利相带边界为约束，结合实钻储层情况，统计目的层时窗段内有利储层样点，形成盒八段储层厚度图(图 2-21)。可见，有利储层集中分布在研究工区中部的 Yq2 井区及其北部，属于第二前积期的沉积物；研究区南侧 Y218 井钻遇的 40m 砂岩，为水下分流河道砂体，为第一前积期的沉积物。

基于阻抗与孔隙度之间的关系进行孔隙度反演，获得孔隙度反演结果。在盒八段时窗内提取孔隙度属性，在有利相带边界约束下形成盒八段孔隙度分布图(图 2-22)，图中色标黄红色指示孔隙度值较高。可见盒八段储层孔隙度的优势分布与储层厚度分布较为一致。

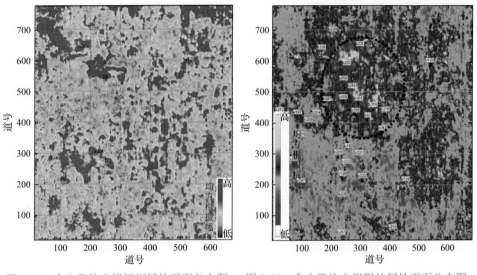

图 2-19　盒八段均方根振幅属性平面分布图　　图 2-20　盒八段均方根阻抗属性平面分布图

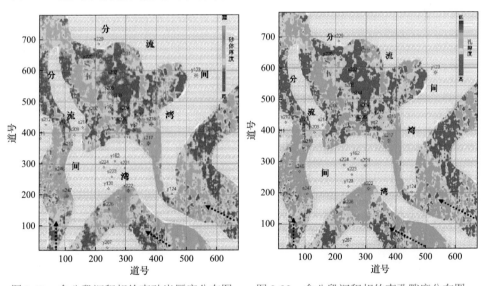

图 2-21　盒八段沉积相约束砂岩厚度分布图　　图 2-22　盒八段沉积相约束孔隙度分布图

第四节　基于动态知识库的多旋回储层结构分析技术

我国的致密气储层和国外相比，构造演化以多旋回为主，沉积环境以陆相为主，储层非均质性强，尤其需要精细对比，建立多旋回、多标志、等时、精细的地层框架。分析不同沉积体系的空间分布，在相控基础上，建立储层空间分布模式，为井位部署、井网优化和压裂改造奠定地质基础。

一、动态知识库的内涵

传统的地质知识库是在储层地质学研究的基础上，高度概括和总结出的能定性或定量表征不同成因类型储层的地质特征、具有普遍意义的储层地质参数。目前国内外主要通过野外露头解剖、现代沉积及物理模拟、密井网解剖分析三种方法，总结建立定性-定量的能够反映储层沉积特征、模式，或者储层/有效砂体空间几何形态、规模、分布规律及砂体内部(孔隙度、渗透率)的地质模式库或参数统计分析数据库，主要用于储层精细描述和地质建模，旨在提高稀井网区储层预测的可靠性和精度[40]。目前主要描述的储层地质知识库包括岩性岩相库、沉积环境和沉积微相库、几何形态库、储层物性参数库、隔夹层参数库(表2-7)。

表 2-7 储层地质知识库主要内容表

参数库类别	主要内容	定量程度
岩性岩相库	岩石相类型、结构特征、层理类型、成因解释	定性为主
沉积环境和沉积微相库	沉积模式/微相名称、微相形态、微相规模、微相组合规律、微相内部结构、沉积构造、曲线形态	定性为主
几何形态库	长度、宽度、厚度、面积、长宽比、宽厚比	定量为主
储层物性参数库	参数特征、韵律性、变异系数、极差	定量为主
隔夹层参数库	类型、成因、产状、规模	定性和定量

动态知识库平台主要包括 4 种类型的数据：①井数据，主要包括钻井数据、各类测井数据、录井数据等；②相成果，将前期沉积学分析结果有机融入地质知识库中，利用地震相识别出砂体边界，利用各类井资料解剖沉积模式，精细刻画砂体规模、砂体形态(长、宽、厚、长宽比)、砂体连通性等；③储层成果数据，包括岩心分析、岩石相成果、四性关系成果等(图2-23)；④动态数据，包括井动态控制储量、动储量与泄气半径关系、试井解释等动态数据(图2-24)。知识库平台中既融合了地震相这类分辨率为 10～20m 的大尺度成果数据，还包含测井、录井等分辨率为分米级的成果数据，更包含了分辨率为厘米级的岩心及分析测试数据。

本书所建立的动态知识库和传统的知识库相比，是全方位、多尺度的数据，并在地质知识库的基础上，增加了动态数据和监测数据，是一个不断增长、不断细化的动态综合知识库。

综合运用静、动态数据资料，结合地质、开发、监测等研究成果，建立综合知识库，以储层建模为预测手段和实现平台；根据有效储层主要控制因素，以知识库成果为指导,建立各主控因素随机(约束)模型,提取敏感参数模型叠合(约束)

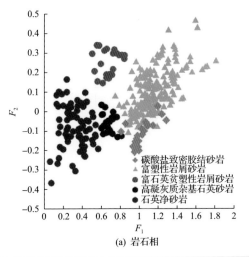

(a) 岩石相

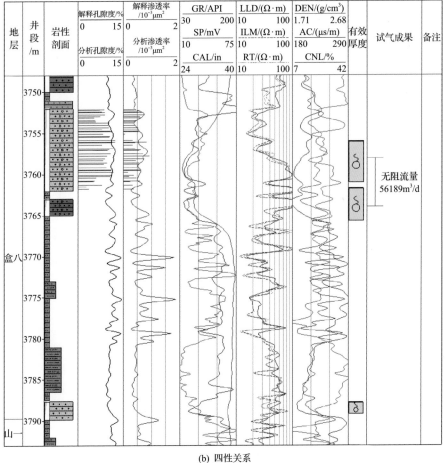

(b) 四性关系

图 2-23　储层成果数据代表图

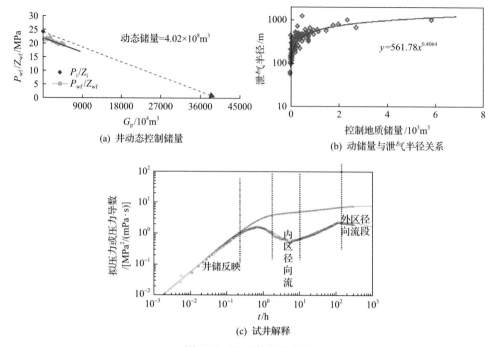

(a) 井动态控制储量

(b) 动储量与泄气半径关系

(c) 试井解释

图 2-24　动态数据代表图

P_i 为原始地层压力；Z_i 为原始地层压力对应的天然气偏差系数；P_{wf} 为井底流压；
Z_{wf} 为井底流压对应的天然气偏差系数；G_p 为累计采气量

建立各气层有效储层模型。在此基础上，将各层有效储层模型叠合，通过优势区概率统计优选井位部署。用新完钻井资料和新的生产动态数据循环丰富知识库，形成一个不断增长的知识库。增长的知识库和静动态资料注入预测模型，形成一个"活"的有效储层预测模型，使其逐步逼近地质实体，实现储层精准预测（图 2-25）。全资料综合应用，并发展完善建模技术，应用于有效储层预测，形成"基于动态知识库的有效储层预测技术"。

二、层序地层划分与对比

层序界面识别是层序划分的基础，当层序界面为不整合面或较大的沉积间断面时，在测井曲线上层序界面的基值会发生明显改变；当层序界面位于河流下切谷内的下切河道时，在测井曲线上层序界面位于加积作用形成的"箱状"测井曲线的底部；当层序界面位于高位体系域发育的进积型界面时，在测井曲线上层序界面位于反映加积、退积的正旋回和反映进积的反旋回之间[41]。层序界面是地层暴露、地层剥蚀、地层上超及浅水相和深水相的突变接触面，这些标志的出现表明一期沉积旋回的结束与另一期沉积旋回的开始[42-44]。

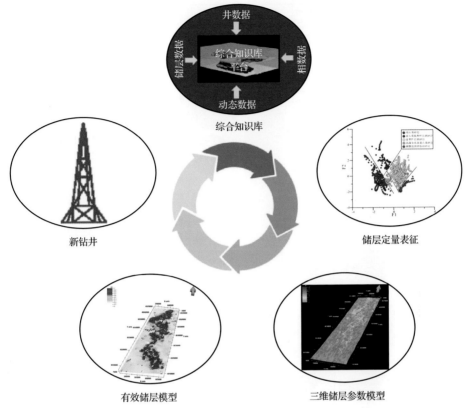

图 2-25 基于动态知识库的有效储层预测技术路线图

鄂尔多斯盆地本溪组—石盒子组地层具有稳定沉降、多物源、相变快的特点。在整体宽缓斜坡背景下，自下而上发育海相、海陆交互相及陆相沉积[43,45]。根据地震、测井、岩心、录井等资料，并结合研究区的具体地质特征和构造演化规律，认为鄂尔多斯盆地南部层序界面划分存在以下 5 种识别标志[43,44]：①不整合面；②构造阶段转换面；③区域暴露面(古土壤层)；④多套煤层的顶界面，代表海侵体系域与高位体系域沼泽化的产物结束；⑤灰岩顶底界。

通过层序界面识别、旋回叠加样式变化、相序及砂、泥岩层厚度旋回性变化，对鄂尔多斯盆地南部本溪组—石盒子组地层进行层序划分(图 2-26)。

1. 二级层序划分

鄂尔多斯盆地东南部本溪组—石盒子组可划分为 3 个二级层序、11 个三级层序。每个二级层序由区域性的水进-水退旋回组成，为构造控制型层序。依据区域不整合面、区域海退面和区域下切面，可将本溪组—石盒子组划分为 3 个层序。本溪组和太原组为 1 个二级层序(SS1)，山西组为 1 个二级层序(SS2)，石盒子组为 1 个二级层序(SS3)(图 2-26)。

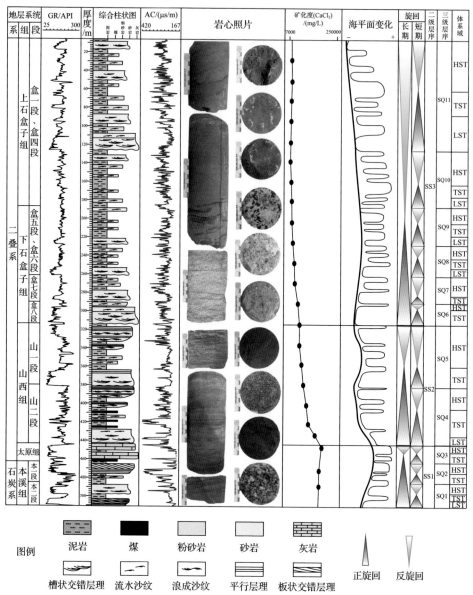

图 2-26　鄂尔多斯盆地东南部上古生界层序地层综合图

LST 为低位体系域；TST 为水进体系域；HST 为高位体系域

2. 三级层序划分

在二级层序内又可进一步划分出三级层序，本溪组—石盒子组共划分出 11 个三级层序。本溪组—太原组二级层序(SS1)划分出 3 个三级层序，山西组二级层序(SS2)划分出 2 个三级层序，石盒子组二级层序(SS3)划分出 6 个三级层序(图 2-26)。

本溪组为陆表海、障壁-潟湖-潮坪沉积，包括 C-SQ1（石炭系-SQ1）与 C-SQ2 层序。但区域内本溪组厚度变化较大，东厚西薄，可在东部识别 C-SQ2 与 C-SQ1 层序，在西部仅能识别 1 个三级层序。C-SQ1 层序底界为区域不整合面，底部标志岩性为铁铝岩层，之上发育障壁-潟湖-潮坪沉积；C-SQ2 层序底界在部分区域为一套砂岩底界，代表海进-海退旋回的开始，顶界面以一套煤层终止[46]。

太原组沉积期是鄂尔多斯盆地南部本溪组—石盒子组最大海侵期[43]。P-SQ3 层序底界为灰岩，是大规模海侵的开始，为统一陆表海阶段。山西组时期是近海平原沼泽与曲流河三角洲沉积阶段，P-SQ4（二叠系-SQ4）层序底界为区域海退面，P-SQ4 层序与 SQ5 层序之间的界面为煤层顶界面，一般位于沉积旋回的上部，代表高位体系域晚期水退、沼泽化的产物[47]。

石盒子期为陆相湖盆沉积阶段；P-SQ6 层序的底部为区域性河道下切面，测井曲线上的低幅度突变为高幅箱形，是砂砾岩底部的冲刷侵蚀面；P-SQ7、P-SQ8 和 P-SQ9 层序底界面均为区域性河道下切面，测井曲线上呈箱形或钟形突变；P-SQ10 底界为区域性暴露面（桃花泥岩），并与上覆砂岩呈突变接触；P-SQ11 的底界为区域性河流下切面，其顶界面为石千峰组底部的不整合面[43]。

在 11 个三级层序中，C-SQ1—P-SQ3 为海相层序，P-SQ4—P-SQ5 为海陆交互相层序，P-SQ6—P-SQ11 为陆相层序。

海相层序（C-SQ1—P-SQ3）发育于克拉通陆表海环境，该时期沉积地形坡度平缓，延安气田不发育滨岸地形坡折带。海水较浅且进退频繁，大范围内为潟湖、潮坪环境。海侵体系域主要发育潟湖泥岩沉积，并形成退积序列，高位体系域发育砂质泥岩、煤层及障壁岛砂岩，呈弱进积或加积序列。

海陆交互相层序（P-SQ4—P-SQ5）陆相层序（P-SQ6—P-SQ11）发育低位体系域、海侵体系域及高位体系域。低位体系域一般为砂砾岩、砂岩组成的陆相冲积-河流相沉积，层序底界通常为河道侵蚀面。湖侵体系域一般为河漫、决口扇、河口坝及前缘泥岩，煤层及碳质泥岩、泥质粉砂岩沉积。首次湖泛面可见高伽马泥岩或泥炭沉积，为退积/加积转换面。最大湖泛面为进积/退积转换面，一般发育黑色泥岩、煤层或碳质泥岩。低位体系域分布局限，有些地段层序底界为土壤暴露面。

三、体系域划分与特点

体系域是由一系列具有内在成因联系的、同一时期沉积体系的组合。采用体系域四分法，将其划分为下降体系域（强制水退体系域）、低位体系域、水进体系域及高位体系域。基于地层叠加样式、发育部位、界面类型及基准面变化阶段，可以识别出不同的体系域。

1. 不同体系域特征

下降体系域(FSST)形成于基准面下降阶段，以强制性水退为主要特征，沉积物常表现为反粒序，但常由于沉积间断或其上低位体系域的剥蚀作用而缺失，其往往在层序内部以发育水下扇为特征。由于延安气田处于陆架坡折之上的缓坡，因此，下降体系域往往缺失。

低位体系域形成于基准面初始上升的海退期，以不整合面或与之相对应的整合面开始，以最大水退面或初始洪泛面结束。此时期沉积物供给速率大于可容纳空间增加速率，整体表现为进积的叠加样式，常表现为反旋回，但对陆相沉积或以分流河道较发育的三角洲沉积而言，也可呈正旋回，如盒八段低位体系域。

水进体系域形成于最大水退面和最大洪泛面之间，处于基准面快速上升阶段，沉积物供给速率小于可容纳空间的增加速率，因此，地层叠加样式表现为退积，沉积物粒度整体呈向上变细的正旋回。

高位体系域形成于基准面上升末期，沉积物供给速率增加，表现为进积叠加样式，以基准面开始下降为结束(图 2-27)。

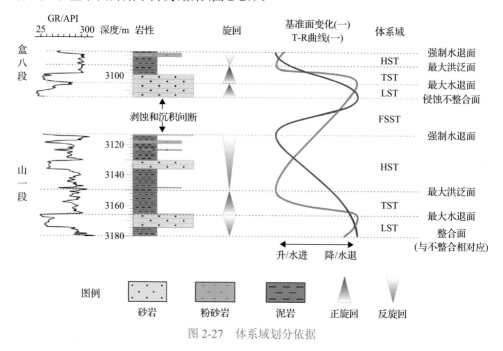

图 2-27　体系域划分依据

2. 含气重点层段体系域内部旋回叠加样式

根据以上划分依据，对鄂尔多斯盆地南部本溪组—石盒子组体系域进行划分，并对主要含气层段本溪组、山二段、山一段和盒八段层序内部的体系域和内部旋回叠加样式进行研究(图 2-28)。

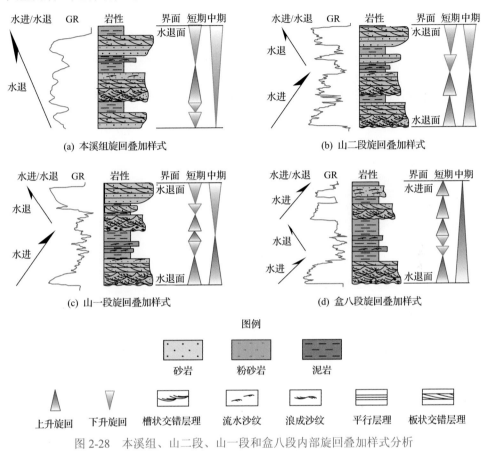

图 2-28　本溪组、山二段、山一段和盒八段内部旋回叠加样式分析

　　本溪组整体呈缓慢海侵、局部水退的特征，低位体系域和海侵体系域所占厚度较大，且以粒度大的厚层砂为主，而高位体系域厚度较小，由粉砂岩过渡为厚层砂坝砂岩沉积。

　　山二段呈完整的海侵/海退旋回，低位体系域、海侵体系域与高位体系域的厚度相当，整个三级层序内均以中厚层状的中、粗粒砂岩为主，仅在海侵体系域顶部的最大洪泛面处出现中层状粉砂岩与泥岩层，说明海侵和海退都较为缓慢，且幅度不大。

　　山一段发育完整的海侵/海退旋回，呈现快速水进、快速水退的特征，低位体系域和高位体系域均以三角洲前缘厚层粗粒砂岩为主，其中高位体系域整体厚度较大，海侵体系域粒度偏细，以三角洲前缘分流间湾或前三角洲泥岩沉积为主。

盒八段以典型的缓慢水进为特征，海侵体系域的相对厚度很小，且为厚层的泥岩粉砂岩夹层，高位体系域整体厚度大，但其砂岩的厚度和粒度都比低位体系域小，体现出缓慢水退的特征。

以鄂尔多斯盆地东南部缓坡为例，本溪组整体呈缓慢海侵、局部水退的特征，低位体系域和海侵体系域所占厚度较大，且以粒度大的厚层砂为主，而高位体系域厚度较小，由粉砂岩迅速过渡为厚层砂坝砂岩沉积。因此，鄂尔多斯盆地东南部砂体叠加规律为本溪组障壁迁移、山二段强制海退、山一段低位前积、盒八段迁摆叠置(图2-29)。

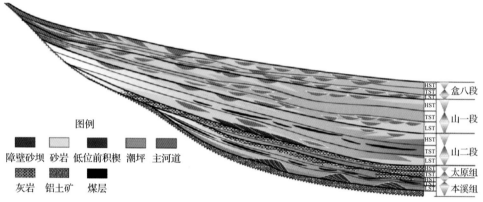

图2-29　鄂尔多斯东南部上古生界层序充填模式

四、沉积体系划分

以鄂尔多斯盆地东南部上古生界本溪组—盒八段为例，根据岩石沉积组构、剖面序列等，可划分为3种沉积体系，主要发育障壁海岸、海陆过渡-曲流河三角洲沉积体系、辫状河三角洲沉积体系等，见图2-30和表2-8。按照沉积体系划分的典型单井相图如图2-31所示。鄂尔多斯盆地上古生界各层段沉积体系划分如下。

1. 本溪组

本溪组为潟湖-障壁岛-潮坪沉积体系，单井表现为潮坪-潟湖、障壁岛-潮坪序列。本溪组早期重新接受沉积，沉积了铝土质泥岩，为潟湖亚相；之上发育潮坪亚相，形成了下部为具潮汐层理的粗砾岩、中部为分选较好的细砂岩(砂坪)、上部为较细的混合坪；本二段晚期重新演变成潟湖与障壁岛间互沉积，障壁砂坝为分选好的中薄层中细砂岩。本一段开始时，沉积了下部细砾岩、上部中粗砂岩的

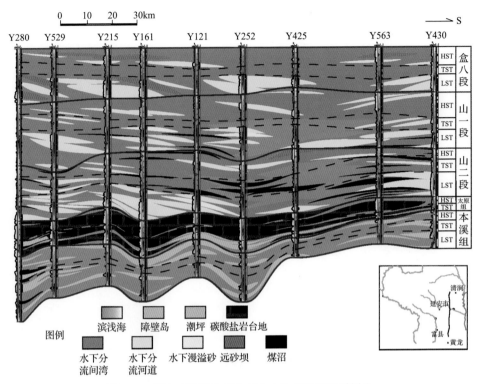

图 2-30 鄂尔多斯盆地东南部上古生界沉积体系划分

表 2-8 延安气田上古生界沉积体系分类表

沉积体系	亚相	微相	主要分布层位
海岸沉积体系	潮坪	砂坪、泥坪、混合坪	本溪组、太原组
	障壁-潟湖	障壁岛、潟湖	
海陆过渡沉积体系	滨浅海	滨浅海	山西组
	曲流河三角洲前缘	水下分流河道、水下分流间湾、水下漫溢砂、前缘河口坝	
	前三角洲		
辫状河三角洲沉积体系	辫状河三角洲平原	水道、心滩、漫溢砂、泛滥泥	盒八段
	辫状河三角洲前缘	水下分流河道、水下分流间湾、水下漫溢砂、前缘河口坝	盒八段
	前辫状河三角洲		

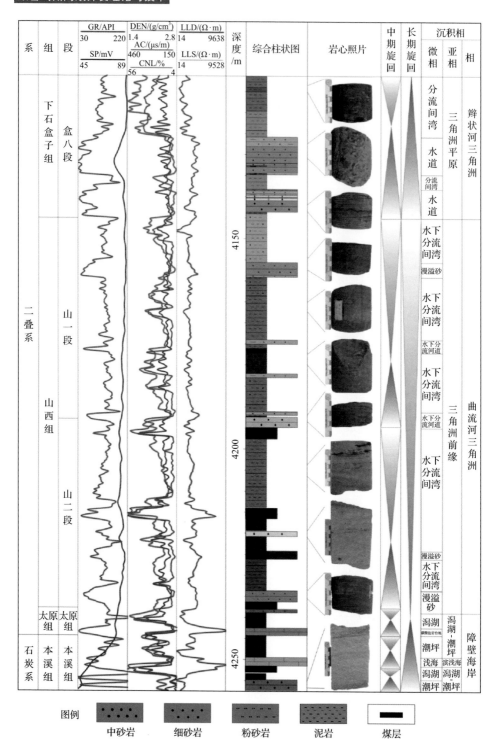

图2-31　YA04井本溪组—盒八段沉积体系和沉积相综合图

组合砂岩，为潮汐通道和障壁岛复合体；之后海水退去，基准面下降，再一次发育潮坪亚相；之上为本溪组顶部厚煤层，形成于大规模海浸前期，为弱退积背景下潮坪沉积体系普遍沼泽化的产物[48]。

2. 山西组

山二段主要发育退积型三角洲，为一套水面附近的分流河道砂与沼泽泥炭、煤层共生沉积，属高能环境，植物茎叶化石多见。山一段早期，三角洲前缘亚相向物源区扩张，以发育退积型三角洲为主，形成了前缘广布的水下分流河道砂体；山一段中期，在地势低的南部、东南部地区沉积了一套前三角洲泥；之后再次恢复到三角洲前缘亚相沉积。

3. 盒八段

盒八段时期，主要发育辫状河三角洲前缘亚相，发育多期退积型三角洲，下部为典型的水下分流河道砂体，上覆泥岩；之后再次被另一期水下分流河道冲刷充填。盒八段时期，辫状河三角洲分流河道改道频繁，砂体连续性较山西组差，纵向上易与分流间湾泥质体多期叠置。

五、沉积体系演变及对储层展布的控制作用

鄂尔多斯盆地东南部上古生界石炭系本溪组—二叠系石盒子组经历了海相—海陆过渡相—陆相的演变过程，不同沉积(微)相的沉积环境和古水流强度不同，这势必导致不同沉积(微)相下砂体的几何形态、砂泥比和体系结构的不同，控制着砂体的展布特征，并造成储层砂体类型的多样性。

1. 本溪组砂体展布特征

本溪组砂体总体上发育较好，单砂体厚度较大，一般为 5～6m，但分布较为分散。单砂体间连通性较差，横向上延伸范围有限(图 2-32)。

砂体主要为障壁海岸沉积体系控制下的障壁-潮坪砂体，多呈长条状、多排形式平行于海岸线断续分布，单砂体厚度较大且分布不均。靖边—志丹—安塞—甘泉一带砂体厚度一般大于 4m，局部砂体厚度大于 10m，定边—姬塬—杨井和上畛子—黄陵一带则发育潮坪环境下的砂坪，砂岩厚度普遍小于 2m(图 2-33)。

2. 山西组山二段砂体展布特征

鄂尔多斯盆地东南部山西组为海陆过渡—曲流河三角洲沉积阶段，山二段曲流河三角洲前缘水下分流河道砂体构成其骨架砂体。顺河道方向，多个水下分流河道砂体垂向上叠置，连通性较好，呈顺长条带状展布，单砂体厚度不大，为 2～

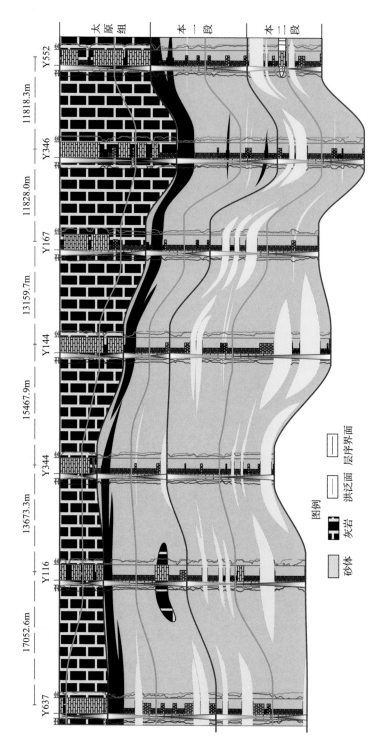

图 2-32　Y637 井-Y552 井本溪组砂体对比剖面图

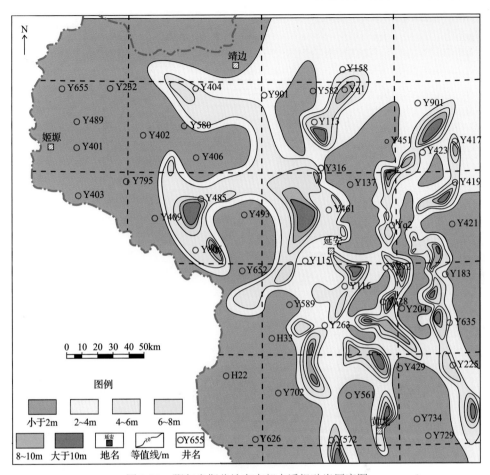

图2-33　鄂尔多斯盆地东南部本溪组砂岩厚度图

5m 不等（图 2-34）。其中，山二段三亚段砂体最为发育，纵向上数量较多且延伸范围较远；山二段二亚段—山二段一亚段砂体发育程度差，延伸距离有限。山二段发育多套煤层，分布范围广，与泥岩呈现互层叠置现象，是山西组煤层发育的主要时期。

　　受控于三角洲沉积体系，山二段砂体整体呈南北向近条带状展布，受多物源供给影响，鄂尔多斯盆地东南部主要有 3 个规模较大的砂岩分布区，分别位于西北部定边—吴起—志丹一带、北部子洲—子长—清涧—延长一带及南部的黄龙—洛川—富县一带。其中，北部砂岩分布最广，且厚度相对较厚，自子洲向南经清涧，直至延长地区，砂岩厚度逐渐减薄。由于南部物源碎屑供给相对较弱，砂岩分布范围相对较小，但是整体厚度处于 6～12m，其中离物源较近的东南部黄龙以东地区的砂体局部厚度超过 12m（图 2-35）。

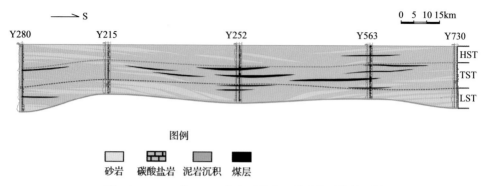

图 2-34　Y280 井-Y730 井山西组山二段砂体对比剖面图

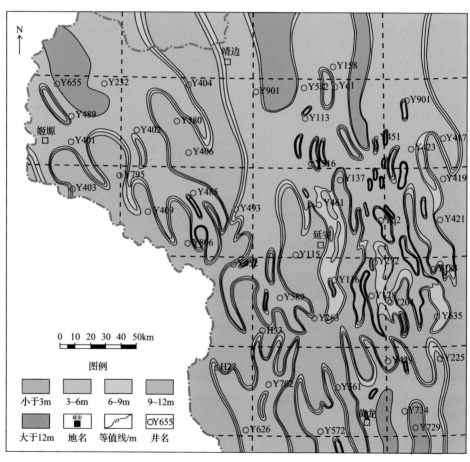

图 2-35　鄂尔多斯盆地东南部山西组山二段砂岩厚度图

3. 石盒子组盒八段砂体展布特征

鄂尔多斯盆地东南部石盒子组为陆相辫状河三角洲沉积阶段，盒八段辫状河三角洲平原分流河道砂体及前缘水下分流河道砂体构成其骨架砂体。由于物源充沛，砂体在该区广泛分布，且单砂体厚度较大。砂体相对山西组延伸较短，纵向上叠置组成复合砂体，横切古河道方向，仍呈顶平底凸的透镜状展布，但砂体规模及数量显著增加(图 2-36)。

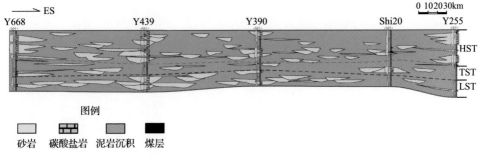

图 2-36　Y668 井-Y255 井石盒子组盒八段砂体对比剖面图

鄂尔多斯盆地东南部在盒八段沉积期，多河道分流、汇合作用强烈，南、北物源影响下的水下分流河道横向频繁迁移，骨架砂体连片性较好，呈辫状展布(图 2-37)。砂岩整体较厚，一般为 5～25m。其中，定边—吴起—志丹一带砂岩厚度普遍大于20m。中部砂岩厚度相对较小，一般小于 10m。砂体形态受物源方向控制，顺物源方向呈交叉条带状，在志丹—甘泉—延安—延长一带汇聚，连片分布。

在系统分析砂体在空间上的变化规律及叠置样式的基础上，预测了鄂尔多斯盆地东南部上古生界有利储集砂体的展布规律。本溪组海岸障壁砂坝、山二段海陆交互相三角洲前缘水下分流河道、山一段与盒八段三角洲前缘水下分流河道和河口坝砂体均为优质有利储集砂体，具有"垂向叠置、横向连片"的特点。

六、基于动态知识库的储层预测技术

以 Yq2-Y128 区块河道砂体为例，其主要目的层山二段有效储层主要由曲流河多期河道砂体叠置而成，可识别出单砂体和复合砂体两类。单砂体主要为顶平底凸透镜状和顶凸底凸透镜状；在横剖面上，河道砂体左右不对称。复合河道砂体是指由多条单河道砂体拼合叠置形成的复合砂体。其构型可分为三大类，即叠拼式、侧拼式和孤立式。

通过解剖垂直河道带方向水平井，结果显示区块单河道宽度为 52～540m，平均为 240m，主要为 50～250m；井叠合砂厚 5.0～17.8m，河道带宽度为 610～3287m。综上所述，山二段三亚段单河道砂体厚度主要为 1.0～6.0m，单河道宽度主要为50～250m(图 2-38)；复合河道带宽度范围主要为1000～3000m，叠合砂体厚度主要为 5～15m，河道宽度和厚度间具有较好的相关性，宽度大对应的厚度也大(图 2-38)。

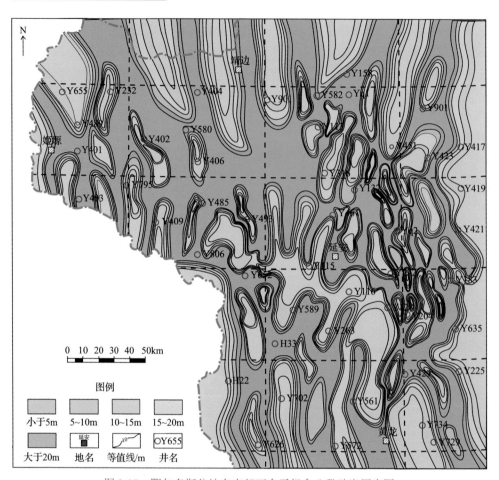

图 2-37 鄂尔多斯盆地东南部石盒子组盒八段砂岩厚度图

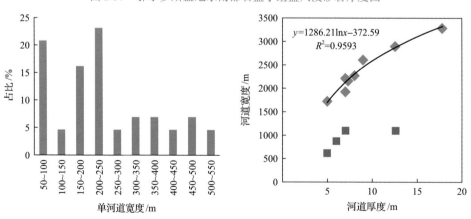

图 2-38 井区山二段三亚段河道带宽度与厚度关系图

基于建立的综合知识库，在构造模型建立后，综合应用多点地质统计分析和带趋势的截断高斯模拟等算法，建立了沉积微相、岩石相、砂岩厚度、孔隙度、渗透率、饱和度、气测全烃等属性模型。在此基础上，结合各层主控因素研究成果，提取敏感参数模型，通过属性叠加截止值建立有效储层预测模型(图2-41)。

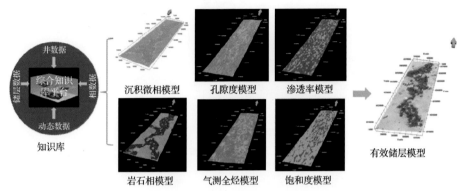

沉积微相模型　　孔隙度模型　　渗透率模型

岩石相模型　　气测全烃模型　　饱和度模型

有效储层模型

图2-39　有效储层预测流程图

本区有效储层建模模型是在动态知识库建立的基础上，首先建立沉积微相和岩石相模型，然后在沉积相控基础上建立孔隙度、渗透率、饱和度模型，最后建立气测全烃模型。整个模型的不断更新和细化过程，大致可分为三个阶段。

1. 地震相约束下，宏观预测储层展布

开发初期，针对区块井数少、平均井距在 3～5km 的稀井网条件，变差函数在该状况下运用效果较差。根据现代沉积理论结合本区的野外古曲流河露头测量、二维地震数据，进行河道的大致圈定。通过钻井数据建立井基础信息，利用岩心分析、测井数据、录井资料建立基础的单井微相模型，在平面地震成果预测边界的约束下，通过序贯指示模拟算法建立沉积相模型(图2-40)，沉积相模型构建过程主要有：①单井沉积微相划分。岩心数据及电阻率测井曲线形态显示，沉积微相多为水下分流河道微相、河道侧缘微相和分流间湾微相。②沉积微相特征参数统计。除知识库已有信息的指导外，对相变量的指示采用变差函数模型进行分析。③模拟方法选取与模拟。根据砂体发育薄，叠合复杂的特点，不同的地质认识基础上选择不同的算法(表2-9)。④模型优选。在相模拟得到的多个实现之中，预留验证井进行检验，并结合动态资料验证的办法，优选最终的沉积相模型。在相控条件和随机情况下，进行属性模型建立，运用地质研究成果，提取控制有效储层的敏感参数，依据各模型相互叠合(约束)得到的物性截止值，预测有效储层分布。

2. 评价阶段，逐步逼近储层目标预测

开发中期，针对区块井数增多，平均井距为 2～3km，该井网条件具备一定的沉积相地质知识库的研究基础，且变差函数分析具有一定的参考性。在初期建模

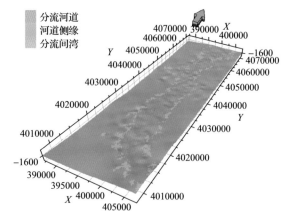

(a) 山二段三亚段1-1小层沉积相图

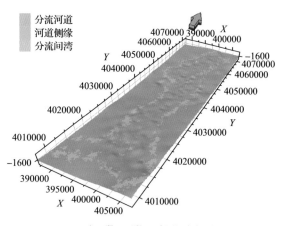

(b) 山二段三亚段1-2小层沉积相图

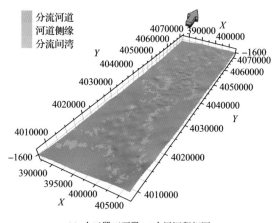

(c) 山二段三亚段2-1小层沉积相图

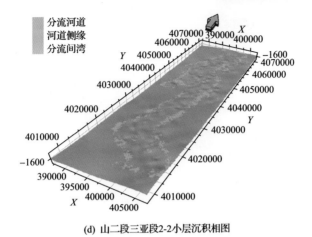

(d) 山二段三亚段2-2小层沉积相图

图 2-40　早期完钻后山二段三亚段各小层沉积相图

表 2-9　不同井距模型采用算法统计表

模型	3～5km 井距算法	1～3km 井距算法
沉积相、岩石相	序贯指示模拟	多点地质统计学
孔隙度、渗透率　饱和度	序贯高斯模拟	序贯高斯模拟+相控模拟
气测全烃	序贯高斯模拟	带趋势的截断高斯模拟

的基础上，加入新钻井资料，丰富沉积相地质知识库，运用沉积相知识库建立的变差函数分析建立沉积微相模型(图 2-41)。在相控条件下进行属性模型建立，运用地质研究成果，提取控制有效储层的敏感参数，利用各模型相互叠合(约束)得到的物性截止值，预测有效储层分布。

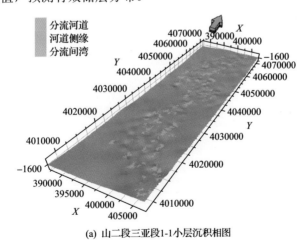

(a) 山二段三亚段1-1小层沉积相图

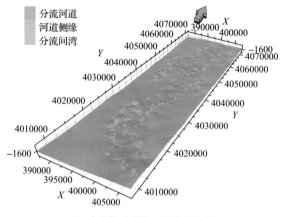

(b) 山二段三亚段1-2小层沉积相图

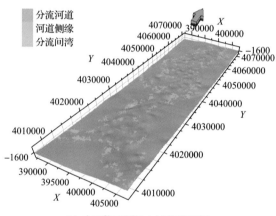

(c) 山二段三亚段2-1小层沉积相图

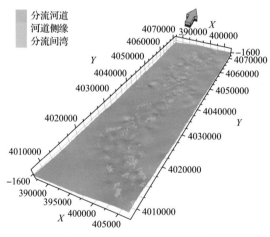

(d) 山二段三亚段2-2小层沉积相图

图 2-41 中期完钻后山二段三亚段各小层沉积相图

3. 开发实施阶段，开展精细预测

在开发方案阶段，区内井网密度较大，平均井距在 1km 左右，能够有效控制强非均质性致密砂岩气藏砂体，具有开展砂体解剖及沉积微相工作的资料。通过鄂尔多斯盆地曲流河现代沉积理论、区块储层砂体解剖及实钻井对比与分析，建立研究区详细的地质模式库。在动态知识库多条件约束下，以训练图像代替变差函数模型，采用多点地质统计学建模方法建立沉积微相模型[47]（图 2-42）；岩石相及其他属性模拟流程与沉积微相一样，主要在算法上有区别。针对研究区特点，模拟各属性的算法在 3~5km 井距区，主要根据变差函数分析和序贯指示及序贯高斯模拟算法；在 1~3km 相对密井距区，对地质知识库有了一定的认识，针对多点地质统计学应用训练图像代替变差函数表达多点间的相关性，即地质变量的空间结构性。其训练图像能够表达实际储层结构、几何形态和分布模式，能够反映先

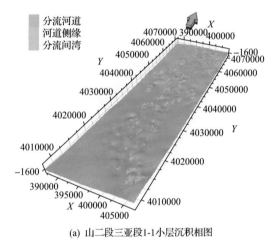

(a) 山二段三亚段1-1小层沉积相图

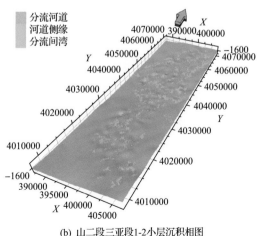

(b) 山二段三亚段1-2小层沉积相图

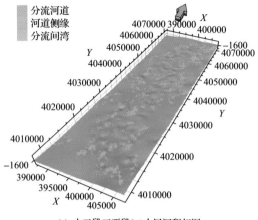

(c) 山二段三亚段2-1小层沉积相图

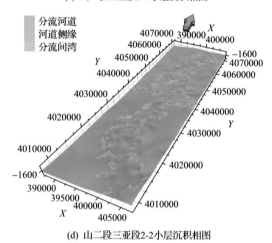

(d) 山二段三亚段2-2小层沉积相图

图 2-42　开发实施阶段完钻后山二段三亚段各小层沉积相图

验地质概念和沉积模式。且多点地质统计学方法仍然采用基于像元的算法,因而易于忠实井数据[48,49]。因此,在 1～3km 井距区模拟沉积相和岩石相,采用了多点地质统计学算法。在沉积相和岩石相模拟的基础上,采用相控结合带趋势的高斯模拟算法来计算孔隙度、渗透率、饱和度和气测全烃模型,既能保证随机性又能在动态知识库认识背景下忠于井点数据,具体算法见表 2-9。

在各类属性模型建立的基础上,运用地质研究成果,提取控制有效储层的敏感参数,依据各模型相互叠合(约束)得到的物性截止值,预测有效储层分布。

另外,通过对岩石相主成分的分类识别,可建立有效储层对应的岩石相模型。在优选的沉积微相模拟结果的基础上,运用相控建模技术,以测井解释成果(孔隙度、渗透率和含气饱和度等数据)为基础数据,在变差函数分析的基础上,采用序贯高斯模拟方法对属性进行计算,根据所建参数模型设置有效储层的下限值,确定有效储层的空间展布模型。延安气田 Y 井区山二段三亚段有效储层的孔隙度截断值为 4%、渗透率截断值为 $0.1 \times 10^{-3} \mu m^2$、含水饱和度截断值为 55%，利用属性的计算，在属性模型的基础上，建立有效储层模型(图 2-43)。该预测模型是一个随知识库的不断丰富和增长而不断完善和精细的"活"模型，最终将更逼近地质实体。

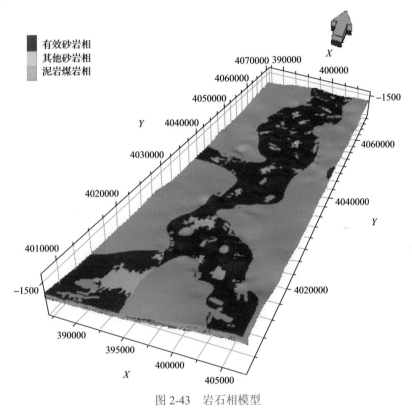

图 2-43 岩石相模型

基于动态知识库的储层预测技术，成功解决了地震精度不能满足致密气藏开发需求的有效储层预测难题，有效解决无高精度地震资料条件下预测砂岩储层分布，砂体发育规模的不确定性、解释类型的多样性和展布方位的多解性等问题。在延安气田建产实施过程中取得良好效果，实现了气田规模高效开发。

参 考 文 献

[1] 魏虎. 低渗致密砂岩气藏储层微观结构及对产能影响分析[D]. 西安: 西北大学, 2011.

[2] 庞振宇. 低渗、特低渗储层精细描述及生产特征分析[D]. 西安: 西北大学, 2014.

[3] 时建超. 牛圈湖油田低渗透储层特征及对产能影响研究[D]. 西安: 西北大学, 2014.

[4] 惠威. 鄂尔多斯盆地苏东南地区盒 8 储层微观孔隙结构研究[D]. 西安: 西北大学, 2014.

[5] 邹才能, 杨智, 陶士振. 纳米油气与源储共生型油气聚集[J]. 石油勘探与开发, 2012, 39(1): 13-26.

[6] 吴松涛, 朱如凯, 李勋, 等. 致密储层孔隙结构表征技术有效性评价与应用[J]. 地学前缘, 2018, 25(2): 191-203.

[7] 毕艳昌. 杏南扶杨油层有效开发方式及过渡带井网优化研究[D]. 北京: 中国科学院, 2011.

[8] 李彤. 致密油气储层岩石参数测试方法研究[D]. 北京: 中国科学院, 2013.

[9] 张红强, 贾朋涛, 程玉群. 延长石油页岩气数字化岩心库的建设及应用[J]. 中国石油石化, 2017, (9): 154-155.

[10] 盛军, 孙卫, 赵婷, 等. 致密砂岩气藏微观孔隙结构参数定量评价——以苏里格气田东南区为例[J]. 西北大学学报(自然科学版), 2015, 45(6): 913-924.

[11] 贺承祖, 华明琪. 储层孔隙结构的分形几何描述[J]. 石油与天然气地质, 1998, 19(1): 16-23.

[12] 于波. 鄂尔多斯盆地上古生界致密砂岩储层微观孔隙特征[J]. 西安科技大学学报, 2018, (1): 150-155.

[13] 赵军龙, 刘建建, 张庆辉, 等. 致密砂岩气藏地球物理勘探方法技术综述[J]. 地球物理学进展, 2017, (2): 404-412.

[14] 楚翠金, 夏志林, 杨志强, 等. 延川南区块致密砂岩气测井识别与评价技术[J]. 岩性油气藏, 2017, 29(2): 131-138.

[15] 罗丹. 苏里格气田东南部盒8段致密砂岩气层综合识别[D]. 西安: 西北大学, 2016.

[16] 秦岭. 利用偶极声波测井技术有效识别致密气层[J]. 化工管理, 2017, (9): 111.

[17] 王永炜. 延气2井区上古生界低渗致密砂岩气藏研究[D]. 西安: 西安石油大学, 2014.

[18] 李刚. LG油田X259井区长3储层地质特征研究[D]. 西安: 西安石油大学, 2015.

[19] Freedman R, Minh C C, Gubelin G, et al. Combining NMR and density logs for petrophysical analysis in gas-bearing formations paper II[C]. SPWLA 39th Annual Logging Symposium. Keystone, 1998.

[20] Xiao L, Mao Z Q, Jin Y. Tight gas sandstone reservoirs evaluation from nuclear magnetic resonance(NMR)logs: Case studies[J]. Arabian Journal for Science and Engineering, 2015, 40(4): 1223-1237.

[21] Salazar J M, Alpak F O, Habashy T M, et al. Automatic estimation of permeability from array induction measurements: Applications to field data[C]. SPWLA 46th Annual Logging Symposium. New Orleans, 2005.

[22] Hamada G M, Abuhanab M, Oraby M. Petrophysical properties evaluation of tight gas sand reservoirs using NMR and conventional openhole logs[C]. SPE Asia Pacific Oil and Gas Conference and Exhibition. Perth, 2008.

[23] Xiao L, Liu X P, Mao Z Q, et al. Tight-gas-sand permeability estimation from nuclear-magnetic-resonance(NMR)logs based on the hydraulic-flow-unit(HFU)approach[J]. Journal of Canadian Petroleum Technology, 2013, 52(4): 306-314.

[24] 孙建孟, 王克文, 李伟. 测井饱和度解释模型发展及分析[J]. 石油勘探与开发, 2008, (1): 101-107.

[25] 李宁. 电阻率-孔隙度、电阻率-含油(气)饱和度关系的一般形式及其最佳逼近函数类型的确定[J]. 地球物理学报, 1989, (5): 580-592.

[26] Amiri M, Yunan M H, Zahedi G, et al. Introducing new method to improve log derived saturation estimation in tight shaly sandstones: A case study from Mesaverde tight gas reservoir[J]. Journal of Petroleum Science and Engineering, 2012, 92-93: 132-142.

[27] 秦波, 曹斌风, 周进松, 等. 致密砂岩气储层有效性识别和定量评价——以鄂尔多斯盆地东南部上古生界山西组一段为例[J]. 沉积学报, 2019, 37(2): 403-415.

[28] 陈更新. 柴达木盆地昆北油田 $E_{(1, 2)}$ 油藏辫状河三角洲储层综合评价[D]. 北京: 中国地质大学(北京), 2016.

[29] 张庄. 川西坳陷侏罗系天然气成藏富集规律研究[D]. 成都: 成都理工大学, 2016.

[30] 秦亚玲. 沙漠地区地震资料处理技术研究[D]. 北京: 中国地质大学(北京), 2016.

[31] 银燕慧. 黄土塬山地地震资料处理方法研究[D]. 北京: 中国地质大学(北京), 2016.

[32] 孙景旺, 杜中东, 任文军, 等. 鄂尔多斯盆地黄土塬区多线地震采集技术[J]. 石油物探, 2003, (4): 505-507.

[33] 杜中东, 邓述全, 汪兴业, 等. 黄土塬非纵地震勘探技术及其应用[J]. 石油地球物理勘探, 2010, 45(S1): 35-39, 239, 247.

[34] 王香增, 曹金舟, 王忠. 陕西延长油田高精度三维地震勘探项目实施探讨[J]. 工程地球物理学报, 2010, 7(4): 408-412.

[35] 王锡文, 彭汉明, 秦广胜, 等. 黄土塬地区地震资料处理方法[J]. 天然气工业, 2007, (S1): 90-93.

[36] 柴铭涛. 黄土塬地震勘探资料处理技术[J]. 物探化探计算技术, 2007, (S1): 9, 129-132.

[37] 周义军, 付守献, 郭亚斌, 等. 致密砂岩气地震储层表征[C]. 中国地球物理学会第二十七届年会论文集. 长沙: 中国科学技术大学出版社, 2011.

[38] 周义军, 蒲仁海, 曾令帮. 叠前储层描述技术在岩性气藏勘探中的研究与应用[J]. 地球物理学进展, 2011, 26(1): 229-234.

[39] 王大兴, 赵玉华, 周义军, 等. 苏里格气田多波地震处理与储层预测技术研究及应用[J]. 中国石油勘探, 2011, 16(Z1): 95-102, 174.

[40] 张吉, 侯科锋, 李浮萍, 等. 基于储层地质知识库约束的致密砂岩气藏储量评价——以鄂尔多斯盆地苏里格气田苏14区块为例[J]. 天然气地球科学, 2017, 28(9): 1322-1329.

[41] 谢荣祥. 塔木察格盆地塔南凹陷南屯组地层等时对比[D]. 长春: 吉林大学, 2012.

[42] 陈峰. 柴达木盆地盐湖地区 N_2^3-Q(1, 2)层序地层研究[D]. 北京: 中国地质大学(北京), 2015.

[43] 于兴河, 王香增, 王念喜, 等. 鄂尔多斯盆地东南部上古生界层序地层格架及含气砂体沉积演化特征[J]. 古地理学报, 2017, 19(6): 5-24.

[44] 于波. 鄂尔多斯东南部上古生界层序地层特征[J]. 西北地质, 2016, 49(1): 92-100.

[45] 张满郎. 鄂尔多斯盆地上古生界层序地层划分及演化[J]. 沉积学报, 2009, 27(2): 289-298.

[46] 魏久传, 李增学. 鲁西南石炭二叠纪煤系潮坪沉积体系与聚煤作用[J]. 中国煤炭地质, 1995, 7(3): 25-30.

[47] 马晓鸽. 多点统计方法在成熟油田建模中应用研究[D]. 西安: 西安石油大学, 2012.

[48] 杨特波, 王继平, 王一, 等. 基于地质知识库的致密砂岩气藏储层建模——以苏里格气田苏X区为例[J]. 岩性油气藏, 2017, 29(4): 138-145.

[49] 陈更新. 柴达木盆地昆北油田 E_(1, 2)油藏辫状河三角洲储层综合评价[D]. 北京: 中国地质大学(北京), 2016.

第三章　致密气藏多尺度渗流机理

根据储层原始气水分布特征的差异，致密气藏渗流存在单相气渗流和气水两相渗流两种类型。单相气渗流理论研究单相气在多尺度孔喉空间中的运移过程，包括产出机理、流动形态和应力敏感效应。相比单相气渗流理论，气水两相渗流理论的研究则相对薄弱，目前气水两相渗流一般通过表征气水两相渗流能力随含水饱和度的变化来研究不同类型气水相渗曲线条件下致密气藏的开采特征。本章分析了致密气藏多尺度渗流机理，包括致密储层原始气水分布特征、单相气渗流机理、气水两相渗流机理和压裂液渗流机理及特征。

第一节　致密储层原始气水分布

气藏原始含水饱和度的形成包括两个过程：①液相水被气相驱替；②液相水蒸发。对于常规气藏而言，储层原始含水饱和度是在油气充注、运移过程中对液态水的驱替形成的。对于致密气藏而言，除了驱替以外，还可能存在液相水的蒸发，其含水由两部分组成，一是未被驱替的毛细管水，二是孔隙壁面的水膜。这种气水形成方式和致密储层的毛细管力密切相关。

一、成藏过程排烃压力对不同尺度孔隙含气性作用

在驱替过程中，在不同的方向上受力特征不同(图 3-1)。在驱替方向上，气液两相存在弯曲界面，可采用毛细管力进行表征。此时毛细管力是气驱水过程中气相的动力，气相压力与水相压力之差即为毛细管力，建立数学模型表示如下：

$$P_g - P_w = P_c = \frac{2\sigma\cos\theta}{r-h} \approx \frac{2\gamma}{r-h} \tag{3-1}$$

式中，P_g 为气相压力，MPa；P_w 为水膜压力，MPa；P_c 为驱替方向的毛细管力，MPa；γ 为界面张力，mN/m；r 为孔隙半径，nm；θ 为接触角，(°)；h 为水膜厚度，nm。

在沿驱替方向的截面方向上，水膜存在于气相与固相之间，考虑分离压力的作用和毛细管力的作用，可建立如下模型(图 3-2)：

$$P_g - P_w = P_c^* + \Pi(h) = \frac{\gamma}{r-h} + \Pi(h) \tag{3-2}$$

式中，P_c^* 为界面方向的毛细管力，MPa；$\Pi(h)$ 为分离压，MPa。

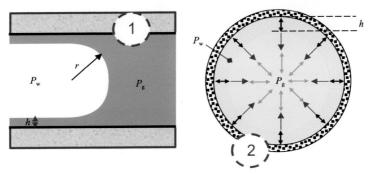

图 3-1　驱替方向上受力示意图[1,2]

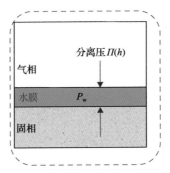

图 3-2　截面方向上受力示意图

结合孔壁-水膜微观作用力模型，此时气相与液相压力之差即为毛细管力，则有

$$P_c = \prod(h) + P_c^*\qquad\qquad(3\text{-}3)$$

利用式(3-3)可计算含气致密砂岩孔隙尺度与驱替压力的关系，如图 3-3 所示。

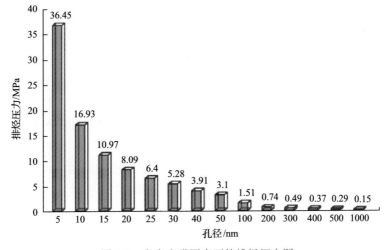

图 3-3　考虑水膜厚度下的排烃压力图

计算的水膜厚度结果如表 3-1 所示，随着排驱压力减小，孔隙尺度的增大，水膜厚度增加。

表 3-1　水膜厚度和排烃压力随孔径大小的变化（界面张力为 72.5mN/m）

孔径/nm	水膜厚度/nm	排烃压力/MPa
5	1.02	36.45
10	1.44	16.93
15	1.78	10.97
20	2.08	8.09
25	2.34	6.40
30	2.56	5.28
40	2.94	3.91
50	3.24	3.10
100	4.25	1.51
200	5.30	0.74
300	5.93	0.49
400	6.39	0.37
500	6.75	0.29
1000	7.91	0.15

部分学者统计了不同地区致密储层的临界充注孔隙尺度，如图 3-4 所示。对于鄂尔多斯盆地致密储层，储层孔隙直径小于 40nm 时一般无法充注，储层中孔隙直径小于 40nm 时为小孔隙，孔隙中充填水，孔隙直径大于 40nm 时为大孔隙，孔隙中呈现气芯水膜状态。图 3-5 为延安气田典型致密砂岩岩心孔隙分布。

计算得到考虑水膜后岩心有效孔隙的分布特征，如图 3-6 所示。不考虑水膜曲线表示干岩心状态(孔隙内不含水，此时孔隙均为有效孔隙)下有效孔隙的孔隙体积增加量与孔喉半径之间的关系，不考虑水膜曲线与横轴所围成的面积 S_1 为 100%，孔隙内完全饱和气。考虑水膜曲线表示考虑水膜后有效孔隙体积增量与孔喉半径之间的关系，此时小孔隙内饱和水，不含气，因此小孔隙对有效孔隙增量无贡献，大孔隙此时表现为气芯水膜状态。由于水膜占据了孔隙内原有的部分体积，与干岩心状态相比，大孔隙对岩心的有效孔隙体积增量的贡献降低。考虑水膜曲线与横轴围成面积 S_2 与 S_1 之间的比值即为含水状态下有效孔隙体积与干岩心状态下有效孔隙的比值。

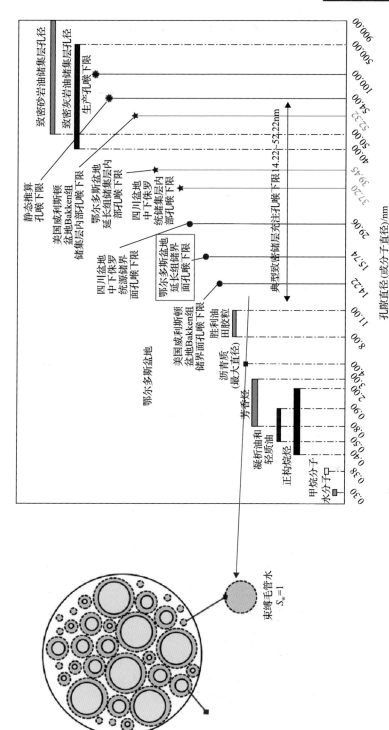

图 3-4 致密储层临界充注孔隙统计[3]

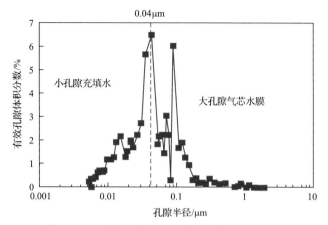

图 3-5　延安气田致密砂岩岩心孔隙直径分布图

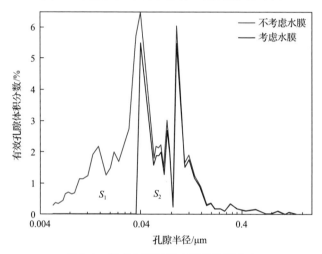

图 3-6　考虑水膜时岩心有效孔隙分布

二、含水分布特征的量化表达

1. 超低含水饱和度

致密气藏通常存在"超低含水饱和度"的现象——原始含水饱和度低于驱替形成的束缚水饱和度。储层原始状态下的含水饱和度为 S_{wi}；储层岩石颗粒表面、角隅及微毛细管孔道中不可流动水的体积与储层总孔隙体积之比为束缚水饱和度 S_{wr}；如果原始含水饱和度 S_{wi} 小于束缚水饱和度最大值 $S_{wr\text{-}max}$，即为"超低含水饱和度"，如图 3-7 所示。研究表明，成藏过程中液态水的蒸发及天然气对水蒸气的携带作用(汽化携液)是造成该现象的主要原因。国外实验结果表明：饱和水的岩心被气相驱替至束缚水饱和度后(S_{wi}=23.90%～25.43%)，进一步利用干气继续驱替,含水饱和度进一步降低至 12.4%～14.7%,该过程中束缚水以水蒸气形式被"祛除"[4]。

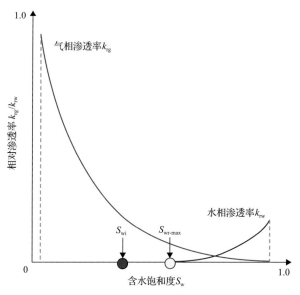

图 3-7　相渗曲线

"汽化携液"作用表明[5],储层液态水与气态水存在热力学平衡关系:伴随天然气大量生成而水分生成减少,天然气中水分湿度降低,储层液态水膜(或毛细管水)蒸发形成水蒸气,孔隙含水饱和度将降低,即孔隙含水饱和度(液态水)随天然气湿度(气态水)变化而改变。为量化"超低含水饱和度"条件下储层孔隙水膜厚度及储层含水饱和度分布特征,假设:①储层孔隙为均匀圆管;②气相流体仅存在甲烷及水蒸气两种组分;③致密储层孔隙表面仅吸附水分子,忽略甲烷在致密砂岩孔隙壁面的吸附量;④水膜为刚性流体,忽略其压缩性;⑤忽略水膜对甲烷的溶解作用;⑥忽略储层温度变化;⑦储层气相为连续相,具有统一压力系统及湿度系统。在储层条件下,孔隙水膜厚度及含水饱和度将由水蒸气含量、气相压力、孔隙尺度及温度共同决定,液相水膜与气相(甲烷及水蒸气)的平衡关系如图 3-8 所示。

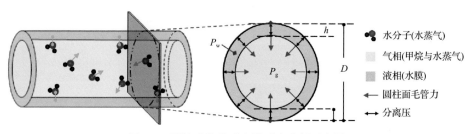

图 3-8　圆管孔隙模型水膜受力分析示意图

2. 水膜热力学平衡

圆管孔隙中水膜并非平面，孔隙内气相（甲烷与水蒸气）与单位物质的量的水膜存在化学势差。在甲烷与水蒸气混合体系下，水膜饱和蒸汽压 P_0^* 可以用 Raoult 定律描述为

$$P_0^* = P_0 x_A \tag{3-4}$$

式中，P_0 为纯水饱和蒸汽压，MPa；x_A 为水膜中纯水的摩尔分数。

忽略甲烷在水膜中的溶解作用，即 $x_A=1$，混合体系中水膜饱和蒸汽压 P_0^* 与纯水饱和蒸汽压 P_0 相同：

$$P_0^* = P_0 \tag{3-5}$$

由于化学势 $\Delta\mu_1$ 与化学势 $\Delta\mu_2$ 相同，即存在：

$$V_m(P_w - P_g) = RT \ln \frac{P_v}{P_0} \tag{3-6}$$

式中，V_m 为水膜的摩尔体积，cm^3/mol；P_w 为水膜压力；P_g 为气相压力；R 为气体常量，8.314J/(mol·K)；T 为热力学温度，K；P_v 为天然气中水蒸气分压；P_v/P_0 为天然气相对湿度。

3. 水膜受力平衡

对于纳米级水膜，水分子与固体表面分子的相互作用不可忽略，当固体表面水膜在外力作用下变薄时，水膜两界面相互接近面产生斥力，水膜稳定而厚度不再减小，此斥力称为分离压 $\Pi(h)$。如图 3-8 所示，在圆管孔隙内，气相压力 P_g、水膜压力 P_w 和分离压 $\Pi(h)$ 存在一定平衡关系：

$$P_g - P_w = \frac{r}{r-h}\left(\Pi(h) + \frac{\gamma}{r}\right) \tag{3-7}$$

式中，分离压 $\Pi(h)$ 由分子间作用力 Π_m、双电子层力 Π_{el} 与构造力 Π_{st} 三部分组成[5]，且该三部分作用均与水膜厚度 h 存在对应关系。

$$\Pi(h) = \Pi_m(h) + \Pi_{el}(h) + \Pi_{st}(h) \tag{3-8}$$

由于致密砂岩（黏土）及砂岩（石英）为强水湿矿物，本书将分离压的表达式简化为完全润湿情况：$\Pi(h) = \Pi_m(h)$。$\Pi_m(h)$ 与水膜厚度 h 的关系可以表达为[5]

$$\Pi_m(h) = \frac{A_H}{h^3} \tag{3-9}$$

式中，A_H 为哈马克常数，J，一些物质在真空中的哈马克常数在表 3-2 中给出。

表 3-2 一些物质的哈马克常数

物质		$A_H/10^{-20}J$
液体	H_2O	3.7~4
	辛烷	4.5
	苯	5.0
	乙醇	4.2
	正庚烷	3.8
固体或矿物质	煤	6.07
	SiO_2	8.6~15
	CaO	12.4
	MgO	10.6
	石墨	27~59

两种物质间的哈马克常数 A_H 计算为

$$A_H = (\sqrt{A_{11}} - \sqrt{A_{22}})^2 \tag{3-10}$$

式中，A_{11} 为 1 物质在真空中的哈马克常数；A_{22} 为 2 物质在真空中的哈马克常数。一些极性矿物（如 MgO、CaO、SiO_2 等）与水蒸气的哈马克常数为 1.35×10^{-20} ~ 3.50×10^{-20}J；致密砂岩与水的哈马克常数为 1.0×10^{-20}J[5]，因此本书中选取 $A_H = 1.0 \times 10^{-20}$J 进行计算。

结合式(3-7)~式(3-10)可以得出水膜厚度 h 与天然气相对湿度 P_v/P_0 及孔隙半径 r 的关系为

$$\frac{r}{r-h}\left(\frac{A_H}{h^3} + \frac{\gamma}{r}\right) = \frac{RT}{V_m}\ln\frac{P_v}{P_0} \tag{3-11}$$

选取参数：$A_H = 1 \times 10^{-20}$J，$\gamma = 72 \times 10^{-3}$N/m，$T = 353$K（80℃），$V_m = 18 \times 10^{-6}$m³/mol。计算不同孔径条件下，水膜厚度 h 随天然气相对湿度 P_v/P_0 变化(图 3-9)。可以看出，水膜厚度随 P_v/P_0 的增大而增厚，当 P_v/P_0 达到一定临界条件时，水膜厚度迅

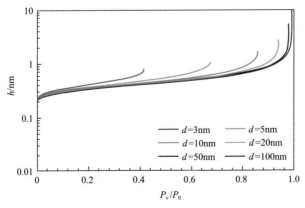

图 3-9 不同孔隙尺度(d)下水膜厚度随天然气相对湿度的变化

速增加,孔隙内将充满液态水(毛细管水);在天然气相对湿度 P_v/P_0 相同的条件下,不同孔隙尺度内水膜厚度存在差异,孔隙半径越小,水膜越厚。

考虑到致密砂岩具有极强的亲水能力,致密砂岩孔隙表面通常吸附水膜,因此忽略甲烷在岩石表面的吸附量(少量甲烷可以吸附在水膜上)。从热力学角度分析水蒸气与致密砂岩表面相互作用,单位物质的量水蒸气发生吸附形成单位物质的量液态水的化学势(吸附势)可以用 G-M 二元气体吸附模型表示为

$$\Delta \mu^1 = \int_{P_g}^{P_w} V_m dP = V_m (P_w - P_g) \tag{3-12}$$

$$\Delta \mu^2 = \int_{P_v}^{P_0^*} \frac{RT}{P} dP = RT \ln \frac{P_0^*}{P_v} \tag{3-13}$$

式中, P_0^* 为混合体系条件下水膜饱和蒸汽压,MPa。

研究多孔介质情况下,含水饱和度分布情况及其对流动能力的影响。孔隙分布满足"对数正态分布"函数(图 3-10):

$$\varphi_i(d_i) = \frac{1}{d_i \sqrt{2\pi}\sigma} \exp\left[-\frac{1}{2}\left(\frac{\ln d_i - u}{\sigma}\right)^2\right] \tag{3-14}$$

式中, φ_i 为直径是 d_i 的孔隙对应的体积分数;下标 i 为对应的孔隙序号,孔隙按直径从小到大排序,最小为 1,最大为 n; σ 为函数标准差,取 0.5; u 为孔隙直径均值,取 10nm。

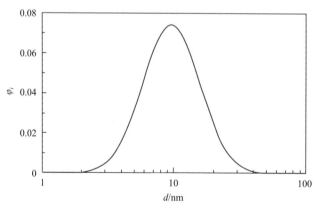

图 3-10 孔隙分布特征

基于第一部分研究,对于直径为 d_i 的孔隙,可以确定其水膜厚度 h_i,相应的含水饱和度 S_{wi} 形式可以表示为

$$S_{wi} = 1 - \left[1 - \frac{2h_i(d_i, \varphi_i)}{d_i} \right]^2 \qquad (3-15)$$

对于具有一定孔隙分布特征的岩心，多孔介质整体含水饱和度 S_w 可以表示为

$$S_w = \sum_{i=1}^{i=n} S_{wi}\phi_i = \sum_{i=1}^{i=n} \left[1 - \left(1 - \frac{2h_i}{d_i} \right)^2 \right] \phi_i \qquad (3-16)$$

利用式 (3-16) 计算得到储层含水饱和度 S_w 与天然气相对湿度 P_v/P_0 的关系曲线如图 3-11 所示：S_w 随 P_v/P_0 的增加而增大，在 $P_v/P_0=0.8$ 之前，S_w 缓慢增加，当 $P_v/P_0>0.8$，S_w 迅速上升。由于 S_w 为 P_v/P_0 的单调函数，因此可以根据储层含水饱和度 S_w 确定储层条件下天然气相对湿度 P_v/P_0；同时储层条件下各孔隙内天然气湿度相同，可以根据 P_v/P_0 进一步确定不同尺度孔隙的含水饱和度 S_{wi} 分布特征。

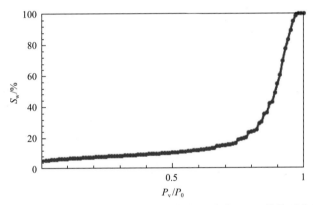

图 3-11　储层含水饱和度 S_w 与天然气相对湿度 P_v/P_0 的关系曲线

在储层整体含水饱和度 S_w 为 5%、10%、20%、40%、60% 及 80% 条件下，依据图 3-11 得出对应的储层天然气相对湿度 P_v/P_0 分别为 0.01、0.46、0.78、0.87、0.91 及 0.94。在不同 P_v/P_0 条件下，根据式 (3-15) 计算得到不同孔隙含水饱和度分布 S_{wi}。如图 3-12 所示，在低含水饱和度 (5%) 情况下，所有的孔隙仅仅存在水膜 ($S_{wi}<1$)，而未被毛细管水填充；随储层含水饱和度 S_w 增加，小孔隙逐渐被毛细管水充填 ($S_{wi}=1$)，而大孔隙表面吸附水膜 ($S_{wi}<1$)；在高含水饱和度情况下 (40%～80%)，10～20nm 的孔隙将被毛细管水充填。在纳米尺度下，利用 Y-Laplace 公式 $P_c=4\gamma\cos\theta/d$ 计算，驱替 20nm 的孔隙的水，需要克服毛细管力 14.5MPa，此类被毛细管水填充的微小孔隙在生产过程中可能不起作用。当然，本模型主要针对亲水能力极强的致密砂岩孔隙，孔隙内将以气相 (吸附气与游离气) 为主，孔隙被液态水阻塞的可能性较低。

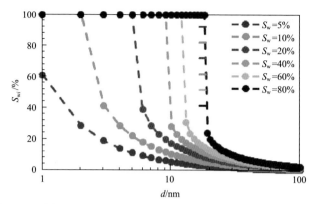

图 3-12 致密砂岩储层不同整体含水饱和度条件下孔隙含水饱和度

三、不同含水饱和度下原始气水分布特征

1. 低含水饱和度下原始气水分布

在低含水饱和度条件下，储层原始气水分布特征为气相连续，水相主要为束缚水，其中小孔隙充填水，大孔隙气芯水膜；在这种特征下，生产初期只有气相流动，水相不流动(图 3-13)。

图 3-13 低含水饱和度下致密储层气水分布特征

2. 中含水饱和度下原始气水分布

在中含水饱和度条件下，储层原始气水分布特征为气相连续，存在少量的可

动水（部分大孔隙中含孔隙水，易流动）；在这种特征下，气相流动，部分大孔隙中的水流动，生产初期少量见水（图3-14）。

图3-14 中含水饱和度下致密储层气水分布特征

3. 高含水饱和度下原始气水分布

在高含水饱和度条件下，储层原始气水分布特征为：气体主要存在于大孔隙中，气相连续性差，储层中存在大量的可动水，水相连续性强。在这种特征下，含水饱和度高，水相渗流能力强，生产早期产水量大（图3-15）。

图3-15 高含水饱和度下致密储层气水分布特征

第二节 致密储层单相气渗流机理

一、致密储层气体的流动形态

对于单相气体在微纳米孔隙中的流动过程，通常采用克努森（Knudsen）数作为流动形态划分的重要依据，对于圆管孔隙，Knudsen 数 Kn 可以表示为[4]

$$Kn = \frac{\lambda_g}{d} \tag{3-17}$$

式中，λ_g 为分子平均自由程，nm；d 为流场特征尺度，即为孔隙直径，nm。

考虑致密储层高温高压系统，气体分子间相互作用力对气体传输的影响不容忽视，考虑真实气体效应（偏差系数、黏度、平均自由程等）后，真实气体分子平均自由程 λ_g 可以表示为[4]

$$\lambda_g = \frac{\mu_g}{\bar{P}} \sqrt{\frac{\pi Z R T}{2M}} \tag{3-18}$$

式中，μ_g 为气体黏度，mPa·s；Z 为气体偏差系数，无因次；$\bar{P}$ 为气体平均压力，MPa；M 为气体摩尔质量，g/mol。

根据 Knudsen 数的数值可把气体流动形态分为四类[5]（表 3-3），即连续流、滑脱流、过渡流及自由分子流。

表 3-3　气体流动阶段的分类

Knudsen 数	$Kn \leq 0.001$	$0.001 < Kn \leq 0.1$	$0.1 < Kn \leq 10$	$Kn > 10$
流动形态	连续流	滑脱流	过渡流	自由分子流

在连续流阶段，满足无滑移边界条件，气体流动是连续流动的线性流。当 Knudsen 数变大，稀薄效应变得更加明显，连续假设不再成立。因此，除了连续流之外的流动阶段，达西定律不再适用。

根据表 3-3，图 3-16 给出了不同尺度孔隙在不同压力下所对应的流动形态。对照储层特征进行分析如下。

(1) 常规储层的喉道直径分布范围为 1～200μm，因此气体在孔隙中的流动主要为连续流阶段，可用达西公式进行描述；当压力下降到 10MPa 之后，气体流动变为滑脱流阶段。

(2) 致密储层中存在大量的纳米级喉道（孔径为 5～900nm）、一定数量的微米级孔隙(孔径为 12～80μm)及更大尺度的微裂缝。气体在纳米级喉道中的流动形态主要为滑脱流，当压力下降到 10MPa 之后，气体流动形态转变为过渡流。

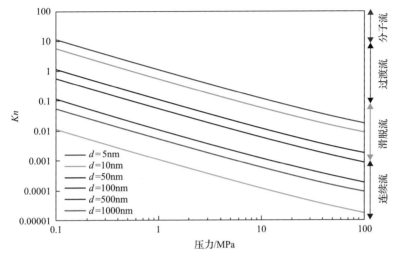

图 3-16　不同尺寸孔隙在不同压力下所对应的流动形态

1. 连续流

当 $Kn<0.001$ 时，气体分子间的碰撞占主导地位，对于理想气体在孔隙内传质可采用达西定律来描述：

$$J_v = v\rho_g = -\frac{K_\infty}{\mu_g}\frac{MP_m}{RT}\nabla P \tag{3-19}$$

式中，J_v 为连续流质量流量，$kg/(m^2 \cdot s)$；v 为流动速率，m/s；ρ_g 为气体密度，kg/m^3；K_∞ 为绝对渗透率，$10^{-3}\mu m^2$；μ_g 为气相黏度，$mPa \cdot s$；P_m 为基质系统的压力，MPa；∇P 为压力梯度，MPa/m。绝对渗透率 K_∞ 可以用 Hagen-Poiseuille 方程表示为

$$K_\infty = \frac{\phi d^2}{32\tau} \tag{3-20}$$

式中，ϕ 为多孔介质孔隙度，%；τ 为孔隙迂曲度，无因次；d 为平均孔隙直径，nm。对于理想的单个圆管孔隙而言，$\phi=100\%$，$\tau=1$。

对于纳米孔隙，气体流动过程中与孔隙壁面的滑脱效应开始显著，滑脱效应将对渗透率产生影响，考虑滑脱效应的渗透率可以用 Klinkenberg 方程表示为

$$K_{slip} = K_\infty(1+\alpha Kn) \tag{3-21}$$

式中，α 为滑脱效应系数，无因次。取值 5。

考虑气体偏差因子及滑脱效应，真实气体连续流动质量流量可以表示为

$$J_{slip} = -\frac{K_\infty}{\mu_g}\frac{M}{RT}\frac{P_m}{Z}(1+\alpha Kn)\nabla P \tag{3-22}$$

2. 分子流

当 $Kn>10$ 时，气体与孔隙壁面的碰撞占主导地位，孔隙内传质可采用 Knudsen 扩散来描述：

$$J_{Kn} = -D_{Kn}\nabla\rho_g \tag{3-23}$$

式中，J_{Kn} 为 Knudsen 扩散质量流量，$kg/(m^2 \cdot s)$；D_{Kn} 为 Knudsen 扩散系数，m^2/s；$\nabla\rho_g$ 为密度梯度，kg/m^4。

对于理想气体在圆管孔隙 Knudsen 扩散系数 D_{Kn} 表示为

$$D_{Kn} = \frac{d}{3}\sqrt{\frac{8RT}{\pi M}} \tag{3-24}$$

结合式(3-23)与式(3-24)，理想气体 Knudsen 扩散质量流量可以表示为

$$J_{Kn} = -\frac{d}{3}\sqrt{\frac{8RT}{\pi M}}\frac{d\rho_g}{dP}\nabla P \tag{3-25}$$

考虑气体偏差因子 Z，真实气体 Knudsen 扩散质量流量可以表示为

$$J_{Kn} = -\frac{d}{3}\sqrt{\frac{8ZRT}{\pi M}}\frac{M}{RT}\frac{P_m}{Z}C_g\nabla P \tag{3-26}$$

式中，C_g 为气体压缩系数，MPa^{-1}。

3. 权重系数

2009 年，Javadpour 提出将滑脱流与 Kundsen 扩散叠加表征气体在纳米孔隙的总流量，并进一步用"表观渗透率"表征气体在纳米孔隙的流动能力[6]，Shi 于 2014 年[7]、Rahmanian 于 2013 年[8]、Wu 等[9,10]于 2014～2017 年在其基础上进行修正与改进。其中 Wu 等提出的"权重系数"能够表征分子-分子与分子-壁面的碰撞频率，物理意义较为明确，其研究成果以分子之间的碰撞频率和分子与壁面的碰撞频率占碰撞总频率的比值，作为滑脱流和 Kundsen 扩散的权重系数（f_{slip} 与 f_{Kn}）[6-10]：

$$f_{\text{slip}} = \frac{1}{1+Kn}$$

$$f_{Kn} = \frac{1}{1+1/Kn}$$

(3-27)

计算不同 Kn 数的滑脱流权重系数 f_{slip} 与 Knudsen 扩散权重系数 f_{Kn} 如图 3-17 所示，计算结果表明：在连续流区域内 $(Kn<0.001)$，f_{Kn} 几乎为 0，Knudsen 扩散对流动几乎不产生影响；在滑脱流区域内 $(0.001<Kn<0.1)$，随着 Kn 数增加，Knudsen 扩散影响逐渐增大，但 f_{Kn} 值小于 0.1，该区域内 Knudsen 扩散对流动的影响小于 10%，气体主要表现为滑脱流；在过渡流区域内 $(0.1<Kn<10)$，f_{Kn} 值与 f_{slip} 随 Kn 数变化显著，该区域内 Knudsen 扩散与滑脱流对流动影响均比较重要；在分子流区域内 $(Kn>10)$，滑脱流权重系数小于 0.1，气体主要表现为 Knudsen 扩散。综上，该权重系数可以表征全 Kn 数范围内的流动状态。

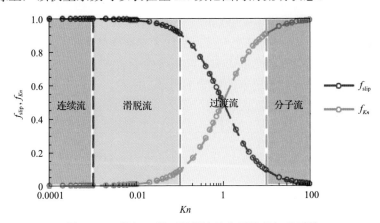

图 3-17 不同 Kn 数下滑脱流及分子流的权重系数

4. 表观渗透率

对于真实气体，利用权重系数叠加连续流动及 Knudsen 扩散，气体在孔隙内的总质量流量可以表示为

$$J_{\text{T}} = f_{\text{slip}}J_{\text{slip}} + f_{Kn}J_{Kn}$$

(3-28)

式(3-27)～式(3-28)中，f_{slip} 为连滑脱动的权重系数，无因次；f_{Kn} 为 Knudsen 扩散的权重系数，无因次；J_{T} 为总质量流量，$\text{kg}/(\text{m}^2 \cdot \text{s})$；$J_{\text{slip}}$ 为滑脱流质量流量，$\text{kg}/(\text{m}^2 \cdot \text{s})$；$J_{Kn}$ 为 Knudsen 扩散质量流量，$\text{kg}/(\text{m}^2 \cdot \text{s})$。

纳米孔隙内气体传质形式主要有黏性滑脱流动和孔内扩散，截面宏观表现出的渗透率称为表观渗透率，它不等于截面本质渗透率。表观渗透率是对流传质通量和扩散传质通量的叠加，它与截面物性、地层压力、温度及流体物性有关。而本质渗透率是流体在无滑脱黏性层流条件下得到的渗透率，反映截面固有渗透性，其数值可由脉冲压力延迟实验测得。根据表观渗透率定义[11,12]，总质量流量 J_T 与表观渗透率 $(K_g)_a$ 的关系可以表示为

$$J_T = v_T \rho_g = -\frac{(K_g)_a}{\mu_g}\frac{MP_m}{RT}\nabla P \tag{3-29}$$

结合式(3-29)，真实气体在纳米孔隙流动的表观渗透率 $(K_g)_a$ 可以表示为

$$(K_g)_a = \frac{1}{1+\lambda_g/d}\frac{d^2}{32}\frac{1}{Z}(1+\alpha Kn) + \frac{1}{1+d/\lambda_g}\frac{\mu_g C_g}{Z}\frac{d}{3}\sqrt{\frac{8ZRT}{\pi M}} \tag{3-30}$$

在 $T=80℃$ 条件下，根据式(3-30)计算出不同储层平均压力(0.5MPa、1MPa、10MPa、50MPa)与孔径范围 1～500nm 内理想气体与真实气体的表观渗透率 $(K_g)_a$ (图3-18，相同压力时虚线为理想气体，实线为真实气体)。结果表明：压力及孔隙尺度均对气体表观渗透率产生影响：低压条件下的渗透率远大于高压情况，当压力大于 10MPa，压力对渗透率的影响不明显；同时，气体表观渗透率与孔径呈正相关，孔径越大则渗透率越大。

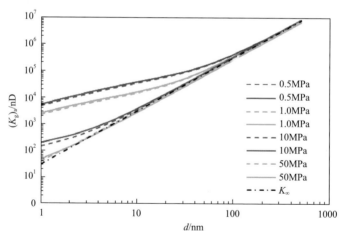

图3-18 不同孔径及压力条件下的表观渗透率 $(K_g)_a$

对比不同条件下表观渗透率 $(K_g)_a$ 与绝对渗透率 (K_∞) 的比值(图3-19，相同压力下虚线为理想气体，实线为真实气体)，结果表明：低压(0.5MPa)条件下，1～10nm 孔隙的表观渗透率 $(K_g)_a$ 为绝对渗透率 (K_∞) 的 10～200 倍；即使在高压(大于 10MPa)条件下，1～10nm 孔隙的 $(K_g)_a$ 为 (K_∞) 的 2～5 倍，因此在 1～10nm 纳米孔隙内，Knudsen 扩散及滑脱引起气体表观渗透率增大的现象不容忽视，随孔

隙尺度增大，Knudsen 扩散及滑脱效应逐渐减弱。

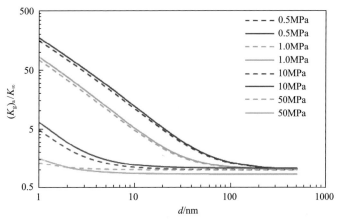

图 3-19 表观渗透率$(K_g)_a$与绝对渗透率(K_∞)的比值

二、致密储层滑脱效应

1. 单管孔隙滑脱效应及影响因素

滑脱效应是气体分子在孔隙壁面速度不为零的一种现象，具体表现为气相表观渗透率大于绝对渗透率。Klinkenberg 于 1941 年通过实验观察发现了气体分子的滑脱效应，并指出气相渗透率和平均压力可表示为[11]

$$(K_g)_a = K_\infty \left(1 + \frac{b}{P_{ave}}\right) \tag{3-31}$$

式中，$(K_g)_a$ 和 K_∞ 分别为气体的表观渗透率和绝对渗透率；P_{ave} 为单根喉道管道中的平均压力，MPa；b 为气体的滑脱因子，它反映了多孔介质中气体滑移效应的程度。

从式 (3-31) 可以看出，计算气体表观渗透率与滑脱因子和平均压力密切相关。平均压力在实验或者实际生产中较易获得，关键是确定气体滑脱因子。研究表明，气体滑脱因子除了与气体内在性质相关外，还与渗透率、孔隙度和孔喉半径有关。因此，诸多学者将研究集中于利用渗透率和孔隙度等参数来估计气体的滑脱因子，表 3-4 概述了相关的表达式及它们适用的条件，整体而言，这些关系式都包含有经验常数，其背后的物理意义不明确，且这些经验常数随着不同的条件(如温度、压强、材料等)变化很大。更值得注意的是，这些模型也不能反映实际气水分布对滑脱效应的影响。

表 3-4　气体滑脱因子经验公式

文献	关系式	实验条件
Heid 等[13]	$b = 11.419 K_\infty^{-0.39}$	干燥岩心，干燥空气测试
Jones[14]	$b = 6.9 K_\infty^{-0.36}$	干燥岩心，渗透率范围为 $(0.01 \sim 1000) \times 10^{-3} \mu m^2$；岩心毛细管直径范围为 $0.3 \sim 90 \mu m$，实验测试气体为氮气
Jones 和 Owens[15]	$b = 12.639 K_\infty^{-0.33}$	超过 100 块干燥致密砂岩岩心实验数据拟合
Sampath 和 Keighin[16]	$b = 0.0414 (K_\infty / \phi)^{-0.53}$	用低渗砂岩岩心和氮气进行测试，其中部分含水岩心(饱和度 $0 \sim 60\%$)
Jones[17]	$b = 16.403 K_\infty^{-0.382}$	干燥岩心实验数据拟合得到，其中 355 块砂岩[孔隙度 0.043～0.299，渗透率为 $(0.01 \sim 2500) \times 10^{-3} \mu m^2$]29 块灰岩[孔隙度为 0.032～0.255，渗透率为 $(0.01 \sim 400) \times 10^{-3} \mu m^2$]
Civan[18]	$b = \mu \left(\dfrac{\pi R_g T}{\tau_h M} \right)^{0.5} \left(\dfrac{K_\infty}{\phi} \right)^{-0.5}$	解析式，假设条件为具有均匀半径的迂曲毛细管

注：ϕ 为孔隙度；T 为热力学温度，K；R_g 为气体常量，8.314J/(K·mol)；τ_h 为迂曲度

1999 年，Beskok 和 Karniadakis 在传统 H-P 方程的基础上[19]，推导了单根迂曲管道中气体的体积流量公式，该方程适合于所有的流动形态，如式 (3-32) 所示：

$$q = (1 + \alpha Kn)\left(1 + \frac{4Kn}{1 - bKn}\right)\frac{\pi r^4}{8\mu_g}\frac{\Delta P}{L} \tag{3-32}$$

式中，L 为孔隙长度；r 为孔隙半径；α 为无量纲稀薄系数；μ 为气体黏度；Beskok 和 Karniadakis(1999) 提出了计算 α 的经验公式：

$$\alpha = \frac{64}{3\pi(1 - 4/b)}\frac{2}{\pi}\tan^{-1}\left(\alpha_1 Kn^{\alpha_2}\right) \tag{3-33}$$

式中，α_1 和 α_2 分别为 4 和 0.4。

进一步研究表明，在滑脱区间内，α 和 b 分别为 0 和 –1，将此条件代入式 (3-32) 中，可以得到在滑脱流区间单根迂曲管道中气体的体积流率的表达式为

$$q = \pi r^2 \frac{\left(1 + \dfrac{4Kn}{1 + Kn}\right)r^2}{8\mu}\frac{\Delta P}{L} \tag{3-34}$$

根据式 (3-34) 可进一步得到气相表观渗透率，可表示为

$$(K_g)_a = \left(1 + \frac{4Kn}{1 + Kn}\right)\frac{r^2}{8} \tag{3-35}$$

结合式(3-35)及Klinkenberg提出的渗透率表示式即可得到滑脱因子的表达式：

$$\frac{b}{P_{\text{ave}}} = \frac{4Kn}{1+Kn} \tag{3-36}$$

根据式(3-36)可知，温度、压力、孔隙大小等均对气体的滑脱效应有影响。进一步计算分析 b/P_{ave} 随压力和孔隙大小的变化关系曲线，如图3-20所示。计算结果如下。

(1)压力对滑脱效应有着显著的影响。随着压力的降低，表观渗透率不断增大，滑脱效应越明显，从微观上解释，压力减小导致气体的平均自由程增大，气体分子与壁面碰撞的概率增加，滑脱效应增强。

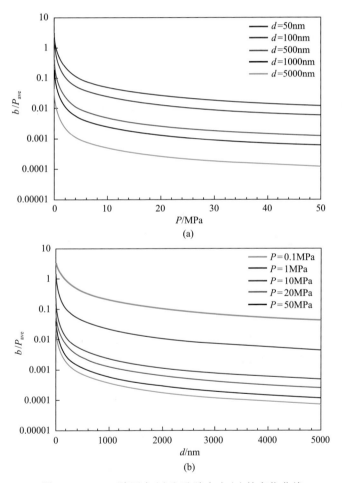

图3-20 b/P_{ave} 随压力(a)和孔隙大小(b)的变化曲线

(2)孔隙越小，滑脱效应越明显。相对于常规储层，致密储层的一大显著特征是孔喉尺度细小，主要发育几十纳米到几百纳米的孔喉。在大气压条件下，对于 $d=4\mu m$ 的孔隙，$b/P_{ave}=0.05$，表明滑脱效应使气相渗透率增加了 5%，而在相同条件下，对于 $d=50nm$ 和 $d=100nm$ 的孔隙，气相渗透率分别增加了 2 倍和 1.4 倍。

2. 致密储层多孔介质滑脱效应

实际岩石是由大小及数量不同的孔隙、粗细及数量不同的喉道相互连通而形成的错综复杂的网络系统。在储层含水饱和度评价中常使用简化的模型来模拟真实岩石，通常采用非均质的毛细管束模型。

考虑实际致密砂岩复杂孔隙分布特征，需要进一步在单孔模型的基础上，对不同尺度孔隙内的流量进行耦合，从而表征气相在多孔介质尺度的流动特征和滑脱效应。对于孔隙并联的情况，总体渗透率和孔隙度可以表示为

$$(K_g)_T = \frac{\sum_{i=1}^{i=n}(K_g)_{ai} A_i}{A_{bulk}} = \frac{\sum_{i=1}^{i=n}(K_g)_{ai} A_i / A_T}{A_{bulk}/A_T} \tag{3-37}$$

$$\phi = \frac{A_T}{A_{bulk}} = \frac{V_T}{V_{bulk}} , \quad \varphi_i = \frac{A_i}{A_T} = \frac{V_i}{V_T} \tag{3-38}$$

式中，A_i、V_i 分别为直径 d_i 孔隙所占的截面积、体积；A_T、V_T 分别为总孔隙截面积、总孔隙体积；A_{bulk}、V_{bulk} 分别为岩心截面积、岩心体积；ϕ 为孔隙度；φ_i 为孔隙体积分数。

利用式(3-36)可分别计算干燥条件下考虑滑脱效应的表观渗透率，并分析与绝对渗透率的比值，计算结果如图 3-21 所示，平均压力越小，岩样表观渗透率越大，滑脱效应越强；而平均压力越大，岩样的表观渗透率与绝对渗透率的比值越接近 1，且变化幅度极小，即在高压条件下滑脱效应可忽略。同时，对比岩心 A 和岩心 B 可发现，岩心 B 发育了更多小于 100nm 的孔隙，滑脱效应更强，表观渗透率与绝对渗透率的比值越大。

三、致密储层应力敏感效应

致密砂岩具有典型的多孔介质结构，岩石内部复杂的物理结构导致了其内部的受力状况也极其复杂，总体来说，岩石上被施加的应力基本包括两类，即内部应力(孔隙流体压力等)和外部应力(地层上覆压力等)。常规渗流理论研究一般基于刚性介质假设，即多孔介质微可压缩，但不对介质的物性产生影响。然而，对于致密气藏，随着地层流体的采出，地层孔隙压力变化使得储层岩石的有效应力

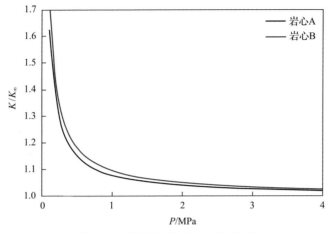

图 3-21 滑脱效应随压力变化关系

发生变化,储层岩石承受的有效应力增加会导致储层岩石的弹性变形和塑性变形,进而造成渗透率、孔隙度的减小。这种由于压力的变化而使岩石物性(孔隙度、渗透率)发生改变的现象称为储层岩石的应力敏感性。

1. 应力敏感性对孔隙度的影响

对于致密气藏,在开采过程中,随着地层压力下降,基质岩块系统所承受的有效压力增加,使基质岩块系统发生弹塑性变形,基质孔隙体积缩小,孔隙度减小,即孔隙度应力敏感性。图 3-22 为实验模拟随地层压力降低,有效应力增加时孔隙度的变化规律,可以看出岩心孔隙度随有效应力的增加而减小。

目前大量室内实验研究表明,孔隙度改变量在5%以内;而实际地层中,孔隙度的改变量随孔隙压力(地层压力)的变化会更小。在矿场计算中,致密储层的孔隙度应力敏感可以忽略,主要考虑渗透率的应力敏感效应。

2. 应力敏感性对渗透率的影响

油气开采过程中,随着油气的采出,地层压力逐渐下降,此时原本作用于孔隙流体的上覆岩层压力转而作用于储层基质,进而导致基质渗透率降低。致密储层岩石孔隙结构复杂,喉道细小,应力的变化致使其孔喉细微的变化,就可能引起其渗透率相对值的较大变化,产生较强的应力敏感性。对于不同类型储层,由于岩石矿物与孔隙结构的差异,其渗透率随有效压力的变化特征有所不同,总的来说,致密储层开发过程中的渗透率随有效压力的变化表现为:初始渗透率越低,下降速率越快,下降幅度越大;在有效应力低于 20MPa 时更加明显,岩样渗透率降低的幅度最大,随有效应力继续增加,岩样渗透率下降幅度逐渐变缓,如图 3-23 和表 3-5 所示[20]。

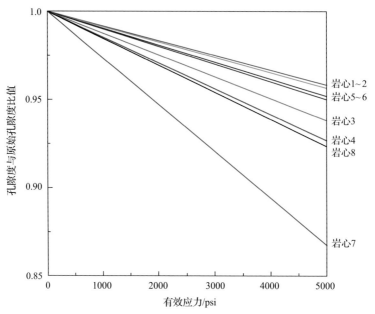

图 3-22　孔隙度与原始孔隙度比值与有效应力的关系

1psi=6.89476×10³Pa

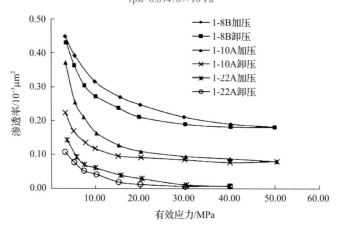

图 3-23　渗透率与有效应力的关系

表 3-5　致密砂岩渗透率应力敏感实验结果

岩样号	深度/m	气测渗透率/10⁻³μm²	应力敏感性系数	应力敏感程度
1-22A	2701.42	0.470	0.572	中等
1-10A	2702.98	0.376	0.240	弱
1-8B	2777.40	0.140	0.224	弱

3. 压裂裂缝应力敏感效应

压裂后形成的人工裂缝极大地增强了近井地带的导流能力，有助于流体向井筒流动。如图 3-24 所示，在压裂初期，裂缝在支撑剂的作用下保持一定的开度；在生产过程中，流体的产出将导致储层周边的净应力增加，导致裂缝导流能力发生变化，这种变化对致密气产出影响极大。压裂裂缝变导流能力可分为空间变导流和时间变导流两类，空间变导流是由于压裂施工中支撑剂充填不均，裂缝为楔形缝，导流能力随裂缝延伸而变化；时间变导流是支撑剂破碎、嵌入地层、岩屑堵塞等因素导致裂缝导流能力随时间发生变化。裂缝导流能力变化主要与支撑剂铺置浓度、支撑剂物理性质、裂缝闭合应力及岩石硬度有关，也与储层温度、流体性质及盐水环境等因素有关。

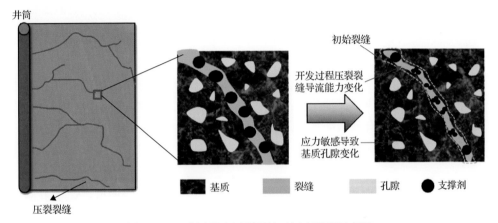

图 3-24　开发过程中压裂裂缝时间变导流示意图

由于影响裂缝导流能力的因素很多，理论上很难建立统一的模型进行表征，目前主要根据大量的室内实验数据进行数学分析，常见的裂缝导流能力与生产时间的关系可表示为

$$F_{ct} = F_{c0}(\eta e^{-t/c} + 1 - \eta) \tag{3-39}$$

式中，t 为生产时间；F_{c0} 为初始导流能力；F_{ct} 为当前裂缝导流能力；η 为裂缝导流能力衰减幅度；c 为系数，控制导流能力的衰减速度。

第三节　致密储层气水两相渗流机理

一、含水条件下气体流动特征分析

相比干燥状态，实际储层往往具有一定的含水饱和度，气水分布规律对渗流特征具有重要的影响。

在本模型中，将岩心简化为多根纳米孔隙并联的情况，孔隙含水分布特征及气相流动特征如图 3-25 所示。

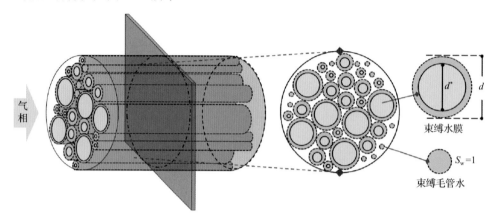

图 3-25　不同尺度孔隙含水分布特征及气相流动特征

考虑含水饱和度分布特征，含水饱和度对气相流动的影响表现为：①小孔隙被毛细管水堵塞，气体无法流动；②大孔隙存在一定厚度水膜，影响孔隙有效流动直径。定义孔隙有效流动直径为

$$d_i^* = d_i - 2h_i = d_i\sqrt{1 - S_{wi}} \tag{3-40}$$

式中，d_i^* 为有效孔隙直径，nm；d_i 为原始孔隙直径；h_i 为水膜厚度；S_{wi} 为孔隙含水饱和度，小数。

式(3-40)表明，对于 $S_{wi}=1$ 的小孔隙，有效流动直径为 0；仅对于 $S_{wi}<1$ 的大孔隙，气相才能发生流动。

考虑含水饱和度对有效孔径的影响后，整个岩心气体流动表观渗透率可以表示为

$$(K_g)_a^* = \phi \sum_{i=1}^{i=n} (K_g)_{ai}^* \varphi_i = \phi \sum_{i=1}^{i=n} \left[\frac{1}{1 + \lambda_g / d_i^*} \frac{d_i^{*2}}{32} \frac{1}{Z} \left(1 + \alpha \frac{\lambda_g}{d_i^*} \right) \right.$$
$$\left. + \frac{1}{1 + d_i^* / \lambda_g} \frac{\mu_g C_g}{Z} \frac{d_i^*}{3} \sqrt{\frac{8ZRT}{\pi M}} \right] \varphi_i \tag{3-41}$$

结合式(3-40)和式(3-41)，气相相对渗透率即为含水条件下表观渗透率 $(K_g)_a^*$ 与干燥条件下 $(K_g)_a$ 的比值：

$$K_{rg}(S_w) = \frac{(K_g)_a^*}{(K_g)_a} \tag{3-42}$$

在考虑多孔介质含水饱和度分布特征的基础上,计算不同压力条件下(0.1MPa、1MPa、10MPa、50MPa)的气相渗透率与含水饱和度关系曲线(图 3-26),结果表明:在储层原始含水饱和度为 20%的情况下,气相流动能力与干燥情况相比将降低 10%;在含水饱和度为 40%的情况下,气相流动能力将降低 20%。尽管致密砂岩储层原始含水通常表现为束缚水,但该含水饱和度的存在将明显降低气体流动能力,尤其在高含水饱和度情况下($S_w > 60\%$),该影响更为突出;同时,储层平均压力对气相渗透率也存在影响,高压情况的气相渗透率明显高于低压情况,因此储层平均压力越低,束缚水对气体流动能力的影响越明显。

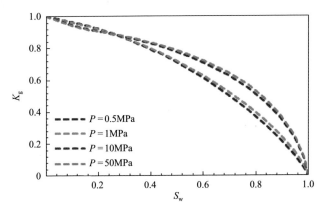

图 3-26 不同压力条件下的气相渗透率与含水饱和度关系曲线

对比不同储层压力条件下气相表观渗透率表明(图 3-27):开发过程随储层压力降低,尤其当压力小于 1MPa 时,气体黏度降低,分子自由程增大,Knudsen

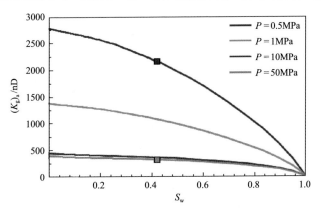

图 3-27 不同压力条件下的表观渗透率与含水饱和度关系曲线
1D=0.986923×10^{-12}m^2

扩散及滑脱效应对流动的贡献开始明显，气体流动能力显著增加。以初始含水饱和度 $S_{wi}=40\%$ 为例，在储层压力由 50MPa 降低至 0.5MPa 的过程中，气相表观渗透率将由 326.15nD 增大至 2158.80nD，增大约 6.6 倍，因此，在开发过程中，气体流动能力将得到一定程度改善。

二、致密储层气水两相相对渗透率模型

1. 不考虑毛细管力的气水两相相对渗透率模型

1) Purcell 模型

1949 年，Purcell 提出利用毛细管压力数据计算岩石渗透率的方程[21]。该方程可推广到多相相对渗透率的计算中。在两相流中，润湿相的相对渗透率可以计算为

$$K_{rw} = \frac{\int_0^{S_w} dS_w / P_c^2}{\int_0^1 dS_w / P_c^2} \tag{3-43}$$

式中，K_{rw} 和 S_w 分别为润湿相相对渗透率和润湿相饱和度；P_c 为毛细管压力，为润湿相饱和度 S_w 的函数。

同样，非润湿相的相对渗透率为

$$K_{rnw} = \frac{\int_{S_w}^1 dS_w / P_c^2}{\int_0^1 dS_w / P_c^2} \tag{3-44}$$

由式(3-43)和式(3-44)可知润湿相和非润湿相的相对渗透率的总和等于1。

2) Burdine 模型

1953 年，Burdine 通过引入迂曲度系数作为润湿相饱和度的函数，建立了类似 Purcell 模型的方程[22]。润湿相相对渗透率的计算方法为

$$K_{rw} = (\tau_{hrw})^2 \frac{\int_0^{S_w} dS_w / P_c^2}{\int_0^1 dS_w / P_c^2} \tag{3-45}$$

式中，τ_{hrw} 为润湿相的迂曲度。τ_{hrw} 的计算方法为

$$\lambda_{rw} = \frac{\Gamma(1.0)}{\Gamma(S_w)} = \frac{S_w - S_m}{1 - S_m} \tag{3-46}$$

式中，S_m 为最低润湿相饱和度，由毛细管压力曲线获取；$\Gamma(1.0)$ 和 $\Gamma(S_w)$ 分别为润湿相饱和度为 100% 和 S_w 时的迂曲度。

同样地，引入非润湿相迂曲度可以计算非润湿相的相对渗透率。方程可表示为

$$K_{rnw} = (\lambda_{rnw})^2 \frac{\int_{S_w}^1 dS_w / P_c^2}{\int_0^1 dS_w / P_c^2} \tag{3-47}$$

式中，λ_{rnw} 为非润湿相的迂曲度。λ_{rnw} 的计算方法为

$$\lambda_{rnw} = \frac{\Gamma_{nw}(1.0)}{\Gamma_{nw}(S_w)} = \frac{S_w - S_m - S_e}{1 - S_m - S_e} \tag{3-48}$$

式中，S_e 为非润湿相平衡饱和度；Γ_{nw} 为润湿相的迂曲度。

3）Corey 相对渗透率模型

根据 Purcell 和 Burdine 模型，当毛细管压力曲线可以用一个简单的数学函数来表示时，可以得到润湿相和非润湿相相对渗透率的解析表达式。1954 年，Corey 发现油-毛细管压力曲线可以近似地用线性表达式表征[123]：

$$\frac{1}{P_c^2} = C S_w^* \tag{3-49}$$

式中，C 为常数；S_w^* 为归一化的润湿相饱和度，驱替过程计算方法为

$$S_w^* = \frac{S_w - S_{wr}}{1 - S_{wr}} \tag{3-50}$$

式中，S_{wr} 为润湿相的束缚饱和度，在 Corey 模型中是油相束缚饱和度。

假设 $S_e = 0$，$S_m = S_{wr}$，得到驱替过程计算润湿相（液体）和非润湿相（气体）相对渗透率公式为

$$K_{rw} = (S_w^*)^4 \qquad K_{rnw} = (1 - S_w^*)^2 [1 - (S_w^*)^2] \tag{3-51}$$

式（3-49）和式（3-51）为简便起见称为 Corey 相对渗透率模型，该模型以 Burdine 方法为基础，结合 Corey 毛细管力模型建立，毛细管压力曲线应由式（3-51）表示。

4）Brooks-Corey 相对渗透率模型

Brooks 和 Corey[24]将毛细管压力函数的表示形式修改为更一般的形式为

$$P_c = P_e (S_w^*)^{-1/\lambda} \tag{3-52}$$

式中，P_e 为入口毛细管压力；λ 为孔隙尺寸分布指数。

将式(3-50)代入式(3-45)和式(3-47)，假设 $S_e=0$，Brooks 和 Corey[24]推导出计算润湿相和非润湿相相对渗透率的方程为

$$K_{rw} = (S_w^*)^{\frac{2+3\lambda}{\lambda}} \tag{3-53}$$

$$K_{rnw} = (1 - S_w^*)^2 \left[1 - (S_w^*)^{\frac{2+\lambda}{\lambda}} \right] \tag{3-54}$$

式(3-53)和式(3-54)称为 Brooks-Corey 相对渗透率模型。当 $\lambda=2$ 时，Brooks-Corey 模型简化为 Corey 模型[24]。

2006 年，Li 和 Horne 对比了蒸汽-水、氮气-水、油水、油气流动条件下，应用不同模型计算结果与实验数据相比较，总结出不同模型的适用性[25]。

（1）Purcell 相对渗透率模型最适合润湿相相对渗透率的实验数据，该模型与所研究的流体系统(气液或液液系统)和饱和历史(驱替或自吸)无关，然而该模型不适用于非润湿相相对渗透率的计算。

（2）Corey 模型和 Brooks-Corey 模型计算的驱替过程，非润湿相相对渗透率结果基本相同，与实验值非常接近。

2. 考虑毛细管力的气水相对渗透率模型

在建立气水相对渗透率计算模型时，以贝克莱-列维尔特水驱模型为基础，将毛细管力和启动压力梯度考虑进去，从而得到相应的气水两相相对渗透率数学模型。

考虑致密储层多孔介质流体渗流特性，则气、水相非达西流运动方程为

$$v_g = -\frac{KK_{rg}}{\mu_g} \frac{\partial P_g}{\partial x} \tag{3-55}$$

$$v_w = -\frac{KK_{rw}}{\mu_w} \frac{\partial P_w}{\partial x} \tag{3-56}$$

考虑毛细管力为含水饱和度的函数，则有

$$v_{\mathrm{g}} = -\frac{KK_{\mathrm{rg}}}{\mu_{\mathrm{g}}}\left(\frac{\partial P_{\mathrm{w}}}{\partial x} + \frac{\partial P_{\mathrm{c}}}{\partial x}\right) \tag{3-57}$$

储层多孔介质中流体总流速为

$$v = v_{\mathrm{w}} + v_{\mathrm{g}} \tag{3-58}$$

流动过程中，气、水分流量分别为

$$f_{\mathrm{w}} = \frac{v_{\mathrm{w}}}{v} \tag{3-59}$$

$$f_{\mathrm{g}} = \frac{v_{\mathrm{g}}}{v} \tag{3-60}$$

则有

$$\frac{vf_{\mathrm{w}}\mu_{\mathrm{w}}}{K_{\mathrm{rw}}} - \frac{vf_{\mathrm{g}}\mu_{\mathrm{g}}}{K_{\mathrm{rg}}} = K\frac{\partial P_{\mathrm{c}}}{\partial x} \tag{3-61}$$

结合 $f_{\mathrm{g}} = 1 - f_{\mathrm{w}}$，可得到水的分流量方程：

$$f_{\mathrm{w}}\left(\frac{\mu_{\mathrm{w}}}{K_{\mathrm{rw}}} + \frac{\mu_{\mathrm{g}}}{K_{\mathrm{rg}}}\right) = \frac{\mu_{\mathrm{g}}}{K_{\mathrm{rg}}} + \frac{K}{v}\left(\frac{\partial P_{\mathrm{c}}}{\partial x}\right) \tag{3-62}$$

$$f_{\mathrm{w}} = \frac{\dfrac{\mu_{\mathrm{g}}}{K_{\mathrm{rg}}} + \dfrac{K}{v}\left(\dfrac{\partial P_{\mathrm{c}}}{\partial x}\right)}{\dfrac{\mu_{\mathrm{w}}}{K_{\mathrm{rw}}} + \dfrac{\mu_{\mathrm{g}}}{K_{\mathrm{rg}}}} \tag{3-63}$$

忽略流体的压缩性，一维均质地层气驱水过程中的气、水连续性方程可表示为

$$\frac{\partial v_{\mathrm{g}}}{\partial x} + \phi\frac{\partial S_{\mathrm{g}}}{\partial t} = 0 \tag{3-64}$$

$$\frac{\partial v_{\mathrm{w}}}{\partial x} + \phi\frac{\partial S_{\mathrm{w}}}{\partial t} = 0 \tag{3-65}$$

$$v(t)\frac{\partial f_{\mathrm{w}}}{\partial x} + \phi\frac{\partial S_{\mathrm{w}}}{\partial t} = 0 \tag{3-66}$$

根据式 (3-66) 可得到，等含水饱和度面在储层多孔介质中的移动速度为

$$\left(\frac{dx}{dt}\right)\bigg|_{S_w} = \frac{v}{\phi}\frac{df_w}{dS_w} \tag{3-67}$$

根据上述推导，可得到气、水的相对渗透率及饱和度计算式为

$$f_w(S_g) = \frac{d\bar{V}_w(t)}{d\bar{V}(t)} \tag{3-68}$$

$$K_{rw} = f_w(S_g)\frac{d[1/\bar{V}(t)]}{d[1/I\bar{V}(t)]} \tag{3-69}$$

$$K_{rg} = K_{rw}\frac{\mu_g}{\mu_w}\frac{1-f_w(S_g)}{f_w(S_g)} \tag{3-70}$$

$$I = \frac{Q(t)}{Q_w}\frac{\Delta P_w}{\Delta P(t)} \tag{3-71}$$

式中，$f_w(S_g)$ 为含水率；$\bar{V}_w(t)$ 为无因次累积被驱替量；$\bar{V}(t)$ 为无因次累积采出量；K_{rg} 为气相对渗透率；K_{rw} 为水相对渗透率；μ_g 为气相黏度，mPa·s；μ_w 为水相黏度，mPa·s；I 为相对注入能力，又称流动能力比；$Q(t)$ 为 t 时刻岩样出口断面产出流量；Q_w 为初始时刻岩样出口端产水流量，cm³/s；ΔP_w 为初始驱动压差，MPa；$\Delta P(t)$ 为 t 时刻驱替压差，MPa。

三、不同驱替压差下的致密砂岩相对渗透率特征

1. 不同驱替压差下的致密砂岩相对渗透率实验

实验岩心参数、实验流体参数和相关实验条件如表 3-6 所示。

表 3-6　致密砂岩相渗实验基础数据

	数值		数值
油田/井号	×××	层位	山二段—山三段
取样深度/m	2780.31	岩样编号	YYY
岩样长度/cm	7.705	岩样直径/cm	6.413
孔隙度/%	9.09	绝对渗透率/mD	0.23
测定温度/℃	80	水的黏度/(mPa·s)	0.217
压力/MPa	30	气体黏度/(mPa·s)	0.03

(1)实验仪器和试剂

实验所用仪器和试剂如图 3-28 所示。

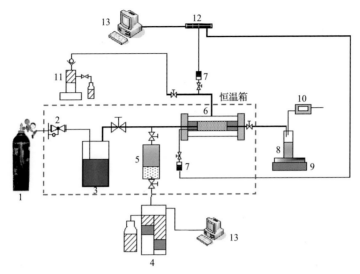

图 3-28　实验装置示意图

1-高压气瓶；2-高压减压阀；3-加湿器；4-ISCO 高压驱替泵；5-中间容器；6-岩心夹持器；7-压力传感器；
8-干燥剂；9-精密电子秤；10-气体流量计；11-手摇围压泵；12-数值记录仪器；13-电脑

(2)实验流程采用非稳态法测量气水相对渗透率，具体步骤如下：①对岩心进行洗净烘干，测量其基本物性；②测量地层水物性；③将岩心干燥处理后，抽真空饱和地层水；④将饱和地层水的岩心放入夹持器中，用恒温装置加热到地层温度，开启围压泵加压至地层围压；⑤利用高压驱替泵以一定的压力注入模拟地层水，待入口端和出口端压力稳定后，计量水的流量，计算水相渗透率，连续测量三次，直至相对误差小于 5%；⑥调整好出口端的气、水计量系统，开始气驱水实验，岩心出口端的气液混合物进入含有干燥剂的流量管中，液体滞留在流量管中，通过精密电子秤测量液体体积，气体则通过流量计进行计量，记录岩心夹持器前后两端压力差、气体和液体的累计值，各个时刻的产液量、产气量及驱替气流速；⑦当气驱水至束缚水状态时，记录此状态下的压力差和相应流量，计算束缚水状态下气相有效渗透率；⑧改变驱替压差，重复实验步骤③～⑦，则可得到不同驱替压差(不同压力梯度)下的产气量及产水量；⑨利用"Johnson、Bossler 和 Naumann"方法计算非稳态法气-水相对渗透率及含水饱和度。

(3)实验结果：不同驱替压差下(ΔP=1MPa、2MPa、3MPa、4MPa)的相对渗透率实验结果如图 3-29 所示。压差的变化显著影响相对渗透率曲线的形态特征和数值大小，随着驱替压差的增大，束缚水端点向左移动，部分束缚水转变为可动水；同时，水相相对渗透率增加，气相相对渗透率减小，这些变化特征都将影响气井的产能。

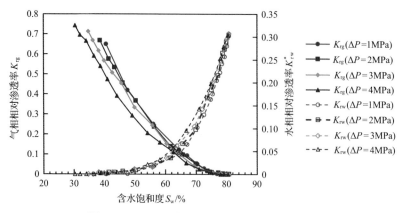

图 3-29　不同驱替压差下气水相对渗透率曲线

2. 不同驱替压差下相对渗透率曲线表征方法

将不同驱替压差下的气水相对渗透率曲线进行归一化处理：

$$S_w^* = \frac{S_w - S_{wr}}{1 - S_{wr}} \tag{3-72}$$

$$K_{rg}^* = \frac{K_{rg}}{K_{rg\,max}} \tag{3-73}$$

$$K_{rw}^* = \frac{K_{rw}}{K_{rw\,max}} \tag{3-74}$$

式中，S_w 为含水饱和度，小数；S_{wr} 为束缚水饱和度，小数；K_{rg} 为气相相对渗透率，小数；K_{rw} 为水相相对渗透率，小数；K_{rgmax} 为最大气相相对渗透率，小数；K_{rwmax} 为基质最大水相相对渗透率，小数；K_{rg}^* 为归一化气相相对渗透率，小数；K_{rw}^* 为归一化水相相对渗透率，小数。

图 3-30 所示即为归一化后不同驱替压差下的气水相对渗透率曲线，结果表明归一化的相对渗透率曲线并不随驱替压力梯度的变化而改变，因此该曲线可作为不同驱替压差下相对渗透率曲线计算的中间变量。同时，该曲线可用下列方程表示：

$$K_{rg}^* = (1 - S_w^*)^n \tag{3-75}$$

$$K_{rw}^* = (S_w^*)^l \tag{3-76}$$

式中，n 和 l 分别为气相指数和水相指数，这两个参数由岩石的孔隙结构决定，对于恒定的多孔介质，该值保持恒定，本实验中的拟合值 $n=3.582$，$l=1.962$。

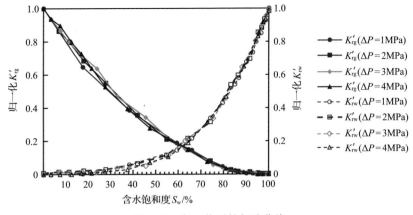

图 3-30　归一化后的相渗曲线

此外，本实验还测量了不同驱替压差下的含水饱和度和对应的残余水饱和度。测试结果表明随着驱替压差的增大，残余水饱和度逐渐减小(图 3-31)，变化规律为

$$S_{w} = 1 - a\ln\left(1 + \frac{b\mathrm{d}P}{\mathrm{d}l}\right) \tag{3-77}$$

式中，a 和 b 为常系数。

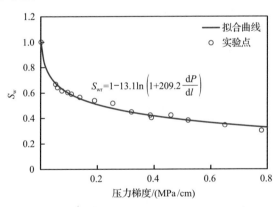

图 3-31　残余水饱和度随驱替压差的关系

不同驱替压差下，残余水饱和度发生变化，相应的残余水饱和度对应的渗透率也发生变化(图 3-32)，利用数学模型可表征不同饱和度下气相渗透率与干燥条件下气相渗透率的比值：

$$K_{g} / K_{g(S_{w}=0)} = (1 - S_{w})^{\chi} \tag{3-78}$$

式中，χ 为常数。

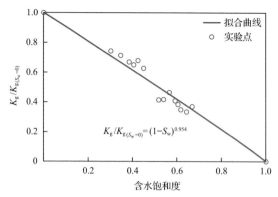

图 3-32　气相相对渗透率随含水饱和度的关系

结合以上分析，不同驱替压差下的相对渗透率曲线可通过以下步骤获得。

(1)将得到的相渗曲线利用式(3-72)~式(3-74)进行归一化处理，得到归一化的相渗曲线，将其作为中间变量。

(2)利用式(3-77)可得到某一压差下的残余水饱和度，将其代入式(3-72)，可得到一系列新的归一化饱和度值 S_w^*。

(3)再将新的 S_w^* 值代入式(3-75)和式(3-76)，归一化水相相对渗透率 K_{rw}^* 和气相相对渗透率 K_{rg}^* 则可计算得到。

(4)利用式(3-73)和式(3-74)则可得到新的水相渗透率 K_{rw} 分支(K_{rwmax} 为残余气饱和度对应的水相渗透率，保持不变)。

(5)由于束缚水饱和度发生了变化，最大气相渗透率 K_{rgmax} 也发生了变化，新束缚水下的最大气相渗透率 K_{rgmax} 可由式(3-78)计算得到。同样地，再根据步骤(3)，则可获得新的气相渗透率 K_{rg} 分支。

图 3-33 所示为计算得到的不同驱替压差的气水相渗曲线，结果表明随着压力梯度的增大，束缚水饱和度减小，对应的气相渗透率增加。

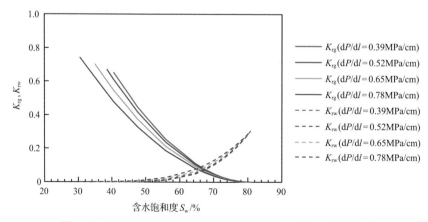

图 3-33　不同驱替压差下气相相对渗透率随含水饱和度的关系

参 考 文 献

[1] Israelachvili J N. Intermolecular and surface forces[M]（Revised third ed）. New York: Academic Press, 2011.

[2] Feng D, Wu K L, Wang X Z, et al. Modeling the confined fluid flow in micro-nanoporous media under geological temperature and pressure[J]. International Journal of Heat and Mass Transfer, 2019, 145: 118758.

[3] 张洪, 张水昌, 柳少波, 等. 致密油充注孔喉下限的理论探讨及实例分析[J]. 石油勘探与开发, 2014, 41（3）: 367-374.

[4] Wu K L, Chen Z X, Li X F, et al. Flow behavior of gas confined in nanoporous shale at high pressure: Real gas effect[J]. Fuel, 2017, 205: 173-183.

[5] 李靖, 李相方, 李莹莹, 等. 储层含水条件下致密砂岩/页岩无机质纳米孔隙气相渗透率模型[J]. 力学学报, 2015, 47（6）: 932-944.

[6] Javadpour F. Nanopores and apparent permeability of gas flow in mudrocks（shales and siltstone)[J]. Journal of Canadian Petroleum Technology, 2009, 48(8): 16-21.

[7] Shi J T, Zhang L, Li Y S, et al. Diffusion and Flow Mechanisms of Shale Gas through Matrix Pores and Gas Production Forecasting[C]. SPE Canadian Unconventional Resources Conference, Calgary, 2013.

[8] Mohammad R, Roberto A, Apostolos K. A New Unified Diffusion-Viscous-Flow Model Based on Pore-Level Studies of Tight Gas Formations[J]. SPE Journal, 2012, 18（1）: 38-49.

[9] Wu K L, Li X F, Wang C C, et al. Apparent Permeability for Gas Flow in Shale Reservoirs Coupling Effects of Gas Diffusion and Desorption[C]. SPE/AAPG/SEG Unconventional Resources Technology Conference, Denver, 2014.

[10] Wu K L, Li X F, Guo C H, et al. Adsorbed Gas Surface Diffusion and Bulk Gas Transport in Nanopores of Shale Reservoirs with Real Gas Effect-Adsorption-Mechanical Coupling[C]. SPE Reservoir Simulation Symposium, Houston, 2015.

[11] Klinkenberg L J. The permeability of porous media to liquids and gases[J]. Production Practice, 2: 200-213.

[12] Zheng Q, Yu B M, Duan Y G, et al. A fractal model for gas slippage factor in porous media in the slip flow regime[J]. Chemical Engineering Science, 2013, 87: 209-215.

[13] Heid J G, McMahon J J, Nielsen R F, et al. Study of the Permeability of rocks to homogeneous fluids[J]. API Drilling and Production Practice, 1950, 230-244.

[14] Jones S C. A rapid accurate unsteady-state Klinkenberg permeameter[J]. Society of Petroleum Engineers Journal, 1972, 12（5）: 383-397.

[15] Jones F O, Owens W W. A laboratory study of low-permeability gas sands[J]. Journal of Petroleum Technology, 1980, 32（9）: 1631-1640.

[16] Sampath K, Keighin C W. Factors affecting gas slippage in tight sand stones of cretaceous age in the Uinta Basin[J]. Journal of Petroleum Technology, 1982, 34（11）: 2715-2720.

[17] Jones S C. Using the inertial coefficient, B, to characterize heterogeneity in reservoir rock[J]. SPE Annual Technical Conference and Exhibition, Dallas, 1987.

[18] Civan F. Effective correlation of apparent gas permeability in tight porous media[J]. Transport in Porous Media, 2010, 82（2）: 375-384.

[19] Beskok A, Karniadakis G E. A model for flows in channels, pipes, and ducts at micro and nano scales[J]. Microscale Thermophysical Engineering, 1999, 3: 43-77.

[20] 游利军, 康毅力, 陈一健, 等. 含水饱和度和有效应力对致密砂岩有效渗透率的影响[J]. 天然气工业, 2004, 24(12): 105-107.

[21] Purcell W R. Capillary pressures-their measurement using mercury and the calculation of permeability therefrom[J]. Journal of Petroleum Technology, 1949, 1(2): 39-48.

[22] Burdine N T. Relative permeability calculations from pore size distribution data[J]. Journal of Petroleum Technology, 1953, 198: 71.

[23] Corey A T. The interrelation between gas and oil relative permeabilities[J]. Producers Monthly, 1954, 19: 38.

[24] Brooks R H, Corey A T. Properties of porous media affecting fluid flow[J]. Journal of the Irrigation and Drainage Division, 1966, 92: 61-90.

[25] Li K, Horne R N. Comparison of methods to calculate relative permeability from capillary pressure in consolidated water-wet porous media[J]. Water Resources Research, 2006, 42(6): W06405.

第四章 致密气藏试井及产能评价

气井产能评价的目的是确定气井产能，为气田探明储量申报、气井配产、气田规划和开发方案编制等重大决策提供可靠依据。通过几十年的发展，试井技术已逐步成为气藏动态分析的核心，成为确定物性参数、核实气藏动态储量和评价气井产能的重要手段。

致密气藏储层具有低孔隙度、低渗透率、低丰度、强非均质性的特征，因此压力传导速度慢，气井生产达到拟稳态的时间长，这给准确监测及测试压力带来了很大的困难。采用常规方法试井在较短时间内测试或计算致密气藏的压力，进行气井产能的评价，将会出现很大的误差[1]。本章根据致密气藏的地质、开发和渗流特征，建立致密气藏的直井和水平井试井模型；以图版法为核心，形成了一套适合致密气藏的现代试井分析方法；结合致密储层气体产出过程，将基质渗透率应力敏感效应、裂缝导流能力时变效应和气水相渗的时变效应引入渗流方程中，建立考虑时变效应的致密气藏产能模型。

第一节 致密气藏试井模型理论研究

本章使用了点源函数法对直井和水平井的压力响应进行求解，研究了不同边界条件下的压力响应。根据压裂水平井的渗流特点，选择了压裂水平井的三线性流模型，研究了多级压裂的水平井模型。

一、压裂直井试井模型理论研究

1. 垂直裂缝压裂直井试井理论模型和 Green 函数求解方法

1)垂直裂缝压裂直井模型

如图 4-1 所示为一垂直井压裂后不考虑裂缝开度的模型。考虑均质单层气层中一口井的情况，假设条件如下：①气层上下为不渗透边界，气层厚度 H，裂缝以井筒为中心两边对称(也可不对称)，裂缝半长 x_f，裂缝边界条件视所考虑模型而定；②不考虑裂缝开度，裂缝贯穿整个气层；③忽略毛细管力和重力的影响；④地层流体为单项微可压缩流体，渗流为达西渗流；⑤裂缝渗透率固定，地层流体从气层中流入裂缝，且流量随裂缝均匀分布，该井以某一定产量进行生产，试井测试就在该井进行。

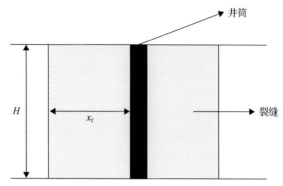

图 4-1　不考虑裂缝开度的垂直裂缝压裂直井模型

考虑裂缝开度的垂直裂缝压裂直井模型如图 4-2 所示，为一垂直井压裂后考虑裂缝开度的模型。

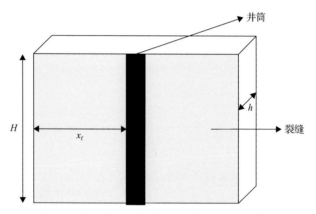

图 4-2　考虑裂缝开度的垂直裂缝压裂直井模型

考虑均质单层气层中一口井的情况，假设条件如下：①气层上下为不渗透边界，气层厚度 H，裂缝以井筒为中心两边对称(也可不对称)，裂缝半长 x_f，裂缝边界条件视所考虑模型而定；②考虑裂缝开度 h，裂缝贯穿整个气层；③忽略毛细管力和重力的影响；④地层流体为单项微可压缩流体，渗流为达西渗流；⑤裂缝渗透率固定，地层流体从气层中流入裂缝，且流量随裂缝均匀分布，该井以某一定产量进行生产，试井测试就在该井进行。

2) Green 函数求解方法 Newman 乘积方法

Green 函数又称影响函数，是数学物理方程中的一个重要概念。从物理意义上看，一个数学物理方程表示一种特定的场和产生这种场的源之间的关系，而

Green 函数则代表了一个点源所产生的场。更普遍地说，Green 函数是一个点源在一定的边界条件和初始条件下产生的场。

地下流体的渗流方程描述一些源(注水井)或汇(生产井)与所产生的压力场之间的关系。因此，Green 函数方法对地下渗流问题也同样适用。设气层区域为无限大，其中源的区域为 D_w(点、线、面、体)，M_w 为源区域中的一个微元。设源的强度(单位体积上的流量或注入量)均匀分布且为 q，则由 Green 函数方法求得压力分布，称为源函数。

源函数为 Green 函数在源区域上的积分，取决于源的空间形状。对于无限大气层中的不稳定渗流问题，只要求出源函数，就可得到气层中的压力分布，因此关键问题是如何求解源函数。

Newman 乘积方法实际上是数学物理方法中的一种降维方法，它可将一个三维的定解问题分解成一维或二维的问题，而这些一维或二维的定解问题的解的乘积等于原三维定解问题的解。分解成一维或二维问题时应满足一定的条件。

(1)分解后的三个一维问题(或者一个一维问题和一个二维问题)中的源在空间上的交集应为原三维定解问题的源的形状。

(2)三个一维问题(或者一个一维问题和一个二维问题)中的外边界所包含的空间的交集应为原三维定解问题中的外边界所包含的空间。因此，只需知道一些简单形状源的源函数，其他复杂形状源的源函数可由 Newman 乘积方法得到。

2. 无限大气层垂直裂缝压裂直井模型求解

1)不考虑裂缝开度的无限大气层垂直裂缝压裂直井

无限大气层，若不考虑裂缝开度，可将裂缝视为一个矩形区域的面源，应用镜像反映方法消除上下边界的影响，则可用 Newman 乘积方法得到其源函数，即可得到该源在气层中任一点的压力。

将裂缝区域视为一个矩形区域的源，对于上下边界，应用镜像反映法消去其影响，就得到如图 4-3 所示的一个宽为 $x_{f1} + x_{f2}$ 无限长的面源，此面源可看作由无数条无限长线源组成，求出这个面源函数就可应用 Green 函数方法求出此面源产生的压力分布。

Gringarten 给出的无限长线源函数为[2]

$$S_M(x,y,t) = \frac{1}{4\pi\eta t}\exp\left[-\frac{(x-x_w)^2 + (y-y_w)^2}{4\eta t}\right] \tag{4-1}$$

式中，η 为导压系数；t 为时间。

每条线源位于 xOz 平面，即每条线源都穿过 x 轴平行于 z 轴，故 $y = y_w = 0$，所以有

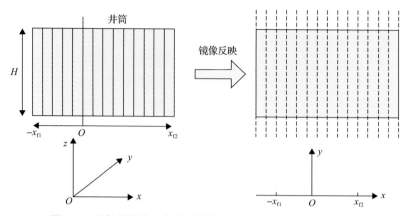

图 4-3　不考虑裂缝开度的无限大气层垂直裂缝压裂直井模型

$$S(x,t) = \frac{1}{4\pi\eta t}\exp\left[-\frac{(x-x_{\mathrm{w}})^2}{4\eta t}\right] \tag{4-2}$$

对式 (4-2) 两边进行 x 积分，由 $-x_{\mathrm{f1}}$ 积到 x_{f2}，即

$$S(x,t) = \frac{1}{4\pi\eta t}\int_{-x_{\mathrm{f1}}}^{x_{\mathrm{f2}}}\exp\left[-\frac{(x-x_{\mathrm{w}})^2}{4\eta t}\right]\mathrm{d}x_{\mathrm{w}} \tag{4-3}$$

对于点 $M(x,y)$ 处的压降，由 Green 函数方法得

$$
\begin{aligned}
\Delta P(x,t) &= \frac{1}{\phi C}\int_0^1 q(\tau)\int_{-x_{\mathrm{f1}}}^{x_{\mathrm{f2}}} S(x,t-\tau) \\
&= \frac{1}{\phi C}\int_0^1 q(\tau)\frac{1}{4\pi\eta(t-\tau)}\int_{-x_{\mathrm{f1}}}^{x_{\mathrm{f2}}}\exp\left[-\frac{(x-x_{\mathrm{w}})^2}{4\eta(t-\tau)}\right]\mathrm{d}x_{\mathrm{w}}\mathrm{d}\tau
\end{aligned}
\tag{4-4}
$$

式中，ϕ 为孔隙度；C 为压缩系数。

定义无因次量如下：

$$
\begin{aligned}
x_{\mathrm{D}} &= \frac{2x}{x_{\mathrm{f1}}+x_{\mathrm{f2}}} \\
t_{\mathrm{D}} &= \frac{Kt}{\phi\mu C\left(\dfrac{x_{\mathrm{f1}}+x_{\mathrm{f2}}}{2}\right)^2} \\
P_{\mathrm{D}}(x_{\mathrm{D}},t_{\mathrm{D}}) &= \frac{2\pi Kh}{q\mu}\Delta P(x,t)
\end{aligned}
\tag{4-5}
$$

定产量生产，有 $q(\tau)(x_{\mathrm{f1}}+x_{\mathrm{f2}})H = q_{\mathrm{f}}$（$q_{\mathrm{f}}$ 为裂缝内流量），式 (4-4) 无因次化为

$$P_{\mathrm{D}}(x_{\mathrm{D}}, t_{\mathrm{D}}) = \frac{2\pi KH}{q\mu} \Delta P(x, t)$$

$$= \frac{1}{\phi C} \int_0^1 q(\tau) \int_{-x_{\mathrm{f1}}}^{x_{\mathrm{f2}}} S(x, x - t) \mathrm{d}\tau$$

$$= \frac{2\pi KH}{q_{\mathrm{f}}\mu} \frac{1}{\phi C} \int_0^t q(\tau) \frac{1}{4\pi\eta(t-\tau)} \int_{-x_{\mathrm{f1}}}^{x_{\mathrm{f2}}} \exp\left[-\frac{(x-x_{\mathrm{w}})^2}{4\eta(t-\tau)}\right] \mathrm{d}x_{\mathrm{w}} \mathrm{d}\tau$$

$$= \int_0^{t_{\mathrm{D}}} \frac{q(\tau_{\mathrm{D}})(x_{\mathrm{f1}} + x_{\mathrm{f2}})H}{qf} \frac{1}{4\tau_{\mathrm{D}}} \int_{\frac{2x_{\mathrm{f1}}}{x_{\mathrm{f1}}+x_{\mathrm{f2}}}}^{\frac{2x_{\mathrm{f2}}}{x_{\mathrm{f1}}+x_{\mathrm{f2}}}} \exp\left(-\frac{(x_{\mathrm{D}}-x_{\mathrm{wD}})^2}{4\tau_{\mathrm{D}}}\right) \mathrm{d}x_{\mathrm{wD}} \mathrm{d}\tau_{\mathrm{D}} \qquad (4\text{-}6)$$

$$= \int_0^{t_{\mathrm{D}}} \frac{1}{4\tau_{\mathrm{D}}} \int_{\frac{2x_{\mathrm{f1}}}{x_{\mathrm{f1}}+x_{\mathrm{f2}}}}^{\frac{2x_{\mathrm{f2}}}{x_{\mathrm{f1}}+x_{\mathrm{f2}}}} \exp\left(-\frac{(x_{\mathrm{D}}-x_{\mathrm{wD}})^2}{4\tau_{\mathrm{D}}}\right) \mathrm{d}x_{\mathrm{wD}} \mathrm{d}\tau_{\mathrm{D}}$$

$$= \int_0^{t_{\mathrm{D}}} \frac{1}{4} \sqrt{\frac{\pi}{t_{\mathrm{D}}}} \left[\mathrm{erf}\left(\frac{\frac{2x_{\mathrm{f2}}}{x_{\mathrm{f1}}+x_{\mathrm{f2}}} - x_{\mathrm{D}}}{2\sqrt{\tau_{\mathrm{D}}}}\right) + \mathrm{erf}\left(\frac{\frac{2x_{\mathrm{f1}}}{x_{\mathrm{f1}}+x_{\mathrm{f2}}} - x_{\mathrm{D}}}{2\sqrt{\tau_{\mathrm{D}}}}\right)\right] \mathrm{d}\tau_{\mathrm{D}}$$

井筒处 $x_{\mathrm{wD}} = 0$ ，有

$$P(0, t) = \frac{1}{4} \int_0^{t_{\mathrm{D}}} \sqrt{\frac{\pi}{t_{\mathrm{D}}}} \left[\mathrm{erf}\left(\frac{\frac{x_{\mathrm{f2}}}{x_{\mathrm{f1}}+x_{\mathrm{f2}}}}{\sqrt{\tau_{\mathrm{D}}}}\right) + \mathrm{erf}\left(\frac{\frac{x_{\mathrm{f1}}}{x_{\mathrm{f1}}+x_{\mathrm{f2}}}}{\sqrt{\tau_{\mathrm{D}}}}\right)\right] \mathrm{d}\tau_{\mathrm{D}} \qquad (4\text{-}7)$$

特别当 $x_{\mathrm{f1}} = x_{\mathrm{f2}}$ 时，即得到裂缝关于井筒对称时的无因次压力解：

$$P_{\mathrm{D}}(x_{\mathrm{D}}, t_{\mathrm{D}}) = \frac{1}{2} \int_0^{t_{\mathrm{D}}} \sqrt{\frac{\pi}{\tau_{\mathrm{D}}}} \mathrm{erf}\left(\frac{1}{2\sqrt{\tau_{\mathrm{D}}}}\right) \mathrm{d}\tau_{\mathrm{D}} \qquad (4\text{-}8)$$

其中函数 $\mathrm{erf}(x)$ 的定义如下：

$$\mathrm{erf}(x) = \frac{2}{\sqrt{\pi}} \int_0^x \mathrm{e}^{-\mu^2} \mathrm{d}\mu \qquad (4\text{-}9)$$

2) 考虑裂缝开度的无限大气层垂直裂缝压裂直井模型

压裂后裂缝都会有一定的开度，因此为了更准确地描述裂缝的性质，考虑裂缝开度就具有更现实的意义。

无限大气层垂直裂缝压裂直井并考虑裂缝开度，镜像反映消除上下边界影响，就得到一个宽度为 $2h$，长度为 $2x_{\mathrm{f}}$，z 方向上无限长的板源，如图 4-4 所示，此板源可由两个无限大板源通过 Newman 乘积方法得到。

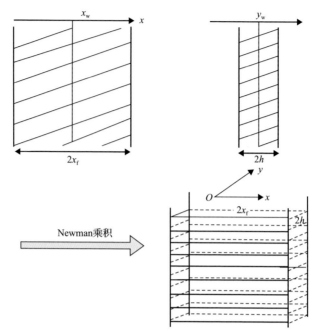

图 4-4　考虑裂缝开度的无限大气层垂直裂缝压裂直井模型

垂直于 x 方向，y 方向上的无限大板源函数为

$$S(x,t) = \frac{1}{2}\left[\text{erf}\left(\frac{x_\text{f}+x}{2\sqrt{\eta t}}\right) + \text{erf}\left(\frac{x_\text{f}-y}{2\sqrt{\eta t}}\right)\right] \tag{4-10}$$

垂直于 y 方向，x 方向上的无限大板源函数为

$$S(y,t) = \frac{1}{2}\left[\text{erf}\left(\frac{h+y}{2\sqrt{\eta t}}\right) + \text{erf}\left(\frac{h-y}{2\sqrt{\eta t}}\right)\right] \tag{4-11}$$

由 Newman 乘积可得无限大气层考虑裂缝开度的垂直裂缝压裂直井源函数：

$$S(x,y,t) = \frac{1}{4}\left[\text{erf}\left(\frac{x_\text{f}+x}{2\sqrt{\eta t}}\right) + \text{erf}\left(\frac{x_\text{f}-y}{2\sqrt{\eta t}}\right)\right]\left[\text{erf}\left(\frac{h+y}{2\sqrt{\eta t}}\right) + \text{erf}\left(\frac{h-y}{2\sqrt{\eta t}}\right)\right] \tag{4-12}$$

对于点 $M(x,y)$ 处的压降，由 Green 函数方法得

$$\Delta P(x,y,t) = \frac{1}{\phi C}\int_0^t q(\tau)S(x,y,t-\tau)\text{d}\tau$$

$$= \frac{1}{\phi C}\int_0^t q(\tau)\frac{1}{4}\left[\text{erf}\left(\frac{x_\text{f}+x}{2\sqrt{\eta t}}\right) + \text{erf}\left(\frac{x_\text{f}-y}{2\sqrt{\eta t}}\right)\right]\left[\text{erf}\left(\frac{h+y}{2\sqrt{\eta t}}\right) + \text{erf}\left(\frac{h-y}{2\sqrt{\eta t}}\right)\right]\text{d}\tau$$

$$\tag{4-13}$$

定义无因次量如下：

$$x_D = \frac{x}{x_f}$$

$$y_D = \frac{y}{h}$$

$$t_D = \frac{Kt}{\phi\mu C x_f h}$$

$$P_D(x_D, y_D, t_D) = \frac{2\pi KH}{q_f \mu}\Delta P(x, y, t)$$

(4-14)

式(4-13)无因次化为

$$
\begin{aligned}
P(x_D, y_D, t_D) &= \frac{2\pi KH}{\phi C\mu}\int_0^{t_D}\frac{q(\tau)}{q_f}\frac{1}{4}\left[\mathrm{erf}\left(\frac{1+x_D}{2\sqrt{\tau_D}}\sqrt{\frac{x_f}{h}}\right) + \mathrm{erf}\left(\frac{1-x_D}{2\sqrt{\tau_D}}\sqrt{\frac{x_f}{h}}\right)\right] \\
&\quad \times\left[\mathrm{erf}\left(\frac{1+y_D}{2\sqrt{\tau_D}}\sqrt{\frac{h}{x_f}}\right) + \mathrm{erf}\left(\frac{1-y_D}{2\sqrt{\tau_D}}\sqrt{\frac{h}{x_f}}\right)\right] \\
&= \pi\int_0^{t_D}\frac{4Hx_f hq(\tau)}{q_f}\frac{1}{8}\left[\mathrm{erf}\left(\frac{1+x_D}{2\sqrt{\tau_D}}\sqrt{\frac{x_f}{h}}\right) + \mathrm{erf}\left(\frac{1-x_D}{2\sqrt{\tau_D}}\sqrt{\frac{x_f}{h}}\right)\right] \\
&\quad \times\left[\mathrm{erf}\left(\frac{1+y_D}{2\sqrt{\tau_D}}\sqrt{\frac{h}{x_f}}\right) + \mathrm{erf}\left(\frac{1-y_D}{2\sqrt{\tau_D}}\sqrt{\frac{h}{x_f}}\right)\right]
\end{aligned}
$$

(4-15)

对于任一时刻有 $\dfrac{4Hx_f hq(\tau)}{q_f}=1$，得到无因次压力分布：

$$
\begin{aligned}
P(x_D, y_D, t_D) &= \frac{\pi}{8}\int_0^{t_D}\left[\mathrm{erf}\left(\frac{1+x_D}{2\sqrt{\tau_D}}\sqrt{\frac{x_f}{h}}\right) + \mathrm{erf}\left(\frac{1-x_D}{2\sqrt{\tau_D}}\sqrt{\frac{x_f}{h}}\right)\right] \\
&\quad \times\left[\mathrm{erf}\left(\frac{1+y_D}{2\sqrt{\tau_D}}\sqrt{\frac{h}{x_f}}\right) + \mathrm{erf}\left(\frac{1-y_D}{2\sqrt{\tau_D}}\sqrt{\frac{h}{x_f}}\right)\right]\mathrm{d}\tau_D
\end{aligned}
$$

(4-16)

取到井筒处有 $x_D = 0$，$y_D = 0$，所以得到井底压力为

$$P(0, 0, t_D) = \frac{\pi}{2}\int_0^{t_D}\left[\mathrm{erf}\left(\frac{1}{2\sqrt{\tau_D}}\sqrt{\frac{x_f}{h}}\right)\mathrm{erf}\left(\frac{1}{2\sqrt{\tau_D}}\sqrt{\frac{h}{x_f}}\right)\right]\mathrm{d}\tau_D$$

(4-17)

3. 无限大气层垂直裂缝压裂直井特征曲线

根据前面求得的各种模型下的井底压力解析解，编程计算得到井底压力值，绘制出无限大气层垂直裂缝压裂直井特征曲线。

1) 不考虑裂缝开度的无限大气层垂直裂缝压裂直井特征曲线

图 4-5 是识别均质无限大气层不考虑裂缝开度的垂直裂缝压裂直井压力和压力导数双对数特征曲线，图 4-6 为不考虑裂缝开度，考虑井筒存储和表皮系数的无限大气层井底压力和压力导数双对数曲线，可以看出如下特征。

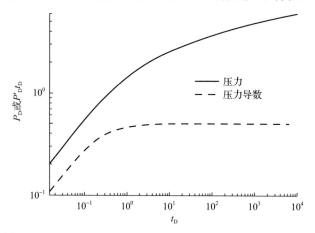

图 4-5　无限大气层不考虑裂缝开度的垂直裂缝压裂直井压力和压力导数双对数特征曲线

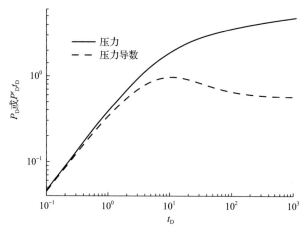

图 4-6　不考虑裂缝开度，考虑井筒存储和表皮系数的无限大气层井底压力和
压力导数双对数曲线

(1) 第一段为裂缝内的线性流, 压力导数曲线会出现一条斜率为 1 的直线特征。

(2) 第二段为均质气层试井曲线特征, 压力导数曲线为 0.5 的水平线, 即随着渗流范围扩大, 渗流速度趋于稳定, 达到拟稳态的径向流。

图 4-7 为无限大气层不考虑裂缝开度的非对称垂直裂缝压裂直井压力和压力导数双对数曲线, 其特征如下。

(1) 裂缝非对称情形, 前期由于渗流还没到达裂缝边缘, 井底压力及其导数值一样, 随着渗流传到裂缝边缘, 裂缝非对称的影响开始显现, 且裂缝两边越不对称, x_{f2}/x_{f1} 值越大, 渗流越早传到裂缝边缘, 由于渗透率的减小, 渗流速度变慢, 压力导数开始出现差别, x_{f2}/x_{f1} 值越大, 压力导数越小, 即井底压力上升速率变慢, 继而出现 x_{f2}/x_{f1} 值越大, 压力值越小的现象。

(2) 后期随着压力波在地层中的传播, 渗流传到裂缝两边的速度趋于稳定, 达到拟稳态, 井底压力上升速率趋于稳定, 这由压力导数曲线为 0.5 的水平线可以得到验证。

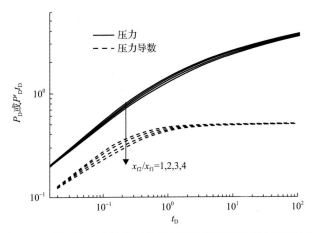

图 4-7　无限大气层不考虑裂缝开度的非对称垂直裂缝压裂直井压力和压力导数双对数曲线

图 4-8 为不考虑裂缝开度, 考虑井筒存储和表皮系数的无限大气层垂直裂缝压裂直井压力和压力导数双对数曲线, 其特征如下。

(1) 前期井筒存储和表皮系数影响的特征曲线, 压力导数曲线会出现上凸的特征, x_{f2}/x_{f1} 值越大, 渗流越早传到裂缝边缘, 由于渗透率的减小, 渗流速度变慢, 压力导数越小, 即井底压力上升速率变慢, 井底压力越小。

(2) 后期随着压力波在地层中的传播, 渗流传到裂缝边缘之后, 渗流速度趋于稳定, 达到拟稳态, 井底压力上升速率趋于稳定, 这由压力导数曲线为 0.5 的水平线可以得到验证。

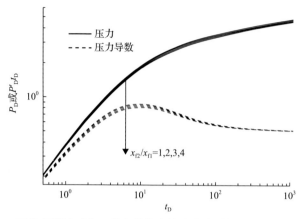

图 4-8 不考虑裂缝开度，考虑井筒存储和表皮系数的无限大气层垂直
裂缝压裂直井压力和压力导数双对数曲线

2)考虑裂缝开度的无限大气层垂直裂缝压裂直井

图 4-9 是识别均质无限大气层考虑裂缝开度的垂直裂缝压裂直井压力和压力导数双对数特征曲线，图 4-10 是考虑井筒存储、表皮系数和裂缝开度无限大气层的垂直裂缝压裂直井压力和压力导数双对数特征曲线，其特征如下。

(1)第一段为井筒和垂直裂缝影响的特征曲线，压力导数曲线会出现一条斜率为 1 的直线特征。

(2)第二段为均质气层试井曲线特征，随着渗流范围扩大，流速趋于稳定，到达拟稳态的径向流，压力导数曲线为 0.5 的水平线。

(3)裂缝半长与开度的比值称为细长比，此比值越大，裂缝越细长，裂缝导流能力越小，渗流速度越慢，井底压力越小，但当渗流传到裂缝边缘后，渗流速

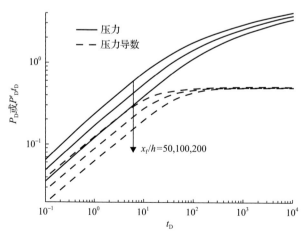

图 4-9 无限大气层考虑裂缝开度的垂直裂缝压裂直井压力和压力导数双对数特征曲线

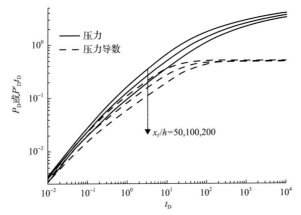

图 4-10 考虑井筒存储、表皮系数和裂缝开度无限大气层的
垂直裂缝压裂直井压力和压力导数双对数特征曲线

度趋于稳定，达到拟稳态，出现线性流特征。

二、压裂水平井试井模型理论研究

对于多段压裂水平井，其不稳定压力试井曲线会受到各种条件的制约影响，在传统的多段压裂水平井不稳定试井曲线中，一般分为井筒存储阶段、表皮效应阶段、裂缝中的线性流动、缝间干扰阶段、椭圆流动阶段和拟径向流阶段。但致密气藏多段压裂水平井具有独特的气藏特性和复杂的水力压裂结果，按照传统的试井模型流动过程对试验区多段压裂水平井进行评价分析后，得到的裂缝数量、裂缝长度与设计不符。按照评价结果所得裂缝体积与现场压裂施工时的注砂体积明显矛盾，因此在大量调研国内外文献、分析模型的基础上[3-10]，优选了与试验区适应性最好的三线性流试井模型。由于影响多段压裂水平井不稳定特征的参数同样复杂繁多，在不同参数下的试井理论曲线不尽相同。比如，在井筒存储出现异常的情况下，在早期就会出现线性流动特征；在近井地带地层较脆的情况下，压裂施工造成的裂缝会出现严重的缝间干扰情况；在某些压裂井出现设计失误，导致裂缝间距过大，就会导致试井曲线出现晚期径向流特征。

1. 三线性流试井模型

致密气藏的开采常使用多段压裂的方法来提高产量，本书在调研国内外研究现状的基础上[9-20]，在匹配试验区气田试井模型的过程中进行了大量的适应性研究，并最终选择了多段压裂水平井三线性流模型作为试验区试井解释的新型试井模型。

1) 物理模型

徐德权认为压裂水平气井一般应采用三线性流模型(图 4-11)，并给出了假设的地层条件。

压裂水平井共分为三个区：外部区域(用下标 O 表示)、内部区域(用下标 I 表示)、裂缝区域(用下标 F 表示)。①裂缝区域、内部区域和外部区域的孔隙度和渗透率分别定义为ϕ_F、ϕ_I、ϕ_O 和 K_F、K_I、K_O；②三线性流动分别为从外部区域向裂缝内部区域流动、从裂缝内部区域向裂缝流动、裂缝到井筒的线性流动；③定义压裂水平井的裂缝缝宽为 w_f，裂缝间距为 d_f，裂缝半缝长为 x_f；④压裂水平井的每条裂缝产量都为 q_{sci}，总产气量为每条裂缝产气量的累加；⑤内部区域与外部区域交界处没有附加压力降；⑥流体流动为等温流动，忽略重力、毛细管力和微小压力梯度的影响。

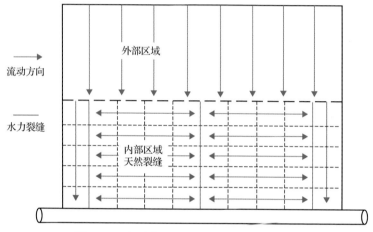

图 4-11　多裂缝压裂水平井三线性流示意图

2)数学模型及求解

引入以下无因次物理变量：

$$w_D = \frac{w_f}{x_f} \tag{4-18}$$

$$m_{jD} = \frac{\pi K_I h_I T_{sc}}{T q_{sc} P_{sc}} \ (j = O, I, F) \tag{4-19}$$

$$C_D = \frac{C}{2\pi(\phi_I C_{ti}) h x_f^2} \tag{4-20}$$

$$t_{pn}(t) = \int_0^t \left[\frac{(\phi_I \mu_g C_I)_{ti}}{\phi(\tau) \mu_g(\tau) C_t(\tau)} \right] d\tau \tag{4-21}$$

$$t_D = \frac{K_I t_{pn}}{(\phi_I \mu_g C_I)_{ti} x_I^2} \tag{4-22}$$

$$R_{cD} = \frac{K_I x_f}{K_O y_e} \tag{4-23}$$

$$F_{cD} = \frac{K_F w_f}{K_I x_f} \tag{4-24}$$

$$\eta_{IF} = \frac{(\phi_I \mu_g C_I)_{ti}}{(\phi_I \mu_{gI} C_{ti})_I} \frac{K_I}{K_F} \tag{4-25}$$

$$\eta_{IO} = \frac{(\phi_I \mu_g C_I)_{ti}}{(\phi_I \mu_{gI} C_{ti})_I} \frac{K_I}{K_O} \tag{4-26}$$

式(4-19)～式(4-26)中，下标 ti 为初始状态下的物理量；T_{sc} 为标况下的温度；T 为地下温度；q_{sc} 为标况下地面产量；P_{sc} 为标况下的大气压力；C_t 为综合压缩系数；h_I 为内部区域气层厚度，m；x_I 为气层 x 方向的横向距离，m；R_{cD} 为无因次外部区域地层导流能力，无因次；F_{cD} 为无因次裂缝导流能力，无因次；η_{IF} 为裂缝导压系数比，无因次；η_{IO} 为外部区域导压系数比，无因次。

(1)外部区域数学模型：

$$\begin{cases} \dfrac{\partial^2 \psi_{OD}}{\partial x_D^2} = \eta_{IO} \dfrac{\partial \psi_{OD}}{\partial t_D} \\ \psi_{OD}(x_D, t_D = 0) = 0 \\ \psi_{OD} \big|_{x_D=1} = \psi_{ID} \big|_{x_D=1} \\ \dfrac{\partial \psi_{OD}}{\partial x_D} \bigg|_{x_D = x_{cD}} = 0 \end{cases} \tag{4-27}$$

式中，ψ 为拟压力。

用拉普拉斯变换求得外部区域拉普拉斯空间压力解为

$$\bar{\psi}_{OD}(x_D, s) = \frac{\cosh\left[\sqrt{s\eta_{IO}}(x_{cD} - x_D)\right]}{\cosh\left[\sqrt{s\eta_{IO}}(x_{cD} - 1)\right]} \bar{\psi}_{OD} \big|_{x_D} = 1 \tag{4-28}$$

式中，s 为拉普拉斯算子。

(2) 内部区域数学模型:

$$
\begin{cases}
\dfrac{\partial^2 \psi_{ID}}{\partial y_D^2} + \dfrac{1}{y_{cD} R_{cD}} \dfrac{\partial \psi_{OD}}{\partial x_D} \bigg|_{x_D} = \dfrac{\partial \psi_{ID}}{\partial t_D} \\[2mm]
\psi_{OD}(y_D, t_D = 0) = 0 \\[2mm]
\psi_{ID}\bigg|_{y_D = \frac{w_D}{2}} = \psi_{FD}\bigg|_{y_D = \frac{w_D}{2}} \\[2mm]
\dfrac{\partial \psi_{ID}}{\partial y_D}\bigg|_{y_D = y_{cD} = 0}
\end{cases}
\tag{4-29}
$$

作拉普拉斯变换联立求得内部区域拉普拉斯空间压力解为

$$
\bar{\psi}_{ID}(y_D, s) = \frac{\cosh\left[\sqrt{s\,\Pi}\,(y_{cD} - y_D)\right]}{\cosh\left[\sqrt{s\,\Pi}\left(y_{cD} - \dfrac{w_D}{2}\right)\right]} \bar{\psi}_{FD}\bigg|_{y_D = \frac{w_D}{2}}
\tag{4-30}
$$

$$
\Pi = \frac{\sqrt{s\eta_{IO}}\,\tanh\left[\sqrt{s\eta_{IO}}\,(x_{cD} - 1)\right]}{y_{cD} R_{cD}} + s
\tag{4-31}
$$

(3) 裂缝区域数学模型:

$$
\begin{cases}
\left.\left(\dfrac{\partial^2 \psi_{FD}}{\partial x_D^2} + \dfrac{2}{F_{cD}}\left(\dfrac{\partial \psi_{ID}}{\partial y_D}\right)\right)\right|_{y_D = \frac{w_D}{2}} = \eta_{IF} \dfrac{\partial \psi_{FD}}{\partial t_D} \\[2mm]
\psi_{FD}(x_D, t_D = 0) = 0 \\[2mm]
\dfrac{\partial \psi_{FD}}{\partial x_D}\bigg|_{x_D = 0} = -\dfrac{\pi}{F_{cD}}, \dfrac{\partial \psi_{FD}}{\partial x_D}\bigg|_{x_D = 1} = 0
\end{cases}
\tag{4-32}
$$

作拉普拉斯变换,联立式(4-30)求得裂缝区域拟压力拉普拉斯空间压力解为

$$
\bar{\psi}_{FD}(x_D, s) = \frac{\pi}{sF_{cD}\sqrt{\Pi}} \frac{\cosh\left[\Pi(1 - x_D)\right]}{\sinh(\sqrt{\Pi})}
\tag{4-33}
$$

$$
\Pi_1 = 2\frac{\sqrt{\Pi}\,\tanh\left[\sqrt{\Pi}\,(y_{cD} - w_D/2)\right]}{F_{cD}} + s\eta_{IF}
\tag{4-34}
$$

在不考虑井筒储集效应和表皮效应的条件下,当 $x_D = 0$ 时,此时得到的裂缝压力即为水平井井底压力,则多裂缝压裂水平井的三线性流无因次井底拟压力拉普拉斯空间解为

$$\overline{\psi}_{wDN}(s) = \frac{\pi}{sF_{cD}\sqrt{\varPi}}\frac{1}{\tanh(\sqrt{\varPi})} \tag{4-35}$$

2. 多段压裂水平井不稳定压力基本特征

影响多段压裂水平井试井理论曲线的参数复杂繁多，除了水平井方位，水平井长度、裂缝条数外，储层渗透率各向异性、裂缝导流能力、裂缝表皮系数、裂缝长度等都对其不稳定压力特征有显著影响。致密气藏多段压裂水平井常伴随着大量的水力次生裂缝，裂缝越多，缝长越长，裂缝线性流动特征越明显。多段压裂造成的裂缝会增加泄流面积，降低渗流阻力从而大幅提高生产井的产能。在水平井生产过程中，线性流大多占据着主导作用。由于多段压裂水平井的不稳定压力特征比较复杂，因此正确地识别不同流态特征是对多段压裂水平井科学解释的关键。

多段压裂水平井不稳定试井理论曲线如图4-12和图4-13所示。

如图4-12所示，多段压裂水平井的不稳定试井曲线可以分为7个阶段。

(1)井筒存储阶段。这一阶段的特征为压力导数曲线斜率为1，井筒中的流体压缩性是影响井筒存储的关键因素。

(2)早期过渡段。早期过渡段是多段压裂水平井与常规试井曲线不同的特征之一，有研究认为，多段压裂水平井的径向流通常不会出现，出现的是这种容易被混淆为径向流的早期过渡段，将它们混淆是造成试井解释出现误差的因素之一[式(4-34)]。

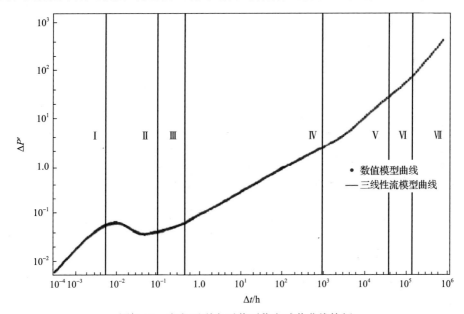

图4-12 多段压裂水平井不稳定试井曲线特征

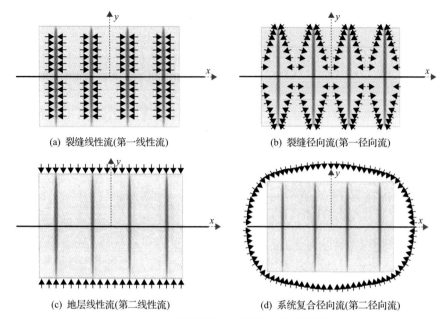

(a) 裂缝线性流(第一线性流)   (b) 裂缝径向流(第一径向流)

(c) 地层线性流(第二线性流)   (d) 系统复合径向流(第二径向流)

图 4-13　多段压裂水平井流动形态示意图

早期过渡段在低渗透油气藏的压力恢复导数曲线中占主导位置，较大的井筒存储系数和较短的流动时间会延长这个过渡段。

(3)双线性流阶段。双线性流是指垂直于裂缝的线性流与沿裂缝方向的线性流同时存在的情况，一般多出现于储层压裂后，如果裂缝长度远大于它的宽度，双线性流就会出现。压力导数曲线斜率为 1/4。

(4)早期线性流阶段。早期线性流一般在缝间干扰已经稳定时出现。早期线性流的特征为压力导数斜率为 1/2。一般在水平井段较长时出现，在多段压裂水平井中，早期线性流占有重要地位。

(5)晚期过渡段。晚期过渡段同样是多段压裂水平井的特征之一。有研究认为晚期过渡段是由两条裂缝的缝间渗透率改变而引起的，且在压力恢复导数曲线中，晚期过渡段看上去与径向流一样。但标准的多段压裂水平井并不存在径向流，如果将晚期过渡段误判为晚期径向流会产生错误的压力和渗透率。

(6)晚期(混合)线性流阶段。如果出现缝间干扰，就会出现晚期线性流。晚期线性流压力导数曲线斜率为 1/2。

(7)拟稳态阶段。对于封闭边界条件下的拟稳态阶段，压力导数曲线斜率为 1。但是这需要井单独存在于未被开发的区域，并且需要相当长的时间才会出现，一般情况下，试井曲线中并不会出现这种情况。

非常规气藏多段压裂水平井的影响因素同样复杂，参数不同，得到的试井理论曲线特征也会存在差异。在某些条件下还会出现某些流动阶段被掩盖或出现新流动阶段的情况。裂缝密度、裂缝长度、储层渗透率、表皮系数、裂缝导流能力、边界条件、渗流过程等都会对多段压裂水平井的不稳定试井曲线特征造成影响，本书结合试验区储层、井组条件，对渗透率各向异性、表皮系数、裂缝导流能力做了重点研究。

3. 矩形封闭边界多段压裂水平井模型

对水平井进行多段压裂，其模型的示意图如图 4-14 和图 4-15 所示，水平井四周为封闭边界，且中心距边界的距离分别为 a_1、a_2、b_1、b_2。

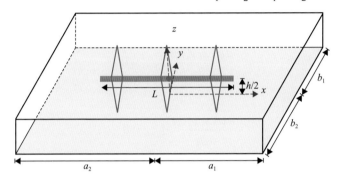

图 4-14 多段压裂水平井渗流模型示意图

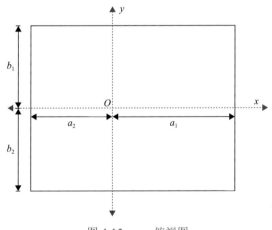

图 4-15 x–y 俯视图

若将井作为点源列入压裂水平井渗流控制微分方程：

$$\frac{K_x}{\mu}\frac{\partial^2\psi}{\partial x^2}+\frac{K_y}{\mu}\frac{\partial^2\psi}{\partial y^2}+\frac{K_z}{\mu}\frac{\partial^2\psi}{\partial z^2}-\tilde{q}\delta(x-\zeta,y-\eta,z-\xi)=\phi C_g\frac{\partial\psi}{\partial t},\quad (x,y,z)\in\Omega,t>0$$

$$(4\text{-}36)$$

式中，K 为渗透率；C_g 为气体压缩系数；$\tilde{q}$ 为点源量。

初始条件:

$$\psi(x,y,z,0) = \psi_i \tag{4-37}$$

式中，ψ_i 为初始拟压力。

外边界条件:

$$\frac{\partial \psi}{\partial x}\Big|_{x=-a_2} = 0, \quad \frac{\partial \psi}{\partial x}\Big|_{x=a_1} = 0 \tag{4-38}$$

$$\frac{\partial \psi}{\partial y}\Big|_{y=-b_2} = 0, \quad \frac{\partial \psi}{\partial y}\Big|_{y=b_1} = 0 \tag{4-39}$$

底面封闭:

$$\frac{\partial \psi(x,y,z,t)}{\partial z}\Big|_{z=0} = 0 \tag{4-40}$$

顶面封闭:

$$\frac{\partial \psi(x,y,z,t)}{\partial z}\Big|_{z=h} = 0 \tag{4-41}$$

无因次点源渗流控制微分方程为

$$\frac{\partial^2 \psi_D}{\partial x_D^2} + \frac{\partial^2 \psi_D}{\partial y_D^2} + \frac{\partial^2 \psi_D}{\partial z_D^2} + \tilde{q}_D \delta(x_D - x_{wD}, y_D - y_{wD}, z_D - z_{wD}) = \frac{\partial \psi_D}{\partial t_D} \tag{4-42}$$

初始条件:

$$\psi_D(x_D, y_D, z_D, 0) = 0 \tag{4-43}$$

外边界条件:

$$\frac{\partial \psi_D}{\partial x_D}\Big|_{x_D=-a_{2D}} = 0, \quad \frac{\partial \psi_D}{\partial z_D}\Big|_{x_D=a_{1D}} = 0 \tag{4-44}$$

$$\frac{\partial \psi_D}{\partial y_D}\Big|_{y_D=-b_{2D}} = 0, \quad \frac{\partial \psi_D}{\partial z_D}\Big|_{y_D=b_{1D}} = 0 \tag{4-45}$$

底面封闭:

$$\frac{\partial \psi_D(x_D, y_D, z_D, t_D)}{\partial z_D}\Big|_{z_D=0} = 0 \tag{4-46}$$

顶面封闭:

$$\frac{\partial \psi_D(x_D, y_D, z_D, t_D)}{\partial z_D}\Big|_{z_D=1} = 0 \tag{4-47}$$

三维特征值问题如下:

$$
\begin{cases}
\dfrac{\partial^2 E}{\partial x_{\mathrm{D}}{}^2} + \dfrac{\partial^2 E}{\partial y_{\mathrm{D}}{}^2} + \dfrac{\partial^2 E}{\partial z_{\mathrm{D}}{}^2} = -\lambda E, \quad -a_{1\mathrm{D}} < x_{\mathrm{D}} < a_{2\mathrm{D}},\, -b_{1\mathrm{D}} < y_{\mathrm{D}} < b_{2\mathrm{D}},\, 0 < z_{\mathrm{D}} < 1 \\[2mm]
\dfrac{\partial E}{\partial x_{\mathrm{D}}}\Big|_{x_{\mathrm{D}}=-a_{1\mathrm{D}}} = \dfrac{\partial E}{\partial x_{\mathrm{D}}}\Big|_{x_{\mathrm{D}}=a_{2\mathrm{D}}} = 0 \\[2mm]
\dfrac{\partial E}{\partial y_{\mathrm{D}}}\Big|_{y_{\mathrm{D}}=-b_{1\mathrm{D}}} = \dfrac{\partial E}{\partial z_{\mathrm{D}}}\Big|_{y_{\mathrm{D}}=b_{2\mathrm{D}}} = 0 \\[2mm]
\dfrac{\partial E}{\partial z_{\mathrm{D}}}\Big|_{z_{\mathrm{D}}=0} = \dfrac{\partial E}{\partial z_{\mathrm{D}}}\Big|_{z_{\mathrm{D}}=1} = 0
\end{cases}
\tag{4-48}
$$

引入正交变换，可以求得无因次精确解，即全空间 Ω 的点源解为

$$
\psi(x_{\mathrm{D}}, y_{\mathrm{D}}, z_{\mathrm{D}}, t_{\mathrm{D}})
$$
$$
= -\frac{8}{(a_{1\mathrm{D}}+a_{2\mathrm{D}})(b_{1\mathrm{D}}+b_{2\mathrm{D}})A_{m_1}A_{m_2}A_{m_3}} N_{\mathrm{D}}(t_{\mathrm{D}})
$$
$$
\times \int_0^{t_{\mathrm{D}}} \sum_{m_1=0}^{\infty} \cos\frac{m_1\pi(x_{\mathrm{wD}}+a_{1\mathrm{D}})}{a_{1\mathrm{D}}+a_{2\mathrm{D}}} \cos\frac{m_1\pi(x_{\mathrm{D}}+a_{1\mathrm{D}})}{a_{1\mathrm{D}}+a_{2\mathrm{D}}} \mathrm{e}^{-\left(\frac{m_1\pi}{a_{1\mathrm{D}}+a_{2\mathrm{D}}}\right)^2(t_{\mathrm{D}}-\tau)} \tag{4-49}
$$
$$
\times \sum_{m_2=0}^{\infty} \cos\frac{m_2\pi(y_{\mathrm{D}}+b_{1\mathrm{D}})}{b_{1\mathrm{D}}+b_{2\mathrm{D}}} \cos\frac{m_2\pi(y_{\mathrm{wD}}+b_{1\mathrm{D}})}{b_{1\mathrm{D}}+b_{2\mathrm{D}}} \mathrm{e}^{-\left(\frac{m_2\pi}{b_{1\mathrm{D}}+b_{2\mathrm{D}}}\right)^2(t_{\mathrm{D}}-\tau)}
$$
$$
\times \sum_{m_3=0}^{\infty} \cos m_3\pi z_{\mathrm{D}} \cos m_3\pi z_{\mathrm{wD}}\, \mathrm{e}^{-(m_3\pi)^2(t_{\mathrm{D}}-\tau)}\mathrm{d}\tau
$$

为了求任一裂缝 j 对目标点 $(x_{\mathrm{D}}, y_{\mathrm{D}}, z_{\mathrm{D}})$ 的影响，需要对式 (4-49) 进行沿裂缝面 (x-z 面) 的积分，则目标点 $(x_{\mathrm{D}}, y_{\mathrm{D}}, z_{\mathrm{D}})$ 的拟压力为

$$
\psi_{j\mathrm{D}}(x_{\mathrm{D}}, y_{\mathrm{D}}, z_{\mathrm{D}}, t_{\mathrm{D}})
$$
$$
= -\frac{8q_{j\mathrm{D}}}{(a_{1\mathrm{D}}+a_{2\mathrm{D}})(b_{1\mathrm{D}}+b_{2\mathrm{D}})A_{m_1}A_{m_2}A_{m_3}}
$$
$$
\times \int_0^{t_{\mathrm{D}}} \sum_{m_1=0}^{\infty} \left[\int_0^1 \cos\frac{m_1\pi(x_{\mathrm{D}0j}+sl_{\mathrm{D}j}\cos\alpha_j+a_{1\mathrm{D}})}{a_{1\mathrm{D}}+a_{2\mathrm{D}}}\mathrm{d}s\right] \cos\frac{m_1\pi(x_{\mathrm{D}}+a_{1\mathrm{D}})}{a_{1\mathrm{D}}+a_{2\mathrm{D}}} \mathrm{e}^{-\left(\frac{m_1\pi}{a_{1\mathrm{D}}+a_{2\mathrm{D}}}\right)^2(t_{\mathrm{D}}-\tau)}
$$
$$
\times \sum_{m_2=0}^{\infty} \cos\frac{m_2\pi(y_{\mathrm{D}}+b_{1\mathrm{D}})}{b_{1\mathrm{D}}+b_{2\mathrm{D}}} \int_0^1 \cos\frac{m_2\pi(y_{\mathrm{D}0j}+\sigma l_{\mathrm{D}yj}+b_{1\mathrm{D}})}{b_{1\mathrm{D}}+b_{2\mathrm{D}}}\mathrm{d}\sigma \mathrm{e}^{-\left(\frac{m_2\pi}{b_{1\mathrm{D}}+b_{2\mathrm{D}}}\right)^2(t_{\mathrm{D}}-\tau)}
$$
$$
\times \sum_{m_3=0}^{\infty} \cos m_3\pi z_{\mathrm{D}} \int_0^1 \cos(m_3\pi(z_{\mathrm{D}0j}+sl_{\mathrm{D}j}\sin\alpha_j))\mathrm{d}s\, \mathrm{e}^{-(m_3\pi)^2(t_{\mathrm{D}}-\tau)}\mathrm{d}\tau
$$
$$
\tag{4-50}
$$

式中，$\psi_{j\mathrm{D}}(x_{\mathrm{D}}, y_{\mathrm{D}}, z_{\mathrm{D}})$ 为只有第 j 条裂缝时，点 $(x_{\mathrm{D}}, y_{\mathrm{D}}, z_{\mathrm{D}})$ 的拟压力；τ、σ、s 为积分变量。

把井筒分成 m 份，任意一份对目标点 (x_D, y_D, z_D) 都有影响，所以需要把点源解扩展到井筒的每一段，即对点源解进行线积分，则目标点 (x_D, y_D, z_D) 的拟压力为

$$\psi(x_D, y_D, z_D, t_D)$$

$$= -\sum_{k=1}^{n} \frac{8}{(a_{1D} + a_{2D})(b_{1D} + b_{2D}) A_{m_1} A_{m_2} A_{m_3}} q_{kD}$$

$$\times \int_0^{t_D} \sum_{m_1=0}^{\infty} \int_0^1 \cos \frac{m_1 \pi \left(\frac{k l_D}{m} \sigma + a_{1D} \right)}{a_{1D} + a_{2D}} d\sigma \cos \frac{m_1 \pi (x_D + a_{1D})}{a_{1D} + a_{2D}} e^{-\left(\frac{m_1 \pi}{a_{1D} + a_{2D}} \right)^2 (t_D - \tau)} \tag{4-51}$$

$$\times \sum_{m_2=0}^{\infty} \cos^2 \frac{m_2 \pi b_{1D}}{b_{1D} + b_{2D}} e^{-\left(\frac{m_2 \pi}{b_{1D} + b_{2D}} \right)^2 (t_D - \tau)} \sum_{m_3=0}^{\infty} \cos m_3 \pi z_D e^{-(m_3 \pi)^2 (t_D - \tau)} d\tau$$

水平井中有 n 条裂缝，且均会影响点 (x_D, y_D, z_D)，则目标点 (x_D, y_D, z_D) 的拟压力为

$$\psi_D(x_D, y_D, z_D, t_D)$$

$$= -\sum_{j=1}^{n} \frac{8 q_{jD}}{(a_{1D} + a_{2D})(b_{1D} + b_{2D}) A_{m_1} A_{m_2} A_{m_3}}$$

$$\times \int_0^{t_D} \sum_{m_1=0}^{\infty} \left[\int_0^1 \cos \frac{m_1 \pi (x_{D0j} + s l_{Dj} \cos \alpha_j + a_{1D})}{a_{1D} + a_{2D}} ds \right] \cos \frac{m_1 \pi (x_D + a_{1D})}{a_{1D} + a_{2D}} e^{-\left(\frac{m_1 \pi}{a_{1D} + a_{2D}} \right)^2 (t_D - \tau)}$$

$$\times \sum_{m_2=0}^{\infty} \cos \frac{m_2 \pi (y_D + b_{1D})}{b_{1D} + b_{2D}} \int_0^1 \cos \frac{m_2 \pi (y_{D0j} + \sigma l_{Dyj} + b_{1D})}{b_{1D} + b_{2D}} d\sigma \, e^{-\left(\frac{m_2 \pi}{b_{1D} + b_{2D}} \right)^2 (t_D - \tau)}$$

$$\times \sum_{m_3=0}^{\infty} \cos m_3 \pi z_D \int_0^1 \cos \left[m_3 \pi (z_{D0j} + s l_{Dj} \sin \alpha_j) \right] ds \, e^{-(m_3 \pi)^2 (t_D - \tau)} d\tau$$

$$\tag{4-52}$$

第 j 条裂缝与水平井的交点 $B_j(x_{B_jD}, y_{B_jD}, z_{B_jD})$ 的压力为

$$\psi_{B_jD}(x_{B_jD}, y_{B_jD}, z_{B_jD}, t_D)$$

$$= -\sum_{j=1}^{n} \frac{8 q_{jD}}{(a_{1D} + a_{2D})(b_{1D} + b_{2D}) A_{m1} A_{m2} A_{m3}} \tag{4-53}$$

$$\times \int_0^{t_D} \sum_{m_1=0}^{\infty} \left[\int_0^1 \cos \frac{m_1 \pi (x_{D0j} + s l_{Dj} \cos \alpha_j + a_{1D})}{a_{1D} + a_{2D}} ds \right] \cos \frac{m_1 \pi (x_{B_jD} + a_{1D})}{a_{1D} + a_{2D}} e^{-\left(\frac{m_1 \pi}{a_{1D} + a_{2D}} \right)^2 (t_D - \tau)}$$

$$\times \sum_{m_2=0}^{\infty} \cos \frac{m_2 \pi (y_{B_jD} + b_{1D})}{b_{1D} + b_{2D}} \int_0^1 \cos \frac{m_2 \pi (y_{D0j} + \sigma l_{Dyj} + b_{1D})}{b_{1D} + b_{2D}} d\sigma e^{-\left(\frac{m_2 \pi}{b_{1D} + b_{2D}} \right)^2 (t_D - \tau)}$$

$$\times \sum_{m_3=0}^{\infty} \cos m_3 \pi z_{B_jD} \int_0^1 \cos \left[m_3 \pi (z_{D0j} + s l_{Dj} \sin \alpha_j) \right] ds \, e^{-(m_3 \pi)^2 (t_D - \tau)} d\tau$$

式中，$\psi_{B_jD}(x_D, y_D, z_D)$ 为存在 n 条裂缝时，点 $B_j(x_{B_jD}, y_{B_jD}, z_{B_jD})$ 的压力。

同理可得井筒每段中点 $wk(x_{BjD}, y_{BjD}, z_{BjD})$ 处的压力：

$$\psi_{wkD}(t_D) = \psi_{B_jD}(x_{wkD}, y_{wkD}, z_{wkD}, t_D)$$

$$= -\sum_{j=1}^{n} \frac{8q_{jD}}{(a_{1D} + a_{2D})(b_{1D} + b_{2D})A_{m1}A_{m2}A_{m3}}$$

$$\times \int_0^{t_D} \sum_{m_1=0}^{\infty} \left[\int_0^1 \cos\frac{m_1\pi(x_{D0j} + sl_{Dj}\cos\alpha_j + a_{1D})}{a_{1D} + a_{2D}} ds \right] \cos\frac{m_1\pi(x_{wkD} + a_{1D})}{a_{1D} + a_{2D}} e^{-\left(\frac{m_1\pi}{a_{1D} + a_{2D}}\right)^2(t_D - \tau)}$$

$$\times \sum_{m_2=0}^{\infty} \cos\frac{m_2\pi(y_{wkD} + b_{1D})}{b_{1D} + b_{2D}} \int_0^1 \cos\frac{m_2\pi(y_{D0j} + \sigma l_{Dyj} + b_{1D})}{b_{1D} + b_{2D}} d\sigma e^{-\left(\frac{m_2\pi}{b_{1D} + b_{2D}}\right)^2(t_D - \tau)}$$

$$\times \sum_{m_3=0}^{\infty} \cos m_3\pi z_{wkD} \int_0^1 \cos\left[m_3\pi(z_{D0j} + sl_{Dj}\sin\alpha_j) \right] ds e^{-(m_3\pi)^2(t_D - \tau)} d\tau$$

$$-\sum_{k=1}^{m} \frac{8}{(a_{1D} + a_{2D})(b_{1D} + b_{2D})A_{m1}A_{m2}A_{m3}} q_{kD}$$

$$\times \int_0^{t_D} \sum_{m_1=0}^{\infty} \int_0^1 \cos\frac{m_1\pi\left(\frac{KL_D}{n}\sigma + a_{1D}\right)}{a_{1D} + a_{2D}} d\sigma \cos\frac{m_1\pi(x_{wkD} + a_{1D})}{a_{1D} + a_{2D}} e^{-\left(\frac{m_1\pi}{a_{1D} + a_{2D}}\right)^2(t_D - \tau)}$$

$$\times \sum_{m_2=0}^{\infty} \cos^2\frac{m_2\pi b_{1D}}{b_{1D} + b_{2D}} e^{-\left(\frac{m_2\pi}{b_{1D} + b_{2D}}\right)^2(t_D - \tau)} \sum_{m_3=0}^{\infty} \cos m_3\pi z_{wkD} e^{-(m_3\pi)^2(t_D - \tau)} d\tau$$

$$(4-54)$$

气体流动为无限导流，则压力处处相等：

$$\psi_{wD}(t_D) = \psi_{B_jD}(x_{B_jD}, y_{B_jD}, z_{B_jD}, t_D) = \psi_{wkD}(x_{wkD}, y_{wkD}, z_{wkD}, t_D) \qquad (4-55)$$

式中，ψ_{wD} 为井底拟压力。

式 (4-55) 中有 $n+m+1$ 个未知数：n 个 q_{jD}、m 个 q_{kD} 和 ψ_{wD}。要求解未知数则需要增加一个方程，因为水平井定产量生产，所以有

$$\sum_{j=1}^{n} q_{jD} + \sum_{k=1}^{m} q_{kD} = 1 \qquad (4-56)$$

联立式 (4-44) 和式 (4-55)，一共 $n+m+1$ 个方程和 $n+m+1$ 个未知数，方程数和未知数的数量相等，则可以求解得到井底压力精确解。但是该解没有考虑井筒存储和表皮系数的影响，若要考虑这两个参数的影响，则需要将求出的井底拟压力精确解 $\psi_{wD}(t_D)$ 变换为拉普拉斯空间下的井底拟压力 $\psi_{wD}(u)$，然后，根据杜哈梅叠加原理可得相同变换。

最后，应用 Stehfest 数值反演，将拉普拉斯空间下的井底拟压力 $\bar{P}_{wD}(C_D,S,u)$（S 为表皮系数）转换为实空间的多段压裂水平井无限导流无因次井底拟压力 $P_{wD}(C_D,S,t_D)$。

图 4-16 为多段压裂水平井矩形封闭地层的试井样板曲线。由图 4-13 可知，试井双对数曲线主要划分为 5 个流动阶段，前面 4 个阶段与无限大地层的流动阶段相同。第五个阶段由于受到矩形封闭边界的影响，后期压力和压力导数均呈上翘趋势，曲线①②③（其外边界 $a_1 = a_2 = b_1 = b_2$ 的值分别为 3000m、6000m、10000m）随边界距离的增加，压力导数曲线上翘的时间越来越长，逐渐趋近于无限大地层。

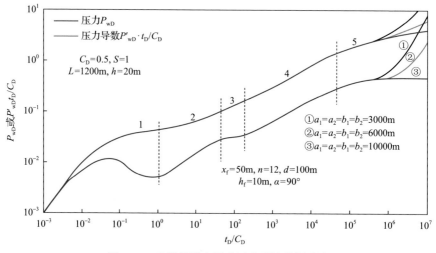

图 4-16　多段压裂水平井试井理论样板曲线

第二节　致密气藏试井方法

致密砂岩气藏储层具有低孔隙度、低渗透率、低丰度、强非均质性的特征，因此压力传导速度慢，气井生产达到拟稳态的时间长，这给准确监测及测试压力带来了很大的困难。采用常规方法在较短时间内测试或计算致密砂岩气藏的压力，进行气井产能的评价，将会出现很大的误差。近几年来，在试井资料录取和试井解释方法上都有较大提高，试井解释方法以图版法为核心，广泛应用电子计算机技术，形成了一整套现代试井分析方法。首先，利用修正等时试井，采用延时生产短期试采的方法，核实产量，计算绝对无阻流量；其次，通过压力恢复试井，对储层参数及平面变化进行分析，结合气藏数值模拟，对气藏稳产条件进行了预测；最后，通过干扰试井，帮助了解气藏内部连通情况，为井网部署提供了依据。

一、产能试井

气井的产能是气藏工程中的重要参数，当气田(或气藏)投入开发时，就需要对气田(或气藏)的产能进行了解，而对气田(或气藏)产能的了解是通过气井产能试井来完成的。气井产能试井包括回压试井、等时试井、修正等时试井和一点法产能试井等，其中最常用的是回压试井，但针对致密气藏主要采用修正等时试井和一点法产能试井[21,22]。

1. 产能试井测试原理

1) 回压试井

回压试井即多点试井，是在气井以多个产量生产下，测取其相应的井底流压。测试要求气井连续以若干个不同的工作制度生产(一般由小到大，不少于3个工作制度)，每个工作制度均要求产量及井底流压稳定。气井回压试井产量和井底流压随时间的变化如图4-17所示。

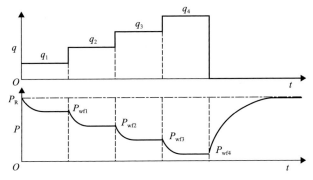

图 4-17　回压试井产量(q)-压力(P)与时间(t)关系图

q_1 为第 1 个工作制度下的产气量；q_2 为第 2 个工作制度下的产气量；q_3 为第 3 个工作制度下的产气量；q_4 为第 4 个工作制度下的产气量；P_{wf1} 为第 1 个工作制度下的开井井底流压；P_{wf2} 为第 2 个工作制度下的开井井底流压；P_{wf3} 为第 3 个工作制度下的开井井底流压；P_{wf4} 为第 4 个工作制度下的开井井底流压；P_R 为地层压力

系统试井具有资料多、信息量大、分析结果可靠等优点，但是在测试时的要求比较严格，以每个产量制度生产时，不但产气量是稳定的，井底流压也已基本达到稳定，同时要求地层压力也是基本不变。这一条件对高渗透气田比较容易达到；对于低渗透气井，由于测试时间短，且探测范围有限，系统试井适用性不强。

2) 等时试井

如果气藏渗透性较差，回压试井需要很长的时间，在地面管线尚未建成的情况下则必然要浪费相当数量的天然气，此时可使用等时试井的方法测试气井的产能。首先等时试井是以一个较小的产量开井，生产一段时间后关井恢复地层压力，待恢复到地层压力后,再以一个稍大的产量开井生产相同的时间,然后又关井恢复,如此进行 4 个工作制度,最后以一个小的产量生产到稳定(图 4-18)。

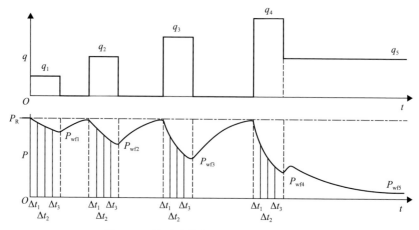

图 4-18 等时试井产量-压力与时间关系图

等时试井与系统试井相比,缩短了开井时间,但由于每个工作制度都要求关井恢复到原始压力,使得关井恢复时间较长,整个测试时间较长,测试费用较高。

3) 修正等时试井

修正等时试井是对等时试井做进一步的简化。在等时试井中,各次生产之间的关井时间要求足够长,以使压力恢复到气藏静压,因此各次关井时间一般来说是不相等的。在修正等时试井中,各次关井时间相同(一般与生产时间相等,也可以与生产时间不相等,不要求压力恢复到静压),最后以某一稳定产量生产较长时间,直至井底流压达到稳定。修正等时试井测试产量及井底压力变化曲线如图 4-19 所示。

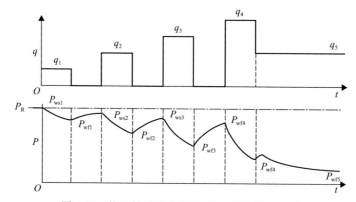

图 4-19 修正等时试井产量-压力与时间关系图

P_{ws1} 为第 1 个工作制度下的关井井底流压;P_{ws2} 为第 2 个工作制度下的关井井底流压;P_{ws3} 为第 3 个工作制度下的关井井底流压;P_{ws4} 为第 4 个工作制度下的关井井底流压

（1）二项式分析方法。

修正等时试井分析步骤与等时试井类似，只是在绘制产能曲线时，以 $[\psi(P_{wsi}) - \psi(P_{wfi})] / q_{sci}$ 代替等时试井的 $[\psi(P_R) - \psi(P_{wfi})] / q_{sci}$、$(P_{wsi}^2 - P_{wfi}^2) / q_{sci}$、$(P_R^2 - P_{wfi}^2) / q_{sci}$，除此之外，产能方程的确定方法均和等时试井完全相同。修正等时试井二项式产能分析曲线如图 4-20 所示。

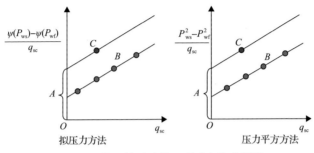

图 4-20　修正等时试井二项式产能分析图

（2）指数式分析方法。

修正等时试井指数式分析方法仅需将等时试井分析的纵坐标由 $\psi(P_R) - \psi(P_{wfi})$、$P_R^2 - P_{wfi}^2$ 分别替换为 $\psi_{wsi} - \psi_{wfi}$、$P_{wsi}^2 - P_{wfi}^2$，除此之外，产能方程的确定方法均和等时试井完全相同。修正等时试井指数式产能分析曲线如图 4-21 所示。

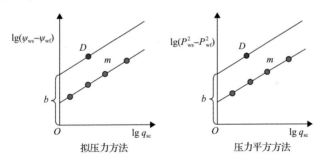

图 4-21　修正等时试井指数式产能分析曲线

由于修正等时试井等时阶段不要求气体流动达到稳定状态，因此整个测试过程时间相对较短。测试过程中，只要保证产量及压力资料的准确，就能够得到比较准确的结果。

4）一点法产能试井

对于探井而言，由于地面设施尚未建成，如果采用系统试井（多点流量）的测试方法求取气井的无阻流量，必然造成天然气的极大浪费，因此在这种情况下通常对气井进行压力和产量的一点法产能试井。对于已经进行过稳定试井的气井，经过一段时间的开采之后，其产能可能有所变化，为了进行检验，也可以进行"一点法产能试井"，求取气井的产能。

一点法产能试井是气井产能试井的方法之一，其目的是快速求取气井的无阻流量。它是指气井以某一工作制度生产到稳定状态，测取产量、稳定井底流压及地层压力，利用相关经验公式计算气井的无阻流量。特点是工艺简单，测试时间短，成本低，资源浪费少。

一点法产能试井的经验产能公式是建立在已经获得可靠的气井产能方程的基础上，因此，如果一个气藏系统试井资料越丰富，由此建立起来的一点法产能方程越可靠，利用一点法产能试井所求气井产能也就越可靠。对于系统试井资料不丰富的气藏，在使用一点法产能方程时要谨慎。

2. 产能试井的应用实例

1) 修正等时试井产能评价

鄂尔多斯东南部延安气田 **Yq2-Y28** 井区在初期试气阶段共为 **22** 口气井进行了修正等时试井测试(图 4-22~图 4-24)。其中盒八段+山一段 2 口，山二段 10 口，

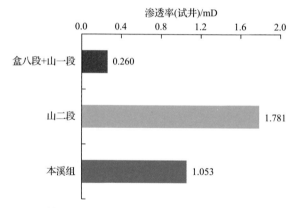

图 4-22　Yq2-Y28 井区试气阶段各层直井修正等时测试所得平均渗透率对比图

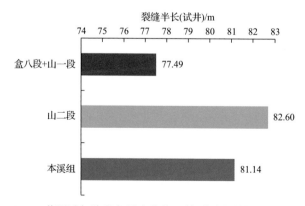

图 4-23　Yq2-Y28 井区试气阶段各层直井修正等时测试所得平均裂缝半长对比图

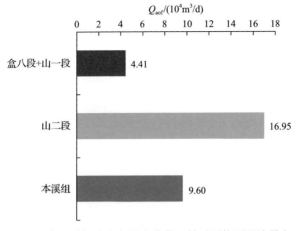

图 4-24　Yq2-Y28 井区试气阶段各层直井修正等时平均无阻流量（Q_{aof}）对比图

本溪组 10 口。基于修正等时测试情况，山二段在试井解释的渗透率、裂缝半长和最终计算的无阻流量都是最高的，其次是本溪组，最后是盒八段+山一段。

　　通过归类分析，可以发现山二段的平均渗透率要明显好于盒八段+山一段，且稍好于本溪组。在压裂方面，山二段压裂后的平均裂缝半长明显大于盒八段+山一段，且稍好于本溪组。综上所述，所以最终山二段的无阻流量最高。同时，从统计数据可以看出，盒八段+山一段的压裂效果欠佳，建议针对该层进一步开展储层改造优化研究。

　　2）一点法产能试井评价

　　Yq2 井区在初期试气阶段共为 62 口气井进行了一点法试井测试（图 4-25，图 4-26）。其中单层测试盒八段 11 口，山二段 51 口，本溪组 4 口；合层测试 11

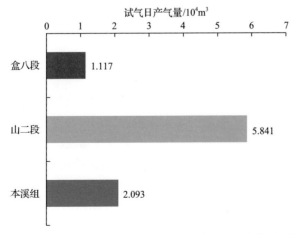

图 4-25　Yq2 井区试气阶段各层直井一点法测试日产气量对比图

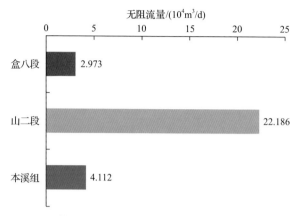

图 4-26　Yq2 井区试气阶段各层直井一点法测试无阻流量对比图

口。基于一点法测试情况来看，山二段在试气日产气量和最终计算的无阻流量方面都是最高的，其次是本溪组，最后是盒八段。

二、不稳定试井

不稳定试井是气藏动态描述、动态监测的重要手段之一，已成为气藏勘探开发工作中的一个重要组成部分。不稳定试井分为压力恢复试井、压力降落试井和不关井试井等。它是改变气井的工作制度，使井底压力发生变化。它是一种以油气渗流力学理论为基础，以各种测试仪表为手段，通过气井生产动态的测试来研究测试井的各种特性参数和气层的生产能力，以及油、气、水层之间，井与井之间连通关系的方法。

延安气田不稳定试井采用压力恢复试井，气井自然产能低，所有井均依靠压裂投产。在对整体地质状况的了解、分析和对各产能区块储层和物性的综合认识基础上，结合压力恢复试井拟压力及其导数双对数曲线形态特征，对压力恢复试井资料进行精细解释。

1. 试井解释模型选择依据

区块气井都进行了人工压裂，压裂改造形成的有效裂缝对地层流动性起到了明显的改善作用。实际的人工裂缝中，裂缝表面粗糙并且含有大量支撑剂，不同裂缝面位置的地层渗流流线模式不同，以及裂缝内的流动存在阻力和压降，从而导致沿裂缝流动方向上由地层流入裂缝的流量(或流率)分布不同。但是，从物理模型和数学处理简化角度出发，一般将人工裂缝系统划分为三种模型。

(1)均匀流率裂缝：其假设是忽略裂缝内的流动阻力，沿裂缝流动方向上由地层流入裂缝的流量(或流率)处处相同。均匀流率裂缝模型数学处理最简单。

(2)无限导流裂缝：其假设是忽略裂缝内的流动阻力，沿裂缝流动方向上由地层流入裂缝的流量(或流率)不同。小型压裂产生的短裂缝可以视为无限导流裂缝。

(3)有限导流裂缝：其假设是以裂缝导流系数考虑裂缝内的流动阻力，沿裂缝流动方向上由地层流入裂缝的流量(或流率)不同，有限导流裂缝模型最接近实际。

2. 典型井区解释结果及分析

本次选用延安气田 Y353 井区进行分析，由于井区采用压裂方式投产，因此在选择井模型时一般可采用有限导流垂直裂缝模型和无限导流垂直裂缝模型；但有一部分井由于压裂效果差，压裂裂缝特征不明显，可选择考虑井筒存储效应+表皮效应+非压裂直井模型。

1)试井解释模型

解释模型的选择是试井解释的基础，也是解释结果可靠性的关键，准确、细致地选择最佳模型将对解释结果产生重要影响。区块压裂直井的解释模型根据地层状况、气井位置、解释层位、气藏类型、井类型及边界类型的不同而采用了不同的模型。Y353 井区试井解释气藏模型主要采用了均质气藏和径向复合气藏两种，由于区块内试采井均采用射孔和压裂方式打开气层，所以对于井类型主要考虑有限导流垂直裂缝井和无限导流垂直裂缝井模型，对于边界类型根据压力恢复曲线的边界反映主要采用了无限大模型，另外由于受井筒积液的影响还考虑了变井筒存储效应。

2)典型井实例

根据拟压力差及导数双对数曲线(图 4-27)形态的认识，Y145 井可采用无限导流垂直裂缝+径向复合+无限大边界的解释模型，解释地层渗透率为 $4.6857 \times 10^{-3} \mu m^2$，井筒存储系数为 $2.13 m^3/MPa$，裂缝半长为 12m，裂缝壁面表皮系数为 0.292，拟合地层压力为 20.6897MPa。由双对数、半对数、压力历史曲线可知，在关井的早期，呈现纯井筒储集效应的特征，拟压力差及导数曲线呈 45°直线，导数曲线没有峰值，表明压裂有效；其后导数曲线变为水平直线，反映平面径向流特征；在晚期，导数曲线由水平直线下凹后上翘，呈近 1.0 斜率的直线，反映出离井较远的地方储层渗透率降低的复合气藏模型特征。试井解释双对数图、半对数图和压力历史图整体拟合效果良好，解释结果可靠，拟合图形如图 4-27～图 4-29 所示。

Y145 井测井解释渗透率 $(0.1272 \times 10^{-3} \mu m^2)$ 与试井解释渗透率 $(4.6857 \times 10^{-3} \mu m^2)$ 相差显著，气井无阻流量为 $27.098 \times 10^4 m^3/d$，测井解释渗透率偏低，试井解释渗透率反映了储层的真实渗流能力。试井解释渗透率高可能与压裂过程相关，压裂时沟通了微裂缝，提高了近井带储层渗透率，压裂施工曲线如图 4-30 所示。

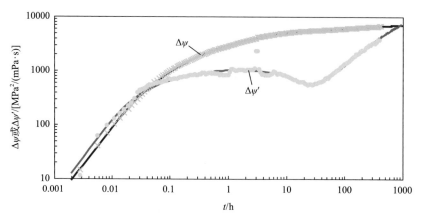

图 4-27　Y145 井双对数拟合曲线

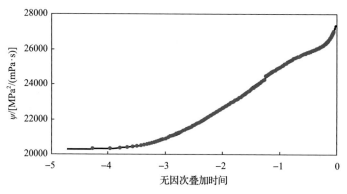

图 4-28　Y145 井半对数拟合曲线

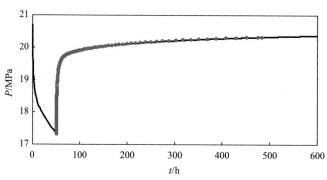

图 4-29　Y145 井压力历史拟合曲线

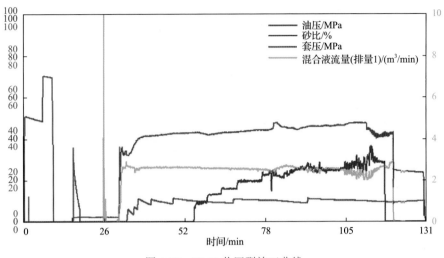

图 4-30　Y145 井压裂施工曲线

3) 解释结果分析

根据现代试井解释软件拟合分析的结果，区块内试井解释渗透率最小为 $0.0238 \times 10^{-3} \mu m^2$，最大为 $3.5304 \times 10^{-3} \mu m^2$，平均为 $1.0495 \times 10^{-3} \mu m^2$。山二段渗透率变异系数为 1.3362，渗透率级差为 3.5067，渗透率突进系数为 3.3638，渗透率均质系数为 0.2973，各项数据均表明该层具有强非均质性（表 4-1）。

表 4-1　Yq353 井区山二段非均质性参数计算

平均渗透率 /$10^{-3} \mu m^2$	最小渗透率 /$10^{-3} \mu m^2$	最大渗透率 /$10^{-3} \mu m^2$	渗透率变异系数	渗透率级差	渗透率突进系数	渗透率均质系数
1.0495	0.0238	3.5304	1.3362	3.5067	3.3638	0.2973

试井解释有效渗透率和测井渗透率差异非常明显，如 Y451 井测井解释渗透率为 $5.477 \times 10^{-3} \mu m^2$，试井解释有效渗透率为 $3.231 \times 10^{-3} \mu m^2$，两者差值达 $2.246 \times 10^{-3} \mu m^2$。测井解释该区块山二段平均渗透率为 $1.1615 \times 10^{-3} \mu m^2$，试井解释平均有效渗透率为 $1.2047 \times 10^{-3} \mu m^2$，其中 Y518 井试井解释渗透率远大于测井解释渗透率，除 Y518 井外山二段平均渗透率为 $0.817 \times 10^{-3} \mu m^2$，与测井解释渗透率差值为 $0.3445 \times 10^{-3} \mu m^2$（图 4-31）。测井解释是用静态方法获得地层参数，而试井解释属于动态方法，后者更接近气井实际生产过程中的地层物性参数，更能准确地反映地层的储渗状况。

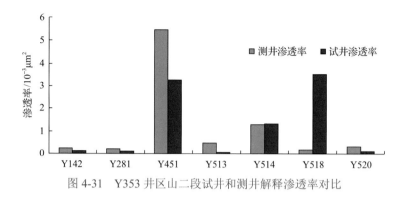

图 4-31　Y353 井区山二段试井和测井解释渗透率对比

第三节　致密气藏产能"四维性"评价方法

在常规产能评价或数值模拟中，往往只注重三维空间物性对产能的影响，储层参数(孔隙度、渗透率、饱和度等)被认为是储层的固有性质，不考虑其随时间的变化。事实上，在长期的生产过程中，由于储层流体对孔隙冲刷、储层压力变化等因素的影响，储层特征(孔隙尺度、结构，气水分布、相对渗透率，天然裂缝与人工裂缝导流能力等)均会发生改变，即储层物性空间分布特征及储层物性随时间的变化导致气田开发具有典型的"四维性"特征[23-25]，这种特征对开发过程中储层多相流动的描述及产能的评价具有重要作用。

致密储层气体的产出需流经基质和裂缝两个环节。压裂改造后的裂缝极大地改善了近井地带的渗流能力。在传统的产能评价中，裂缝的导流能力往往被假设为恒定值，这种假设给压裂井的生产数据分析带来较大的误差[26]。与此同时，许多室内支撑剂导流实验表明裂缝的导流能力会随时间而变化，俞绍诚[27]评价了陶粒支撑剂和兰州压裂砂长期的裂缝导流能力，研究结果表明裂缝的导流能在早期快速下降，在后期达到稳定；温庆志等[28]研究发现支撑剂的嵌入会使导流能力很大程度的下降，铺砂浓度越大，嵌入对导流能力的伤害程度越小；Sone[29]的研究表明基质的蠕变效应也将会影响压裂裂缝的导流能力，这种蠕变效应主要由基质中的黏土含量决定。除此之外，支撑剂的破碎、岩屑堵塞等也是导致裂缝导流能力具有时变性的原因之一[30-32]。因此，实际致密气井的产能评价必须考虑裂缝导流能力的时效性特征。流体从基质渗流到裂缝主要由基质的渗透率和气水分布特征决定，气体的产出导致储层孔隙压力下降，岩石有效应力增加，降低致密储层基质的渗透率，致密气藏应力敏感效应对产能的影响已被广泛研究。除此之外，诸多研究表明压力梯度的变化或者气体流速的改变会影响储层的流体分布，并进一步影响气水相渗特征，即基质孔隙的气水分布及相渗也具有时变性效应[32]。高树生等[33]和 Mo 等[34]利用稳态法测量了不同压力梯度下致密砂岩气水相渗，结果表明压力梯度的增加会减小束缚水饱和度,增加水相渗流能力,减小气相渗流能力。Nguyen 等[35]利用孔隙网络模拟两相相对渗透率,结果表明增加流体流速能显著地降低润湿相残余饱和度和提高润湿性渗流能力,其潜在的机理是流速的增加能够驱替部分毛细管水、减小束缚水膜厚度。考虑流体分布和相对渗透率的时变性,Jiang 等[36]建立数值模型评价水驱油藏的生产特征,研究表明相对渗透率的时变性显著影响中高含水阶段的油井生产动态;张旭等[37]的模拟结果表明气水相对渗透率的时变性会导致气井提前递减以及产水量的增加。

综上所述,气井在整个开发周期内的产能既受储层三维空间物性参数(孔隙度、渗透率、饱和度)的影响,也受储层参数时变效应的影响,具有典型的“四维性”特征。针对这一问题,深入分析了以延安气田为代表的致密复杂叠置储层的三维分布特征,评价压裂裂缝的导流能力、储层渗透率和储层孔隙水的赋存状态随开发过程的变化特征,建立了考虑时变效应的单层开发/立体井网开发下的气井产能模型,分析了各因素对气井生产的影响。最后以延安气田实际气井生产数据为例,评价了延安气田典型气井的“四维性”特征。

一、模型建立

在评价气相渗透率和产能时变效应影响因素的基础上,结合致密气井产出过程,重点表征了压裂裂缝导流能力、储层渗透率和储层孔隙水的赋存状态随生产过程的变化,以直井生产为例,建立了考虑时变效应的单层开发/立体井网开发下的气井产能模型。

1. 考虑时变效应的单层生产气井产能模型

1)物理模型及假设条件

如图 4-32 所示,对于致密储层中的一口垂直压裂直井,物理模型及假设条件为:①模型由基质和压裂裂缝构成,考虑到计算的方便,基质也假设为均一的系

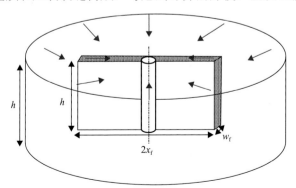

图 4-32 致密气直井压裂生产物理模型示意图

统，储层三维物性分布对产能的影响则主要通过孔隙度、渗透率、饱和度等物性参数控制；②压裂形成的人工裂缝垂直对称，具有有限导流能力，裂缝高度等于储层厚度；③开发过程中，裂缝导流能力随时间而变化。流体在裂缝中的流动为一维流动；④裂缝的渗透率远大于基质，不考虑温度等因素对流动的影响，忽略井筒储集效应，忽略重力的影响；⑤考虑气体黏度及压缩系数随压力的变化；⑥不考虑致密储层中气体的滑脱效应(在生产过程中，储层压力较高)。

2) 数学模型

流体从储层到井筒，流经基质和裂缝两个区域。控制流体流动的主要方程为运动方程和连续性方程，可分别表示为

$$v = -\frac{KK_r}{\mu}\nabla P \tag{4-57}$$

$$-\mathrm{div}(\rho v) + q = \frac{\partial(\rho\phi S)}{\partial t} \tag{4-58}$$

式中，K 为绝对渗透率；K_r 为流体的相对渗透率；μ 为黏度；v 为流速；S 为饱和度；q 为裂缝与基质的流体窜流量。

(1)基质控制方程。

基质中气相和水相的流动方程可分别表示为

$$v_{g,m} = -\frac{K_m K_{rg1}\left[S_{w,m}, Q(t)\right]}{\mu_g}\nabla P_{g,m} \tag{4-59}$$

$$v_{w,m} = -\frac{K_m K_{rw1}\left[S_{w,m}, Q(t)\right]}{\mu_w}\nabla P_{w,m} \tag{4-60}$$

式中，角标 g 和 w 分别为气相和水相；m 为基质；μ_g 为气体的黏度；μ_w 为水的黏度；$Q(t)$ 为与时间相关的气井产量；K_{rg1} 为基质气相的相对渗透率；K_{rw1} 为基质水相的相对渗透率。

将式(4-59)、式(4-60)以及气体状态方程代入连续性方程[式(4-58)]，则可得到基质中气相和水相的控制微分方程：

$$\nabla \cdot \left[\frac{K_m K_{rg1}}{\mu_g B_g}\nabla P_{g,m}\right] - q_g = \frac{\partial(\phi S_{g,m}/B_g)}{\partial t} \tag{4-61}$$

$$\nabla \cdot \left[\frac{\rho_w K_m K_{rw1}}{\mu_w B_w}\nabla P_{w,m}\right] - q_w = \frac{\partial(\phi\rho_w S_{w,m}/B_w)}{\partial t} \tag{4-62}$$

式中，q_g 和 q_w 分别为基质流向裂缝的气相流量和水相流量；B_g 为气体的体积系数；B_w 为水的体积系数；K_rg2 为裂缝气相的相对渗透率；K_rw2 为裂缝水相的相对渗透率。

其他的辅助方程为

$$S_\mathrm{g,m} + S_\mathrm{w,m} = 1 \tag{4-63}$$

$$P_\mathrm{c} = P_\mathrm{g,m} - P_\mathrm{w,m} \tag{4-64}$$

(2) 裂缝控制方程。

裂缝中气相和水相的流动方程可分别表示为

$$v_\mathrm{g,f} = -\frac{K_\mathrm{f}(t)K_\mathrm{rg2}}{\mu_\mathrm{g}}\nabla P_\mathrm{g,f} \tag{4-65}$$

$$v_\mathrm{w,f} = -\frac{K_\mathrm{f}(t)K_\mathrm{rw2}}{\mu_\mathrm{w}}\nabla P_\mathrm{w,f} \tag{4-66}$$

将式(4-65)、式(4-66)及气体状态方程代入式(4-58)，则可得到裂缝中气相和水相的控制微分方程：

$$\nabla \cdot \left[\frac{K_\mathrm{f}K_\mathrm{rg2}}{\mu_\mathrm{g}B_\mathrm{g}}\nabla P_\mathrm{g,f}\right] + q_\mathrm{g} - q_\mathrm{g,1} = \frac{\partial(\phi S_\mathrm{g,f}/B_\mathrm{g})}{\partial t} \tag{4-67}$$

$$\nabla \cdot \left[\frac{K_\mathrm{f}K_\mathrm{rw2}}{\mu_\mathrm{w}B_\mathrm{w}}\nabla P_\mathrm{w,f}\right] + q_\mathrm{w} - q_\mathrm{w,1} = \frac{\partial(\phi S_\mathrm{w,f}/B_\mathrm{w})}{\partial t} \tag{4-68}$$

式中，$q_\mathrm{g,1}$ 和 $q_\mathrm{w,1}$ 分别为裂缝流向井筒的气相流量和水相流量。

其他的相关补充方程为

$$S_\mathrm{g,f} + S_\mathrm{w,f} = 1 \tag{4-69}$$

$$P_\mathrm{g,f} - P_\mathrm{w,f} = 0 \tag{4-70}$$

(1) 初始条件。

假设裂缝和基质的初始压力和含水饱和度相同，则有

$$P_\mathrm{f}\big|_{t=0} = P_\mathrm{i}, \quad P_\mathrm{m}\big|_{t=0} = P_\mathrm{i} \tag{4-71}$$

$$S_\mathrm{w,f}\big|_{t=0} = S_\mathrm{wi}, \quad S_\mathrm{w,m}\big|_{t=0} = S_\mathrm{wi} \tag{4-72}$$

(2) 外边界条件。

封闭外边界条件可表示为

$$\frac{\partial P}{\partial n}\bigg|_{\Gamma} = 0 \tag{4-73}$$

式中，Γ 为外边界的表示；n 表示边界的切线方向。

(3) 内边界条件。

裂缝与基质之间的流量交换为

$$q_g = -\frac{\alpha \rho_g K_m K_{rg1}}{\mu_g}(P_{g,m} - P_{g,f}) \tag{4-74}$$

$$q_w = \frac{\alpha \rho_w K_m K_{rg1}}{\mu_g}(P_{g,m} - P_{w,f}) \tag{4-75}$$

假设裂缝为一维流动，裂缝和井筒的流量交换可表示为

$$q_{g,1} = \frac{4\rho_g w_f h K_f K_{rg2}}{\mu_g x_f}(P_{g,f} - P_{w,f}) \tag{4-76}$$

$$q_{w,1} = \frac{4w_f h \rho_w K_f K_{rw2}}{\mu_w x_f}(P_{w,f} - P_{w,f}) \tag{4-77}$$

2. 考虑时变效应的立体井网开发模式下的产能模型

延安气田纵向上有 4 个开发层系，砂体叠置关系复杂，储层非均质性强。设计的立体井网开发模式中，一口井往往穿过多个层系和多个砂体。因此，需建立在这种立体井网开发模式下的多层合采的产能模型。本书中，在单层开发的基础上进一步建立考虑时变效应的多层合采产能模型，其基本物理模型如图 4-33 所示，层间假设有：①层与层之间存在夹层，层间互不干扰，无层间窜流；②各层的物性参数分别由各层的厚度、压力、渗透率、含水饱和度、孔隙度等参数控制，通常情况下，各层物性存在差异，即使在定产条件下，各层的相对产量也会发生变化。

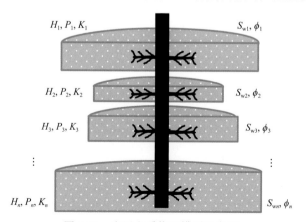

图 4-33　多层合采物理模型示意图

H_n、P_n、K_n、S_{wn}、ϕ_n 分别为第 n 个生产层位的层系厚度、压力、绝对渗透率、含水饱和度、孔隙度

根据物理模型和假设条件，每一层均可建立相应的不稳定渗流模型，第 j 层的基质渗流控制方程可表示为

$$\nabla \cdot \left[\frac{K_{mj}K_{rg1j}}{\mu_{gj}B_{gj}} \cdot \nabla P_{g,mj} \right] - q_{gj} = \frac{\partial(\phi_j S_{g,mj} / B_{gj})}{\partial t}, \quad j = 1, 2, \cdots, n \quad (4\text{-}78)$$

$$\nabla \cdot \left[\frac{\rho_w K_{mj}K_{rw1j}}{\mu_{wj}B_{wj}} \cdot \nabla P_{w,mj} \right] - q_{wj} = \frac{\partial(\phi_j \rho_w S_{w,mj} / B_{wj})}{\partial t}, \quad j = 1, 2, \cdots, n \quad (4\text{-}79)$$

第 j 层的裂缝渗流控制方程为

$$\nabla \cdot \left[\frac{K_{fj}K_{rg2j}}{\mu_{gj}B_{gj}} \cdot \nabla P_{g,fj} \right] + q_{gj} - q_{g,1j} = \frac{\partial(\phi_j S_{g,fj} / B_{gj})}{\partial t}, \quad j = 1, 2, \cdots, n \quad (4\text{-}80)$$

$$\nabla \cdot \left[\frac{K_{fj}K_{rw2j}}{\mu_{wj}B_{wj}} \cdot \nabla P_{w,fj} \right] + q_{wj} - q_{w,1j} = \frac{\partial(\phi_j S_{w,fj} / B_{wj})}{\partial t}, \quad j = 1, 2, \cdots, n \quad (4\text{-}81)$$

同理可分别得到各开发层系辅助条件、初始条件、内边界条件、外边界条件、基质和裂缝之间的流量交换、裂缝和井筒之间的流量交换等方程。

二、模拟结果和敏感性分析

1. 模拟基本参数

延安气田致密气藏目前已形成以山二段为主，兼顾其他各层系的立体井网混合动用开发模式。以表 4-2 所示的延安气田致密气藏山二段典型参数为基础建立数值模型来分析"时变性"效应对气井生产动态的影响，为了方便对各因素的敏感性分析，以单层生产为例。致密气藏应力敏感效应对产能的影响已被广泛研究，本书中不做深入阐述。结合实际气藏生产早期定产降压、后期定压降产的开发路线，主要分析时变效应对稳产期、产气和产水的影响。

表 4-2　模拟基本参数

	数值		数值
气藏尺度	800m×800m×10m	裂缝垂直渗透率/μm²	100
网格系统	35×25×10	储层原始压力/MPa	26
顶深/m	3000	应力敏感系数/MPa⁻¹	0.03
基质孔隙	0.08	气相密度/(kg/m³)	0.62
基质水平渗透率/10⁻³μm²	0.5	原始含水饱和度	0.45
基质垂直渗透率/10⁻³μm²	0.05	裂缝长度/m	160
裂缝水平渗透率/μm²	100	裂缝宽度/m	0.002

2. 压裂裂缝导流能力时变效应的影响

压裂形成的裂缝增强了近井地带的导流能力，有利于气水向井筒中流动。不同 η 和 c 条件下的裂缝导流能力变化如图 4-34 所示，其中 η 控制了裂缝导流能力的下降幅度 [图 4-34(a)]，c 则控制了裂缝导流能力下降速度 [图 4-34(b)]；以 $\eta=0.95$，$c=0.4$ 为例，半年后，压裂裂缝的导流能力下降至初始值的 32%，1 年后下降至 14%，2 年后，只有初始条件下的 5%，可以看出裂缝导流能力的下降主要集中在气井生产的早期，在后期逐渐趋于平稳，这与实际生产中所表现出来的特征一致。基于不同的参数 η 和 c，模拟了压裂裂缝导流能力的时变性对气井生产的影响，结果如图 4-35 所示。从图中可以看出，裂缝导流能力的时变效应会缩短气井的稳产期，降低产水量；主要原因在于随着裂缝导流能力的下降，流体流入井筒耗费的能量增加，储层压力下降速度加快。裂缝导流能力下降幅度的增加或者下降速率的加快会使气井递减越早出现，模拟结果表明当 $\eta=0.95$，$c=0.4$ 时，气井稳产时间由 1000d 下降到 700d。

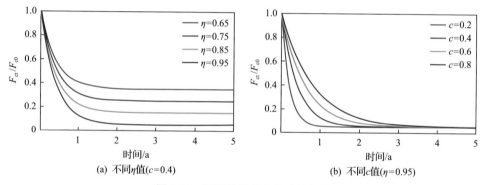

图 4-34　裂缝导流能力敏感性分析

η、c 为应力敏感公式中的系数

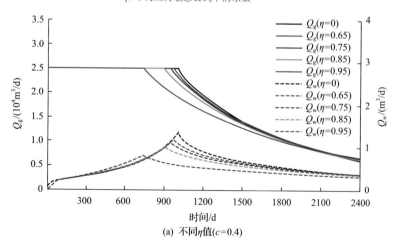

(a) 不同 η 值($c=0.4$)

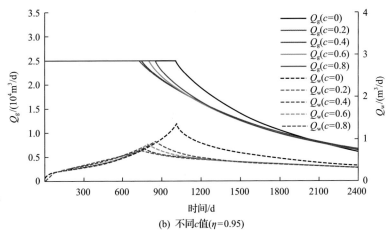

(b) 不同c值($\eta=0.95$)

图 4-35　裂缝时变导流能力对气井生产的影响

Q_g 为产气量；Q_w 为产水量

3. 孔隙气水分布时变效应的影响

基质孔隙中水的赋存状态随开发进程发生改变，影响流体渗流规律和气井的生产。图 4-36 模拟了低含水饱和度和中含水饱和度两种条件下相对渗透率时变效应对气井产能的影响。图 4-36(a) 所示为储层原始含水饱和度(30%)低于束缚水饱和度($S_{wi}=40\%$)的模拟结果。从图中可以看出，对于这类低含水饱和度储层，在开发初期，气井不产水；开发中后期，部分束缚水转变为可动水，气井稳产期仅缩短了 6%，相对渗透率时变效应的影响主要体现在中后期。图 4-36(b) 所示为储层原始含水饱和度(45%)略高于束缚水饱和度($S_{wi}=40\%$)的模拟结果，对于这类储层，气井生产初期即见水，时变性效应进一步增大了气井的产水量，对产能影响显著，气井稳产期由 1000d 降低到 600d，下降了 40%。综合图 4-36(a) 和 (b) 可以看出，气井产能特征一方面受储层原始含水饱和度的影响，另一方面受储层孔隙气水分布

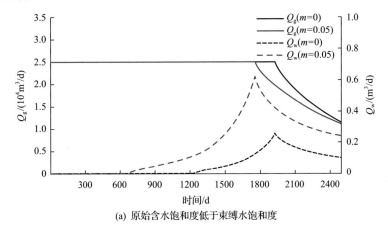

(a) 原始含水饱和度低于束缚水饱和度

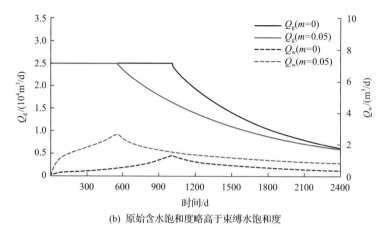

(b) 原始含水饱和度略于束缚水饱和度

图 4-36 气水分布（相渗）时变性对气井生产的影响

m 为相对渗透率时变参数

时变效应的影响，这种作用使部分孔隙束缚水向可动水转化，储层从单相流转变为两相流，影响气井的生产。

4. 时变效应的综合作用

图 4-37 所示为综合考虑压裂裂缝导流能力时效性、储层渗透率变化和孔隙气水分布时效性的气井生产特征，在三种效应的综合作用下，气井稳产期明显缩短，产水量有显著的上升。裂缝导流能力和储层基质渗透率随气相的产出不断降低，孔隙束缚水向可动水转化增加了含水饱和度，降低了气相渗透率，三者的综合作用显著影响了气井产能，缩短了气井的稳产期，加剧了产气量的递减。以本书的模拟参数为例，气井稳产期由 1000d 降低为 270d。对于水相的产出，在生产过程中，裂缝导流能力和储层基质渗透率的不断下降增加了水相在裂缝和基质中的渗流阻力，孔隙束缚水向可动水转化，增加了含水饱和度，提高了水相渗流能力，

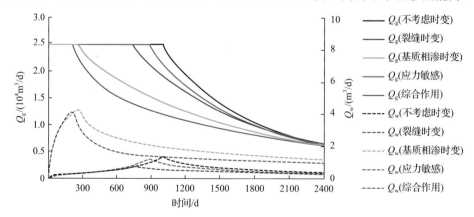

图 4-37 传统生产动态曲线与考虑时变性生产动态曲线的比较（$\eta=0.95$，$c=0.4$，$m=0.1$）

促进了水相从基质向裂缝的流动，三者的综合作用使平均日产水量增加了一倍，对气井产能产生了明显的影响；同时也表明在此条件下，孔隙气水分布时变效应对气井生产的影响要大于其他两种因素。

三、延安气田致密气藏实际生产分析

利用本书的研究方法，结合储层三维分布特征及时变效应，评价延安气田典型致密气藏的产能特征。图 4-38 为选取的 4 口典型井及对应的砂体简化剖面图。从图中可以看出，在三维空间上，延安气田纵向上发育盒八段、山一段、山二段和本溪组 4 个层系，砂体叠置关系复杂，平面非均质性较强，不同位置的开发井动用的层位、砂体等均不同。同时，各层位砂体物性也存在显著差异，直接影响开发初期气井的产能。表 4-3 为综合地质、测井和试气资料得到的 4 口井的基本物性参数，图 4-39 为 4 口典型气井的生产动态曲线。从表 4-3 中可以看出 A 井和 D 井均单独开发山二段，D 井对应的有效砂体厚度比 A 井厚 4m 左右，其余储层物性(孔隙度、渗透率、饱和度)基本相同；图 4-39(a)和图 4-39(d)表明 A 井和 D 井产能变化规律基本保持一致。分析认为，由于 A 井和 D 井初始含水饱和度均远小于束缚水饱和度，在生产初期均不产水，开发中后期，部分孔隙束缚水转变为可动水，气井开始少量产水，见水后气井仍能稳产 16 个月和 19 个月。B 井主要生产本溪组的本一段和本二段两个小层，相对于 A 井和 D 井，B 井空间位置上整体物性稍差，产气能力稍弱，储层整体含水饱和度稍高于 A 井、D 井，生产动态曲线表明气井生产 1 年后见水，表明部分束缚水转化为了可动水，在时变性效应的影响下，见水后气井继续稳产 10 个月即开始递减。C 井合采盒八段、山一段和山二段三个层位，砂体总计厚度为 27.1m，但整体上砂体渗透率较低，流体产出流动阻力大，图 4-39(c)表明气井整体稳产期为 11 个月，储层整体含水饱和度高于其他三口井，气井生产 7 个月后见水，见水 4 个月后气井产量开始递减。结合储层物性参数和实际生产数据分析认为：对于低含水饱和度的储层(A 井、D 井)，在很长的一段生产时间内，孔隙气水分布的时变效应不明显，即使少量束缚水转变为可动水，气井还能稳产较长时间，且主要影响中后期的生产；而对于原始含水饱和度高、接近束缚水饱和度的储层(C 井)，在气井生产很短时间内可能有孔隙束缚水开始变为可动水，对产能产生明显的影响，加快气井递减。另外，利用典型井 A 井的储层物性参数和实际生产曲线，本书还分析了影响 A 井产能规律的时变性参数，模拟过程中裂缝半长为 50m(该值为试井解释所提供)，气井产量开始递减时套压为 12MPa。当不考虑时变效应的影响，气井稳产年限可达 3 年，比实际稳产年限(2.4 年)长 20%。当考虑时变效应的影响，当控制裂缝导流能力时变效应的参数 η 为 0.89，c 为 0.7，控制相对渗透率时变效应的参数 $m=0.08$ 时，模拟的生产特征曲线能够较好地符合实际气井的产能变化规律。同样地，利用此方

法对整个区块的气井进行生产动态分析，则可获得该区块的时变特征，进而指导整个区块的生产开发。

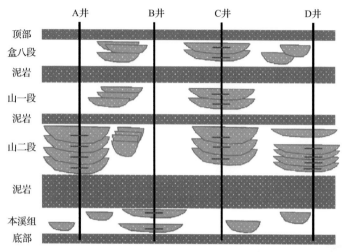

图4-38 气井简化砂体剖面图

表4-3 4口井储层物性参数

参数	层位	孔隙度	厚度/m	中部埋深/m	基质渗透率/$10^{-3}\mu m^2$	含水饱和度/%
A井	山二段	0.06	11.8	2710	0.98	35.0
B井	本一段	0.10	4.6	2660	2.70	27.7
	本二段	0.07	2.3	2678	1.20	46.0
C井	盒八段	0.09	8.7	2650	0.42	41.2
	山一段	0.08	8.8	2670	0.47	35.9
	山二段	0.09	9.6	2770	0.54	42.2
D井	山二段一亚段	0.12	4.0	2750	1.01	36.1
	山二段二亚段	0.09	11.7	2785	0.81	23.6

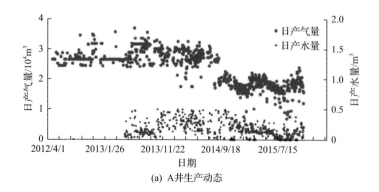

(a) A井生产动态

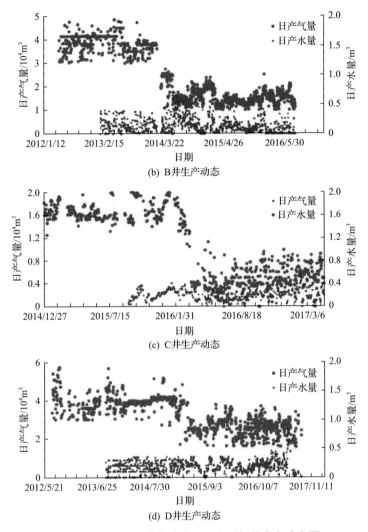

图 4-39 延安气田致密砂岩 4 口典型气井生产动态图

传统的气井动态分析和产能评价往往只注重三维空间上物性参数对气井产能的影响，而忽略储层参数随开发过程的变化。在开发生产过程中，储层本身的平衡状态遭到破坏，再加上诸多的外界干扰措施，储层特征及参数随着开发进程而不断变化。本书分析了压裂裂缝的导流能力、储层渗透率和储层孔隙水的赋存状态随着开发进程改变及其对气井产能的影响，研究方法能够用于分析延安气田致密气井的生产特征。当然，实际储层三维空间上的物性特征及生产过程中储层发生的物理化学变化十分复杂，产能的变化不仅仅受本书中所提及因素的影响，还需根据气井的实际情况进行分析。气井产能的"四维性"理念及深层次的机理还需进一步研究和扩展。

参 考 文 献

[1] 郭平, 张茂林, 黄全华, 等. 低渗透致密砂岩气藏开发机理研究[M]. 北京: 石油工业出版社, 2009.

[2] Gringarten A, Ramey H J. The use of source and green's functions in solving unsteady-flow problem in reservoirs[J]. SPE Journal, 1973, 13(5): 285-297.

[3] Goode P A, Thambynayayam R K M. Pressure drawdown and buildup analysis of horizontal Wells in anisotropic media[J]. SPE Formation Evaluation, 1987, 2(4): 683-697.

[4] Daviau F, Mouronval G, Bourdarot G. Pressure analysis for horizontal wells[J]. SPE Formation Evaluation, 1985, 3(4): 716-724.

[5] Soliman M Y, Hunt J L, E1 Rabaa W. Fracturing aspects of horizontal wells[J]. Journal of Petroleum Technology, 1990, 42(8): 966-973.

[6] Ozkan E, Raghavan R, Joshl S D. Horizontal‐well pressure analysis[C]. SPE California Regional Meeting, Veatura, 1989.

[7] Ozkan E, Raghavan R. Performance of horizontal wells subject to bottom water drive[J]. SPE Reservoir Engineering, 1990, 5(3): 375-383.

[8] Ozkan E, Raghavan R. New solution for well-test-analysis problems: Part 1-Analytical considerations[J]. SPE Formation Evaluation, 1991, 6(3): 359-368.

[9] 姚军, 殷修杏. 低渗透油藏的压裂水平井三线性流试井模型[J]. 油气井测试, 2011, (5): 11-21.

[10] 李治平. 最优化方法在低渗透气藏试井分析中的应用[J]. 新疆石油地质, 1990, (11): 341-346.

[11] Horne R N, Temeng K O. Relative productiveties and pressure transent modeling of horizontal wells with multiple fractures[C]. Middle East Oil Show, Bahrain, 1995.

[12] Chen C C, Raghavan R. A multiply-fraetured horizontal well in a rectangular drainage region[J]. SPE Journal, 1996, 2(4): 455-465.

[13] Zerzar A, Tiab D, Bettam Y. Interpretation of multiple hydraulically fractured horizontal wells in closed systems[C]. SPE International Improved Oil Recovery Conference in Asia, Kuala Lumpur, 2004.

[14] Brown M L, Ozkan E, Raghavan R S, et al. Practical solutions for pressure transient responses of fractured horizontal wells in unconventional reservoirs[J]. SPE Reservoir Evaluation and Engineering, 2009, 14(6): 663-676.

[15] 刘振宇, 刘洋, 贺丽艳, 等. 人工压裂水平井研究综述[J]. 大庆石油学院学报, 2002, 26(4): 96-99.

[16] 张奇斌, 张同义, 廖新维. 水平井不稳定试井分析理论及应用[J]. 大庆石油地质与开发, 2005, 24(5): 59-61.

[17] 刘慰宁. 水平井试井分析方法[R]. 北京: 中国石油天然气总公司情报研究所, 1991.

[18] 李笑萍. 穿过多条垂直裂缝的水平井渗流问题及压降曲线[J]. 石油学报, 1995, 17(2): 91-97.

[19] 刘树松, 段永刚, 陈伟, 等. 压裂水平井多裂缝系统的试井分析[J]. 大庆石油地质与开发, 2006, 25(3): 67-69, 78.

[20] 刘能强. 实用现代试井解释方法[M]. 北京: 石油工业出版社, 2010.

[21] 庄惠农. 气藏动态描述和试井. 第二版[M]. 北京: 石油工业出版社, 2009.

[22] 黄炳光, 冉新权, 李晓平, 等. 气藏工程分析方法[M]. 北京: 石油工业出版社, 2004.

[23] Hamouda A A, Karoussi O, Chukwudeme E A. Relative permeability as a function of temperature, initial water saturation and flooding fluid compositions for modified oil-wet chalk[J]. Journal of Petroleum Science and Engineering, 2008, 63(1-4): 61-72.

[24] Wang C, Li Z P, Li H, et al. A new method to calculate the productivity of fractured horizontal gas wells considering non-Darcy flow in the fractures[J]. Journal of Natural Gas Science & Engineering, 2015, 26: 981-991.

[25] Xu B X, Haghighi M, Li X F, et al. Development of new type curves for production analysis in naturally fractured shale gas/tight gas reservoirs[J]. Journal of Petroleum Science & Engineering, 2013, 105(1): 107-115.

[26] 宋力, 覃勇, 崔永兴, 等. 致密砂岩气藏压裂井两相流流入动态研究[J]. 天然气勘探与开发, 2016, 39(4): 26-30, 11.

[27] 俞绍诚. 陶粒支撑剂和兰州压裂砂长期裂缝导流能力的评价[J]. 石油钻采工艺, 1987, 9(5): 93-100.

[28] 温庆志, 张士诚, 王雷, 等. 支撑剂嵌入对裂缝长期导流能力的影响研究[J]. 天然气工业, 2005, 25(5): 65-68.

[29] Sone H. Mechanical properties of shale gas reservoir rocks and its relation to the in-situ stress variation observed in shale gas reservoirs[D]. California: Stanford University, 2012.

[30] 孙贺东, 欧阳伟平, 张冕, 等. 考虑裂缝变导流能力的致密气井现代产量递减分析[J]. 石油勘探与开发, 2018, 45(3): 455-463.

[31] Xu J C, Guo C H, Jiang R Z, et al. Study on relative permeability characteristics affected by displacement pressure gradient: Experimental study and numerical simulation[J]. Fuel, 2016, 163: 314-323.

[32] Xu J C, Guo C H, Wei M Z, et al. Impact of parameters' time variation on waterflooding reservoir performance[J]. Journal of Petroleum Science & Engineering, 2015, 126: 181-189.

[33] 高树生, 叶礼友, 熊伟, 等. 大型低渗致密含水气藏渗流机理及开发对策[J]. 石油天然气学报, 2013, 35(7): 93-99.

[34] Mo S Y, He S L, Lei G, et al. Effect of the drawdown pressure on the relative permeability in tight gas: A theoretical and experimental study[J]. Journal of Natural Gas Science and Engineering, 2015, 24: 264-271.

[35] Nguyen V H, Sheppard A P, Knackstedt M A, et al. The effect of displacement rate on imbibition relative permeability and residual saturation[J]. Journal of Petroleum Science and Engineering, 2006, 52(1-4): 54-70.

[36] Jiang R Z, Zhang W, Zhao P Q, et al. Characterization of the reservoir property time-variation based on 'surface flux' and simulator development[J]. Fuel, 2018, 234: 924-933.

[37] 张旭, 姜瑞忠, 崔永正, 等. 考虑束缚水时变的致密气藏数值模拟研究[J]. 中国海上油气, 2017, 29(5): 82-89.

第五章 混合井网多层系立体动用技术

我国致密气藏分布广泛，资源量大，上产潜力巨大。但是致密气藏由于储层物性差，有效砂体规模普遍小、连通性差、空间分布复杂，地质条件与产能特征差异大，气井单井控制面积和单井控制储量一般较小，储量动用程度和采收率低，总体高效开发难度大，开发成本高[1]。因此选择合理的开发技术，确定合理的开发技术指标，对致密气藏开发技术进行优化，对致密气藏高效开发具有重大意义。

第一节 致密气藏多层合采技术

致密气藏储层物性差，单层开采气井的产量低且稳产时间短，为了提高单井产能和降低开采成本，通常采用多层合采进行开发。然而由于不同地质条件下砂体规模、砂体连通性、储层压力、地层流体等均存在差异，如何合理划分开发层系，避免层间干扰等问题，是致密气藏有效开发的关键要素。

一、开发层系划分原则

各气层的物性往往彼此相差大，在研究多层气藏开发时，需要合理划分层系，掌握气层的组成及其特性，明确划分层系的原则和方法。

层系划分依据气藏内各气层的地质特征、隔层、储量、压力系统、流体性质等综合确定，通常遵循以下原则[2]。

(1)一个独立的开发层系应具有一定的储量，能满足一定的采气速度和较长的稳产时间，采用现有的较简单的采气工艺，能达到较好的经济效益和有效的开发效果。

(2)同一开发层系内，气层物性、压力系统与流体性质接近，层间干扰小。

(3)各开发层系间必须具有良好的隔层。以便在分层开采过程中，层系间能严格地分开，确保层系间不发生串通和干扰，便于开发管理和动态分析。

(4)在分层开采工艺所能解决的范围内，开发层系不宜划分得过细，也不宜过粗，即同一开发层组层段不宜过长，上下产层压差要维持在合理范围，以保证较好的开发效果和经济效益。

二、多层气藏层系划分

1. 层间干扰系数确定

层间干扰系数是在相同的工作制度下，多层合采的产量与各单层开采产量和的比值。用气井的二项式产能公式和井筒压力计算方法，以及多层合采物理模型建立数学模型后，得到气井层间干扰系数的计算方法，得到气井层间干扰系数的经验公式，利用该经验公式可得到致密气藏不同层的层间干扰系数，采用面积加权平均，计算气藏的干扰系数[3]。

延安气田上古生界可分为本溪组、太原组、山西组和盒八段 4 套气层，井段跨度达 200m 以上。由于各气层埋深不同，压力系数各异，多层合采必然存在层间干扰。定量研究各层之间的干扰情况，是科学制定气田开发政策的基础。

假设某井有 n 个小层，如图 5-1 所示。根据试气资料，确定每个小层的产能方程(以二项式产能方程说明)和无阻流量，将每 $n+1$ 层的井底流压等效为第 n 层的井口压力。则多层合采层间干扰系数计算如下。

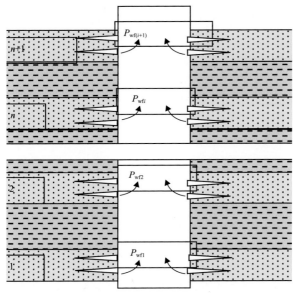

图 5-1　多层合采示意图

$P_{wf1} \sim P_{wf(i+1)}$为产层 $1 \sim i+1$ 层的井底流压

1)求取多层合采时各产气层的产量

根据产层 1 的产能方程得到产层 1 的绝对无阻流量 Q_{aof1}，采用经验配产方法，取无阻流量的 1/4 合理配产，记 $Q_{g1}=1/4 Q_{aof1}$。根据气井二项式产能公式，计算出产层 1 的井底流压：

$$P_{wf1} = \sqrt{P_{R1}^2 - A_1 Q_{g1} - B_1 Q_{g1}^2}$$

式中，P_{wf1} 为产层 1 的井底流压，MPa；P_{R1} 为产层 1 的原始地层压力，MPa；A_1 为产层 1 的二项方程系数 A；B_1 为产层 1 的二项方程系数 B；Q_{g1} 为产层 1 的产量，m^3/d。

根据产层 i 的井底流压及产层 $1, 2, \cdots, i$ 的产量之和，采用平均温度-平均偏差系数法计算产层 $i+1$ 的井底流压：

$$P_{wf(i+1)} = \sqrt{\frac{P_{wfi}^2 d^5 - 1.32 \times 10^{-18} f \left[\left(Q_{g1} + Q_{g2} + \cdots + Q_{gi} \right) TZ \right]^2 (e^{2s} - 1)}{e^{2s}}} \tag{5-1}$$

$$s = \frac{0.03415 \gamma_{mix} H}{\bar{T} \bar{Z}} \tag{5-2}$$

式中，$P_{wf(i+1)}$ 为产层 $i+1$ 的井底流压，MPa；d 为油管内径，m；f 为摩阻系数；Q_{gi} 为产层 i 的产量，m^3/d；T 为管柱内气体温度；Z 为气体偏差因子；$\bar{T}$ 为流动管柱内气体平均温度，K；$\bar{Z}$ 为在 $\bar{P}$、$\bar{T}$ 条件下的气体偏差因子；H 为油管下到气层中部的深度，m；γ_{mix} 为混合气体的临界参数。

根据产层 $i+1$ 的产能方程，求出产层 $i+1$ 的产量[式(5-3)]，依次计算每个产气层的产量。

$$Q_{g(i+1)} = \frac{-A_{i+1} + \sqrt{A_{i+1}^2 + 4B_{i+1} \left(P_{R(i+1)}^2 - P_{wf(i+1)}^2 \right)}}{2B_{i+1}} \tag{5-3}$$

式中，$P_{R(i+1)}$ 为产层 $i+1$ 的原始地层压力，MPa；A_{i+1} 为产层 $i+1$ 的二项方程系数 A；B_{i+1} 为产层 $i+1$ 的二项方程系数 B。

2) 求取多层合采的干扰系数

用求得的各层的产量之和除以各层 1/4 无阻流量之和，得到该井多层合采的干扰系数 R。

$$R = \frac{4 \sum_{i=1}^{n} Q_{gi}}{\sum_{i=1}^{n} Q_{aofi}} \tag{5-4}$$

式中，Q_{aofi} 为产层 i 的无阻流量。

3) 建立干扰系数(R)与地层系数(KH)的关系

用以上方法,计算延安气田16口进行过产能试井的多层合采气井的层间干扰系数,并与层间跨度ΔH_c、地层系数差ΔKH及层间压差ΔP_c进行回归分析,得到干扰系数的经验公式如下:

$$R = 0.000198\Delta H_c + 0.000329\Delta KH - 0.07136\Delta P_c + 0.90557 \tag{5-5}$$

4) 确定气藏层间干扰系数

延安气田 AA 井区含气面积为 1513.65km^2,其中单气层发育区含气面积为 615.66km^2,两气层发育区含气面积为 715.26km^2,三气层发育区含气面积为 174.31km^2,四气层发育区含气面积为 8.42km^2,而不同层位合采的干扰系数不一样(见表5-1,单层干扰系数取1),因此将干扰系数按面积加权平均,得到 AA 井区气藏多层合采干扰系数为 0.838。

表 5-1　AA 井区多层开采叠合面积及干扰系数分布表

单层	两层叠合			三层叠合			盒八段—山西组—太原组—本溪组叠合	
面积/km^2	层位	面积/km^2	干扰系数	层位	面积/km^2	干扰系数	面积/km^2	干扰系数
615.66	盒八段—山西组	383.82	0.8748	盒八段—山西组—太原组	23.82	0.8458	8.42	0.5726
	盒八段—太原组	32.54	0.8777	盒八段—山西组—本溪组	125.97	0.5719		
	盒八段—本溪组	142.13	0.5953	盒八段—太原组—本溪组	24.52	0.5894		
	山西组—本溪组	128.90	0.5873					
	太原组—本溪组	27.87	0.6464					

2. 气藏层系划分

按照开发层系划分与组合原则,将 AA 井区盒八段、山西组、太原组和本溪组进行四层合采开发,主要依据包括:①四套气层均属于砂岩储层;②根据剖面图,得到顶底气层层间跨度不大,为 130~240m,隔层厚度为 5~8m;③四套气层流体均属于干气,其流体性质相同;④气藏多层合采干扰系数为 0.838,干扰小;⑤单层储量丰度较低,合采储量丰度大,能达到经济效益采气速度。

延安气田分层系开发的具体方法如下。

(1)对于砂体规模较小,垂向砂体发育较多,且隔夹层较多的储层,适合分层压裂,多层合采,所以四套层利用直井或斜井合采开发(图5-2)。

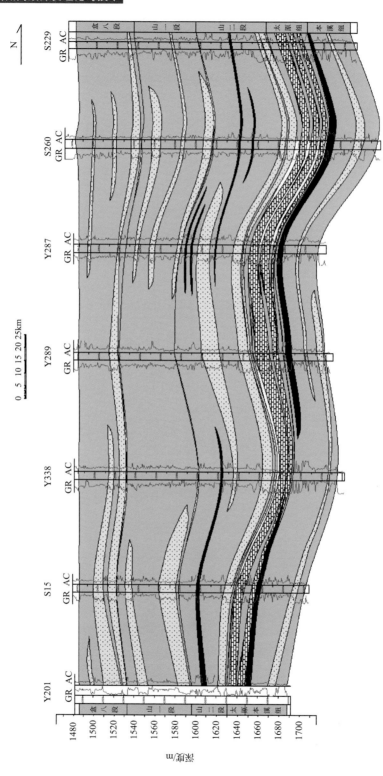

图5-2 AA井区连井剖面图

(2)主力产层厚度大于 6m，纵向跨度小于 60m 的多层气藏，中间煤层、泥岩等隔夹层单层厚度小于 2m，利用水平井分段压裂单层开发(图 5-3)。

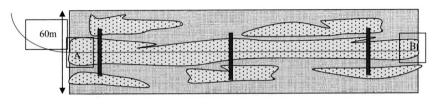

图 5-3　水平井层系开发示意图

AA 井区先导试验区 2012 年 5 月投产开发以来，产量一直维持在 $1.2×10^6 m^3/d$，稳产 7 年。气井井口油压由投产初期的 15.6MPa 降为目前的 7.1MPa(集输压力为 6.5MPa)(图 5-4)，目前区块即将进入递减期，与方案预测一致。

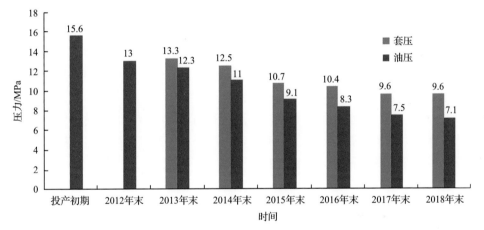

图 5-4　AA 井区历年年末套压柱状图

第二节　直/定向井井网井距优化技术

一、井网优化

合理的开发井网是高效开发气田的重要因素之一。总结国内外气田开发实践，气藏开发的井网形式大体有均匀井网、环状井网、线状井网和不规则井网。对于断块气藏、透镜状气藏、裂缝性气藏和多套层系气藏，一般采用不规则井网。均匀井网大多应用在储层性质较为均质的气藏中。

对于致密气藏而言，井网密度太小，钻井投资虽然较低，但储量控制程度低，采收率低，利润总值低，开发期拖长，导致采气成本增高；井网密度过大，储量控制程度高，气田采收率高，但初期投资大，开发效益不一定很好。因此，寻求合理的井距和井网密度是致密气藏开发的关键。

对于多套气层叠置的气田，不但要考虑单套气层井网本身的合理性，而且要综合区块内的气层井网组合在总体上的合理性。井网部署的原则是科学、合理、经济、有效的井网部署应以提高气藏动用储量、采收率、采气速度、稳产年限和经济效益为目标。

井网设计在总的井网部署原则下，以地质模型为基础，结合气藏数值模拟技术，进行多套方案计算、对比和优化，论证不同地质特点井网下的最大井距及单井最优控制面积和储量，获得最佳经济效益的井网系统。在设计对比方案进行数值模拟计算前，根据气田开发特点、气藏类型、驱动方式、相似气田的开发经验进行井网井距对比方案的论证和计算。

1. 井网部署具体原则

(1)因地制宜原则。处于山地、丘陵、黄土塬、沙漠、海洋、沼泽等恶劣地貌条件下的气田，对于致密气田应因地制宜发展丛式井组、水平井和复杂结构井，不同的砂体叠置关系、不同的地形因地制宜。

(2)均衡开发原则。平面上相对高渗透区和相对低渗透区通过采用"高密低疏"的布井策略，将相对高渗透区与相对低渗透区的采气速度保持一定比值，在兼顾经济效益和采气速度两个方面实现整个气藏均衡开发。

(3)立体开发原则。纵向上，各气层开发要做到整体规划，立体开发；层系划分组合和井网部署上既要考虑每套气层各自开发的要求，又要综合考虑气层接替和一井多层开采的方式；独立开发层系中各小层也有差异，采取"分层布井，层层叠加，综合调整"的方法，选择适应大多数含气层的井网，此外，还应把压裂层段的优化纳入井网部署的方案中。

(4)效益优先原则。单井控制储量不能低于单井经济极限控制储量；尽量把井部署在"甜点"区和高产区，避免或减少打无效井或低效井。

2. 多套气层叠置气田井网部署应注意的问题

(1)初期井网部署应主要针对每套开发层系中渗透率相对较好的主力气层，初期井网对主力气层的控制程度应在85%以上。

(2)初期井网要尽可能简单、均匀，对后期的井网调整影响较大。

(3)开发层系和井网的组合也要尽量简单一些，既要考虑每套气层各自的开发要求，又要考虑后期总体上的调整要求。

延安气田储层具有层内和平面非均质性强、层间非均质性中等、单井产能低、储量丰度低、储量丰度相对集中区域小等特点。根据井网部署原则，对于勘探程度较高、储量较可靠、丰度较高、产能较高的成片连续砂体区域宜采用规则井网开发；对于储量丰度小、砂体展布不连续的区域要根据砂体分布情况布井，采用不规则井网开发。结合气藏实际情况，沿砂体展布方向，在砂体发育中心采用非均匀布井，砂体两侧适当布井。具体位置优选储层发育好、产能尽可能大、各气层尽量重叠的部位，便于开采后期的层间调整。

二、直/定向井井网井距优化

井距优化的目的是使开发井网在不产生井网干扰的情况下，达到对储层的最大控制和动用程度。根据致密气藏储层特征，井网优化需要综合考虑储层分布特征、渗流特征和压裂完井条件三个方面的因素，采用气藏工程方法和数值模拟方法综合确定。

1. 常规气藏工程方法

1) 经济最佳-极限-合理井网密度法

当投入资金与产出效益相同，即气田开发总利润为 0 时，对应的井网密度即为经济极限井网密度：

$$\text{SPC}_{\min} = \frac{E_{\text{rg}}G(1-T_{\text{a}})(A_{\text{G}}\alpha - P)}{AC(1+R)^{T/2}} \tag{5-6}$$

经济效益最大时的井网密度为气田的最佳经济井网密度，即为经济合理井网密度：

$$\text{SPC}_{\text{a}} = \frac{E_{\text{rg}}G(1-T_{\text{a}})(A_{\text{G}}\alpha - P - \text{LR})}{AC(1+R)^{T/2}} \tag{5-7}$$

式(5-6)~式(5-7)中，A 为含气面积，km^2；G 为探明天然气地质储量，10^4m^3；A_{G} 为天然气销售价，元/m^3；C 为单井钻井和油建等总投资，10^4 元/井；E_{rg} 为天然气采收率；T 为评价年限，年；P 为平均采气操作费用，元/m^3；R 为贷款利率，%；α 为商品率，%；T_{a} 为税收率，%；LR 为合理利润，LR=0.15($A_{\text{G}}E_{\text{rg}}$)。

气田的实际井网密度应在合理最佳井网密度和极限井网密度之间，并尽量靠近经济合理井网密度。可采用"加三分差法"原则：

$$\text{SPC} = \text{SPC}_{\text{a}} + \frac{\text{SPC}_{\min} - \text{SPC}_{\text{a}}}{3} \tag{5-8}$$

式中，SPC 为实际井网密度，口/km^2。

三角形布井方式下，井距为

$$L_w = 1.0748\sqrt{\dfrac{1}{\mathrm{SPC}}} \tag{5-9}$$

四边形布井方式下，井距为

$$L_w = 2\sqrt{\dfrac{1}{\pi\mathrm{SPC}}} \tag{5-10}$$

2）定单井产能法

根据气井采气速度和单井产能，计算出所需气井数，进而求出井网密度、计算井距。假设气藏含气面积为 $A(\mathrm{km}^2)$，地质储量为 $G(10^8\mathrm{m}^3)$，年采气速度为 v_g，气井综合利用率为 ζ，规定的气井单井产能为 q_g $(10^4\mathrm{m}^3/\mathrm{d})$，则该含气面积上的单井年产气量为

$$Q_g = 330\zeta q_g \tag{5-11}$$

由采气速度计算出的年采气量为

$$Q_g' = Gv_g \tag{5-12}$$

气藏开发所需气井数为

$$n = \dfrac{Gv_g}{330q_g\zeta}\times10^4 \tag{5-13}$$

井网密度为

$$\mathrm{SPC} = \dfrac{n}{A} \tag{5-14}$$

对规则的四边形井网，井距与井网密度之间满足式（5-10）的关系：

3）导压系数或探测半径法

气井的导压系数反映了气层传导能力的好坏，表示了地层中压力波传播的速度。导压系数高的井区，单井控制的供气面积大，要求的井距大，反之要求的井距小。由导压系数和生产时间可推算其生产井的探测半径。气井稳产期末的井距应不小于探测半径的两倍为宜。

探测半径的公式为

$$R_i = 0.12\sqrt{\eta t_{max}} \tag{5-15}$$

式中，η 为导压系数，$10^{-3}\mu m^2 \cdot MPa/(mPa \cdot s)$；$t_{max}$ 为测试结束时间，h。

导压系数由下式表示：

$$\eta = \frac{K}{\mu \phi C_t} \tag{5-16}$$

式中，K 为地层渗透率，$10^{-3}\mu m^2$；ϕ 为地层孔隙度，小数；μ 为地层流体黏度，$mPa \cdot s$；C_t 为地层流体综合压缩系数，MPa^{-1}。

4）数值模拟方法

在建立井组模型的基础上，通过找出固定井累产气随井距减少而出现剧烈降低的"拐点"，该"拐点"对应的井距即为该局部模型的最优井距。当井距大于最优井距时，生产井之间的产量干扰并不显著，但整体采出程度会随井距的增加而下降；当井距小于该最优井距时，井间产量干扰现象会比较严重，单井累积产量会急剧降低影响经济效益。

不同的井组模型拥有不同的储层物性、非均质性及产气层的分布，因此研究区内不同平面位置上的最佳井距是不同的。总体上的趋势是渗透率较好、有效储层较厚的区域，最优井距较大；储层物性较差的区域，最优井距较小。

三、实例分析

AB 井区应用综合经济最佳-极限-合理井网密度法、定单井产能法、导压系数法、数值模拟等方法设计合理井距，导压系数法只考虑气层的波及能力，没有考虑气井的产能、经济等因素，得到的井距可信度不高，仅作参考。最终，AB 井区合理井距为 1000～1200m，见表 5-2。

表 5-2 AB 井区合理井距的综合取值

层位	输气压力/MPa	经济最佳-极限-合理井网密度法/m	定单井产能法/m	导压系数法 /m	数值模拟法/m
四层	4	819	1376	1684	1100
合采	2.5	789	1376	1684	1100

AB 井区中压集输井经过两年多的持续开发，日产气量稳定在 $8.5 \times 10^5 m^3$。井口套压由投产初期的 14.9MPa 降为目前的 9.8MPa，自投产以来套压压降下降平稳，平均单位套压压降采气量为 $4636 \times 10^6 m^3/MPa$（图 5-5）。

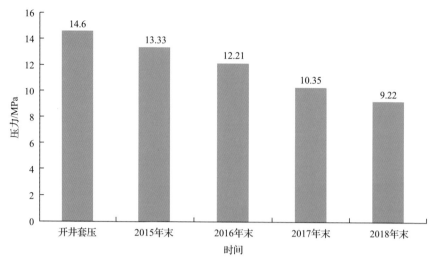

图 5-5　AB 井区中压井历年年末套压柱状图

第三节　水平井优化技术

致密气藏采用常规井开发存在单井产量低、储量动用程度差等问题。气藏规模小，砂体展布范围有限，有效砂体连通性差，储层非均质性强，实践证明，利用水平井开发低渗透致密气田是有效解放储层、提高单井产量、提高采收率的重要手段。在储层精细描述的基础上，结合有效储层动态预测模型，优化水平段长度、轨迹、提高水平井有效储层钻遇率，从而提高单井产量。

一、水平井适应性

国内外利用水平井开发致密气藏时，对储层有一定的要求[4-7]。

（1）纵向上气层相对集中。苏里格、大牛地等致密气田，一般要求相邻气层间的隔夹层小于 4m，若纵向气层相对分散，隔夹层厚度大于 4m，采用单支水平井实施难以沟通其他产层，会造成纵向储量动用程度低的后果。

（2）主力层位有效厚度大于 4m 以上。一般认为由于中靶后在油气层中钻进有一定的上下波动幅度，如果气层有效厚度小于 4m，水平段井眼轨迹将很难控制在油气层之内，给钻井带来困难，另外，小于 4m 的河流相沉积砂体，容易尖灭。

（3）横向上有效砂体具有可控的间断性及连通性。有效储层连通性较好时，水平井能显著增加泄气面积；有效储层具有一定的间断性时，如果利用长水平段多段压裂水平井，也能够连通若干孤立有效砂体，增加水平井的控制储量。

（4）气水关系简单。气藏无边底水、无层间水或储层含水饱和度较低的储层适合用水平井开发，若储层中含水较高，则可能会导致水平井产生积液，从而影响水平井产能。

二、水平井井位优选及轨迹优化

延安气田属辫状河、曲流河沉积体系，除本溪组砂体连通性差，呈孤立状分布之外，盒八段、山一段、山二段砂体均呈近南北向条带状分布，砂体宽度为2～10km，平均为3km，河道多期迁移、砂体分布复杂、储层非均质性严重。气层的平面分布受沉积作用的控制明显，主要沿河道砂体方向展布。从地质背景、体系类型和沉积相带识别入手进行复合砂体描述；在沉积微相，砂体叠置类型和主河道识别的基础上刻画叠置砂体；引入有效储层预测模型(图5-6～图5-8)，进行沉积期次划分、单砂体划分、单砂体规模来定性表征单砂体规模，预测"甜点"区空间展布形态。地震、地质研究及动态资料综合利用，相互约束和验证，丰富水平井地质设计手段。

三、水平井参数优化

1. 水平段方位

假设在水平方向无限大空间内设计不同方向水平段水平井进行模拟，模拟水平段长度均为600m，与最大水平主应力方向夹角分别为0°、30°、45°、60°、90°，采用分段压裂方式投产，模拟裂缝8条，裂缝半长120m，等间距分布。模拟结果显示，夹角为0°相同时间内生产单井累计产量最低，30°～90°相同时间内累计产量逐渐增加，但当夹角大于45°以后增加幅度减缓(图5-9)。据此判断，水平段方位与最大水平主应力方向夹角大于45°即可满足生产需求，水平段与最大主应力方向垂直为最有利方向。

延安气田实施水平井产量与水平段方位关系统计结果显示，其他条件相同(相似)时，水平段方位平行有效砂体走向时产量整体较高，水平段方位与当地最大主应力方向垂直时最为有利(图5-10)，结合数值模型结果综合获得水平段方位优化结果，即当有效砂体方向与最大主应力方向不匹配时，在保证水平段与最大主应力大于45°的情况下，尽可能平行有效砂体走向部署水平井。

2. 水平段长度

数值模拟结果显示，随着水平段长度增加，单井累计产气量近线性增加，但随着井控面积和控制地质储量的增加，采收率会有所下降。从钻井工程考虑，随着水平井段长度的增加，钻井风险和费用会快速增加，钻完井成本初期近线性增加，后期快速增加；在水平段长度为1000～1200m时，单井累计产气量增幅与钻完井成本增幅基本一致(图5-11)。综合考虑单井累计产量、采收率、钻井风险和经济效益，推荐水平段长度为1000～1200m。

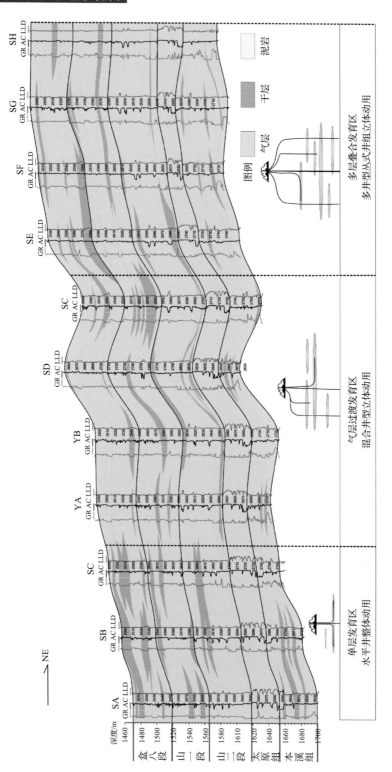

图 5-6　延安气田开发井型选择示意图

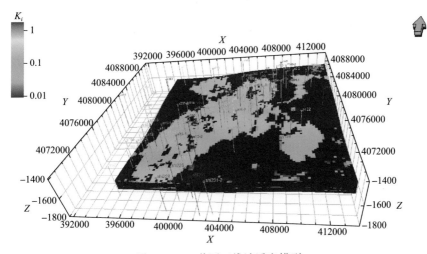

图 5-7　AD 井区三维渗透率模型

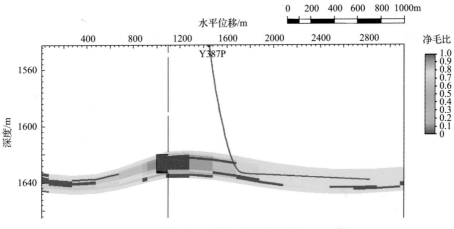

图 5-8　三维模型水平井部署及设计图（YYP1 井）

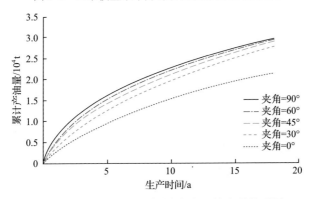

图 5-9　水平段与人工裂缝夹角与累计产量关系图

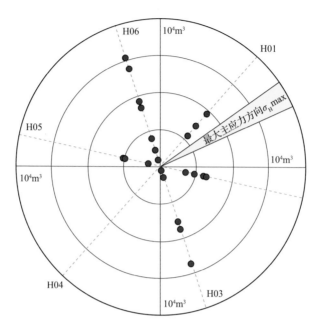

图 5-10　延安气田实施水平井产量与水平段方位关系图

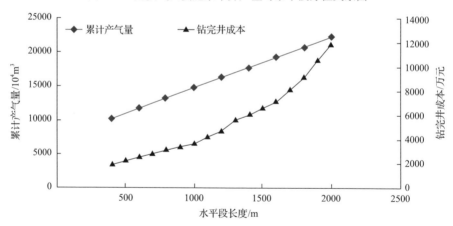

图 5-11　山二段三亚段气藏水平段长度与累计产气量和钻完井成本关系曲线

3．水平段压裂段数

水平井压裂数值试井研究表明，随着压裂段数增加，水平井产量逐渐提高，当压裂段数超过 4～5 段时，单井累计产量趋缓，当压裂段数达到 8 段后，增产效果不明显，优选水平井最佳压裂段数为 6～8 段(图 5-12)，具体单井压裂级数视气藏品质、钻遇率、砂体连续性而定。

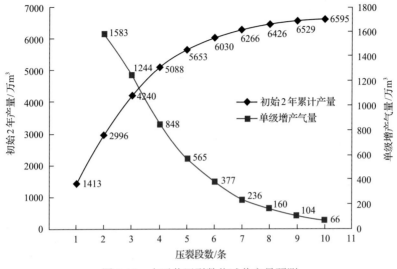

图 5-12 水平井压裂数值试井产量预测

4. 水平井合理排距

数值模拟显示，随着储层有效厚度增加，单井累计产气量增加；随着排距增大，单井累计产气量增加，但增加幅度逐渐减小。随着排距增大，采收率逐渐减小，当排距小于 1200m 时，采收率变化曲线快速下降(图 5-13)。因此，从减小井间干扰，提高采收率的角度，合理排距为 1100～1300m。

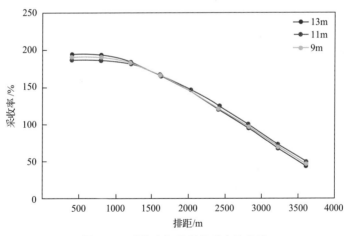

图 5-13 采收率与排距关系变化曲线

经济评价表明随着储层有效厚度增加，净现值增加；随着排距的增加，净现值不断增大；有效厚度 5m、排距为 600m 时净现值为负值。故排距大于等于 800m

就可以实现盈利。综合产气量、采收率和经济评价结果，合理排距为 1100～1300m（图 5-14）。

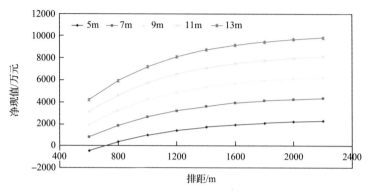

图 5-14　净现值与排距关系变化曲线

第四节　混合井网立体开发技术

致密砂岩气藏普遍存在砂体纵横向空间展布复杂、非均质性强等特征，无法采用单一的井型或规则的井网对其进行高效开发。因此，需要建立考虑地面环境、砂体复杂叠置关系及储层非均质等因素的混合井网立体开发技术，实现高效开发[8]。

一、设计思路

混合井网立体开发技术设计思路的要点在于"分级约束"（图 5-15），主要包括 4 个层次的约束。首先是"地面环境约束"（一级约束），这主要考虑地表条件及对地面钻完井作业造成的影响；其次是"宏观约束"（二级约束），主要是指各层砂体在宏观上，表现出不同区域上不同层叠合程度的差异，进而导致井型的布置会呈现出层与区域性的差异；再者是"局部约束"（三级约束），在宏观砂体展布的控制下，还需要考虑局部砂体叠置类型、连续性对井型适应性和井网密度的影响；最后是"属性约束"（四级约束），考虑砂体物理属性的影响，即各层、各区域储层的储渗能力、含气性的差异性对井网密度的影响。据此，建立了从宏观到局部、从空间到属性、从地下到地上的多维度、多尺度、多因素耦合的"四级约束"混合井网立体开发体系。

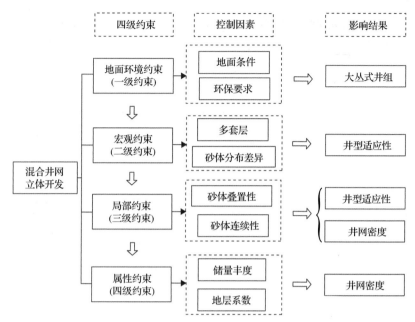

图 5-15 混合井网立体开发设计思路

二、设计过程

1. 地面环境约束(一级约束)

延安气田处于黄土高原丘陵沟壑区,地表"沟壑纵横,梁峁交错",海拔落差大。在复杂的地面环境条件下,钻完井设备运移不便、开辟井场困难,施工成本大大增加。另外该区域生态环境脆弱,应当减少井场开辟对生态环境造成的压力,应采用"准井工厂"式的大丛式井组、多井同时协调作业的模式。

"准井工厂"的作业模式是指在同一区域采用大平台集中部署一批井,使用成熟的、标准化的技术系列和标配装备,以流水线形式进行钻井、完井、压裂、生产等作业的生产模式。该模式既提高了作业效率,又降低了作业成本,适合延安气田地貌环境下的致密气藏开发。

2. 宏观约束(二级约束)

宏观约束主要指多层砂体的平面展布及空间叠合特征约束。延安气田纵向主力开发层多,普遍发育 4 个主力产层,包括二叠系下石盒子组盒八段[图 5-16(a)]、山西组山一段[图 5-16(b)]、山西组山二段[图 5-16(c)]及石炭系本溪组[图 5-16(d)]:①盒八段砂体整体为 NS 向,一部分为 NE 向,厚度大、连续性好,砂体仅在河道中心零星间断。厚度大部分在 8m 以上,主要分布在 8~10m,平均厚度为 8.4m。②山一段砂体走向基本与盒八段类似，但相对于盒八段砂体厚度偏薄、间断偏多。厚度主要分布在 4~8m，平均为 5.2m。③山二段砂体大致沿 NS 向呈条带状展布，厚度大，连续性极好，是储层性质最好的一个层。厚度大部分在 8m 以上，主要分布在 8~10m，平均为 8.9m。④本溪组以障壁岛沉积为主，区内分布多个 NE—NS 向的障壁岛，砂体为孤立、近似椭圆状。厚度主要分布在 3~6m，平均为 4.6m。

　　由于 4 个层在不同的区域位置横向展布不同，若从某一位置打直井，则该井可能会穿越某些层而不穿越其余层，钻遇砂体可能落空。因此，需要对研究区内各层的砂体展布进行叠合，划分出不同的开发区域。基于多层砂体叠合特征，初步划出了 3 个开发区，分别是河道多层富集区（A 区）、非河道双层低富集区（B 区）、非河道三层低富集区（C 区），如图 5-17 所示。河道富集区多套层，主要位于山二段的河道分布区域，山二段为 4 个层中储层性质最好的层，故称其为富集区，同时在该区域 4 个层皆有发育。非河道双层低富集区位于山二段河道以外的大部分区域，该区域仅有盒八段与山一段两个层发育；非河道三层低富集区除了发育盒八段与山一段以外，还发育本溪组砂体。这 3 个开发区的砂体富集程度与纵向层不同，需要采用不同的开发井网实现多套气层立体高效动用。

3. 局部约束（三级约束）

　　局部约束主要指局部单砂体的叠置方式及其连续性对井型、井网产生影响。根据砂体垂向叠置和侧向叠置作用的强弱，河道砂岩的叠置模式通常可划分成孤

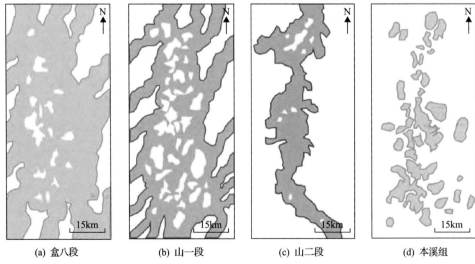

(a) 盒八段　　　　　(b) 山一段　　　　　(c) 山二段　　　　　(d) 本溪组

图 5-16　延安气田某区块各层砂体分布范围

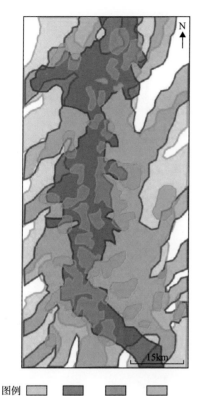

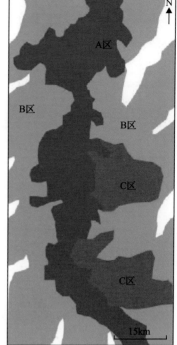

多套层砂体
叠合区域划分

图例

盒八段　山二段　山一段　本溪组　河道多层富集区　非河道双层低富集区　非河道三层低富集区

图 5-17　多层砂体叠合区域划分

立式、多层纵向叠置式、侧向叠置式。孤立式砂体如果有一定的面积和厚度，适合水平井开发，多层式纵向叠合区适合直井开发，侧向叠置式适合直井＋定向井＋水平井开发。分析延安气田的典型砂体剖面及其砂体叠置模式(图 5-18)，延安气田盒八段与山一段以多层式纵向叠合砂体为主，山二段以侧向叠置式砂体为主，而本溪组则以孤立式砂体为主。因此，从局部单层砂体叠置模式的角度来讲，盒八段、山一段与本溪组 3 层适合采用直井开发，而山二段适合采用"直井＋定向井+水平井"的混合井型开发。同时，山二段沿着南北河道方向的连续性好，也适合水平井开发。

对于 4 个层都发育的区域，如果采用直井+定向井整体开发，则相对富集的山二段无法得到高效动用[图 5-19(a)]，而如果采用水平井整体开发山二段，则其他 3 个层又无法得到动用[图 5-19(b)]。因此，延安气田需要采用直井、定向井和水平井相结合的模式来进行科学开发。

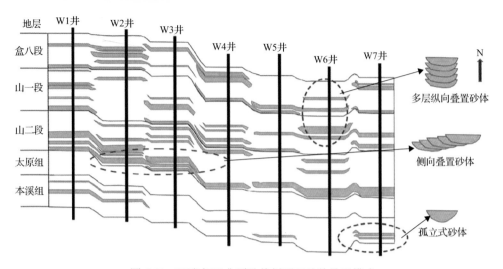

图 5-18　延安气田典型砂体剖面及砂体叠置模式

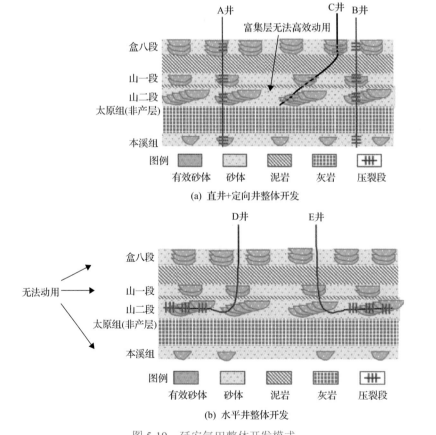

图 5-19　延安气田整体开发模式

4. 属性约束（四级约束）

通过动态知识库储层预测建立了区块的有效储层模型（图 5-20），通过前面的三级约束，已经构建了整个砂体展布及其对应的井型框架，接下来将进一步根据各层、区域的物性特征，量化差异富集储层的井网密度。

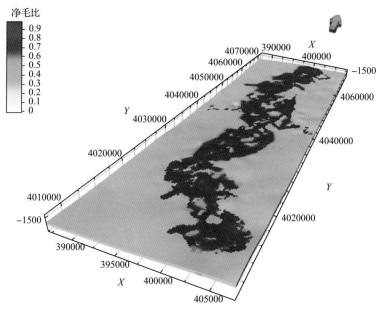

图 5-20　基于动态知识库预测有效储层模型

在储层分类标准中，主要选取了影响井网分布的两个关键评价指标，"储能系数 ϕhS_g" 及 "地层系数 KH"，前者反映气藏储量的大小，ϕhS_g 越大，储量越大；后者反映储层渗流能力的大小，KH 越大，物性越好，渗流能力越强。表 5-3 分别给出了储能系数与地层系数的 I 类、II 类、III 类储层的单因素分类标准。

表 5-3　储能系数与地层系数单因素分类标准

储层分类	储能系数/m	地层系数/($10^{-3}\mu m^2 \cdot m$)
I	$\geqslant 0.4$	$\geqslant 4$
II	$0.1 \leqslant \phi hS_g < 0.4$	$4 > KH \geqslant 1$
III	< 0.1	< 1

基于上述标准，给出延安气田各层的 I 类、II 类、III 类储集区如图 5-21 所示。可以看出不同层、不同区域的储层物性呈现出明显的差异性。各层中部的物性参数都较好，大部分处于 I 类、II 类储层，而研究区下部与上部 III 类储层偏多。

这里，特别关注Ⅲ类储层，将其称为低富集储层分布区。值得注意的是，低富集储层区并不代表非储层，它仍然在砂体分布范围内，只是储层物性相对较差。

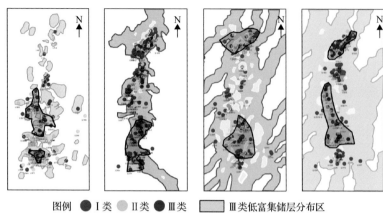

图例　● Ⅰ类　● Ⅱ类　● Ⅲ类　　▨ Ⅲ类低富集储层分布区

图 5-21　各层各类储层分布

对Ⅲ类储层低富集储层分布区进行 4 个层的叠合，在宏观砂体分类的基础上进一步划分了四个开发区域，其中包含一个富集区（A 区）及三个低富集区（B区、C 区、D 区），见图 5-22，为储层井网密度的确定奠定了基础。

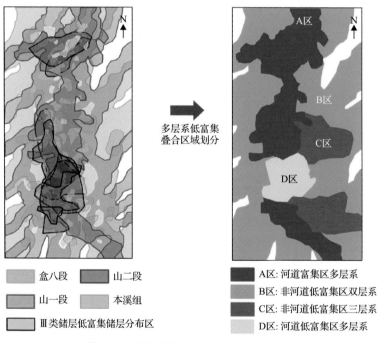

盒八段　山二段

山一段　本溪组

Ⅲ类储层低富集储层分布区

A区: 河道富集区多层系

B区: 非河道低富集区双层系

C区: 非河道低富集区三层系

D区: 河道低富集区多层系

图 5-22　考虑属性约束后的开发区域划分

采用数值模拟模型优化高富集储层（Ⅰ类、Ⅱ类）与低富集储层(Ⅲ类)的最佳井网井距/井网密度，结果见图5-23。从富集储层的优化结果图可以看出，采收率随着井距的减小而增大，当井距小于1000m时，采收率增大的幅度减小，但是单井产气量却随着井距的增大而持续增大，即便是在1500m以上的大井距下其增加幅度也未明显变化。对于低富集储层则相反，单井产气量总体随着井距的增大而增大，当井距大于1000m时，单井产气增加的幅度大大降低，而采收率却随着井距的减小而不断增加，甚至井距越小增加幅度越大。富集储层的渗流能力好，控制面积大，只要井距增大在一定范围，其都能很好地控制储量，但当井距小的时候则容易受到邻井的干扰，导致采收率降低幅度大。对于低富集储层，其渗流能力有限，因此，井距即使减小到很小，也基本不会产生井间干扰，反而是采

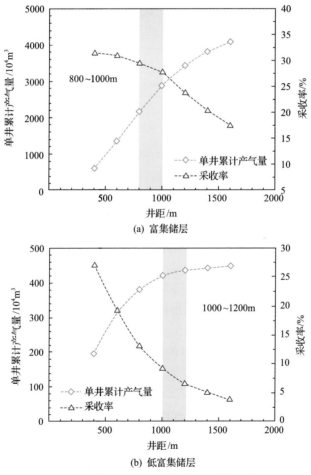

图 5-23　富集储层与低富集储层最佳井距优化

收率随着井距减小而大幅度增加。综上所述,对于富集储层,应当以采收率为主要约束函数;低富集储层,应当以单井产气量为主要约束函数。基于该标准,得出富集储层的最佳井距为800~1000m,低富集储层的最佳井距为1000~1200m。综合应用经济效益评价法、泄气半径评价法、井间干扰试井分析法、裂缝分析法等手段,最终确定富集储层井距为800~1000m,低富集储层井距为1000~1200m(表5-4)。

表5-4 综合多种方法制定差异富集区储层最优井距 （单位：m）

区域	富集储层	低富集储层
极限井网密度	650	980
泄气半径	300	400
井间干扰试井	干扰距离<600	
人工裂缝半长	10~150	
最优井距	1000×800	1200×1000

三、"混合井网立体开发"布井模式

在"混合井网立体开发"设计思路的指导下,结合延安气田地质特征对其井型井网进行了一套完整的、系统的优化设计。通过一级约束,得出了延安气田需要采用"井工厂"式的大丛式井组的结论;通过二级约束,划分出了三个不同砂体空间叠合开发区域;通过三级约束,得出了不同层所适应的井型;通过四级约束,基于富集差异性进一步划分出了四类开发区域。基于上述约束结果,提出"大井组直井/定向井"和"大井组直井/定向井+水平井"相结合的四套混合井网模式(图5-24),分别适应图5-22所示的四类开发区域的开发。

(1)河道多层富集区(A区):采用中心一口直井、南北向两口水平井及东西向六口定向井的"大井组直井/定向井+水平井"混合井组模式,井距为800m×1000m。其中,水平井开发层位为连续性最好的山二段,其他三个气层采用直井/定向井适应盒八段、山一段多层纵向叠置式砂体以及本溪组孤立式砂体的特征,达到"直井控制、水平井提效"的效果。

(2)河道多层低富集区(D区):D区与A区的布井模式类似,区别在于D区各层的富集程度相对较低,采用低富集区1000m×1200m的井距开发。

(3)非河道双层低富集区(B区):采用"大井组直井/定向井"的布井模式,适应盒八段、山一段多层式砂体的特征,同时考虑其为低富集储层,井距都采用1000m×1200m,仅开发盒八段与山一段两个发育的层。

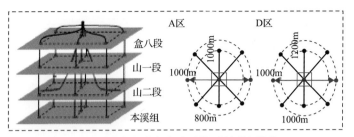

(a)"直井/定向井+水平井"混合井组模式

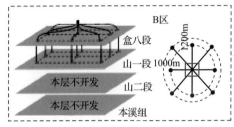

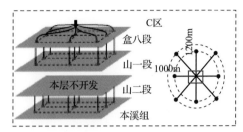

(b)"大井组直井/定向井"双层系模式   (c)"大井组直井/定向井"三层系模式

图5-24 延安气田"组合立体井网高效动用"模式图

(4)非河道三层低富集区(C区):布井模式和井距B区相同,不同之处在于开发层不同,C区开发盒八段、山一段及本溪组三个发育的层。

为了进一步论证上述布井模式的合理性,建立了数值模拟模型进行定量评价。考虑到B区和C区采用"大井组直井/定向井"是唯一可行也是最优的布井模式,结果显而易见,不再建立模型论证。这里仅考虑4个层都发育,且具有山二段富集层的A区与D区的井型合理性,即论证是采用"直井/定向井+水平井"的布井模式,还是采用"大井组直井/定向井"射开4个层开发的布井模式。图5-25为生产3年后两种布井模式下的压力分布,可以看出布置水平井的山二段压力下降迅速[图5-25(c)],而仅布置直井的山二段压力仍然维持在较高的水平[图5-25(d)],体现出了"水平井提效"的效果。另外,其他3个层的压力分布[图5-25(a)、(b)]

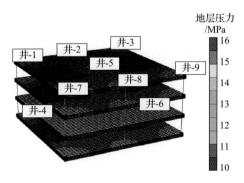

(a)"直井/定向井+水平井"4层

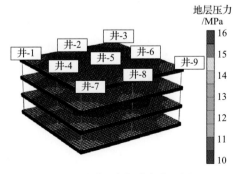

(b)"大井组直井/定向井"4层

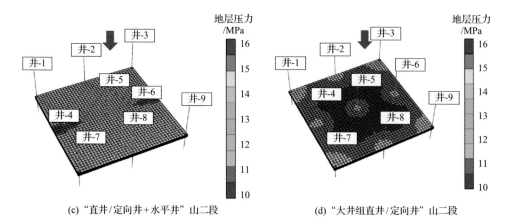

(c) "直井/定向井+水平井"山二段   (d) "大井组直井/定向井"山二段

图 5-25   "直井/定向井+水平井"布井模式与"大井组直井/定向井"
布井模式生产 3 年后的压力分布

在这两种布井模式下比较接近,说明"直井/定向井+水平井"模式的 7 口直井也能很好地控制这 3 个层。生产 5 年后,"直井/定向井+水平井"模式比"大井组直井/定向井"模式多产出了近 $3.5 \times 10^7 m^3$ 的气量,按照市场气价进行简单的折算(表 5-5),已经远超出了 2 口水平井钻完井过程中多投资的费用。这也再次验证了在 A 区与 D 区采用"直井/定向井+水平井"布井模式的合理性。

表 5-5   "直井/定向井+水平井"布井模式与"大井组直井/定向井"布井模式开发效果

布井模式	5 年整体采收率/%	5 年山二段采收率/%	5 年累计产气量/$10^8 m^3$	5 年收益/10^8 元	投资/10^8 元
直井/定向井+水平井	20.17	27.06	1.54	2.47	0.08×7(直井)+0.2×2(水平井)=0.96
大井组直井/定向井	16.65	14.03	1.26	2.03	0.08×9(直井)=0.72

参 考 文 献

[1] 贾爱林, 张明禄, 谭健. 低渗透致密砂岩气田开发[M]. 北京: 石油工业出版社, 2016.

[2] 李士伦. 气田开发方案设计[M]. 北京: 石油工业出版社, 2006.

[3] 王渊, 何志雄, 李嘉瑞, 等. 低渗气藏多层合采层间干扰系数的确定[J]. 科学技术与工程, 2012, 12(34): 9163-9166.

[4] 朱家琳. 致密气藏开发井型优选研究[D]. 成都: 西南石油大学, 2015.

[5] 盛军. 致密砂岩气藏储层综合研究及水平井开发对策[D]. 西安: 西北大学, 2016.

[6] 王修朝. 致密砂岩气藏井型优化方法[J]. 大庆石油地质与开发, 2018, 37(4): 166-170.

[7] 长庆油田分公司苏里格气田研究中心. 苏里格气田水平井开发技术与实践[M]. 北京: 石油工业出版社, 2017.

[8] 张涛, 李相方, 王香增, 等. 低渗致密复杂叠置储层组合立体井网高效动用方法——以延安气田为例[J]. 石油学报, 2018, 39(11): 1279-1291.

第六章 致密气藏钻井工艺技术

致密气藏低渗透率、低丰度的特点决定了其比常规气藏更为低产，是制约其经济开采的主要瓶颈。致密气藏埋藏深、渗透率低、非均质性强、地层压力低，钻遇地层岩性复杂，层间矛盾突出，容易发生井漏和卡阻等现象，安全钻井和储层保护方面存在一定的困难。同时我国致密气藏地形地貌主要为山地、丘陵、高原和沙漠，地面限制条件大。针对致密气藏钻井技术难点，从减少井下复杂情况、提高机械钻速、提升固井成功率和固井质量等方面缩短钻井周期、降低钻井成本，形成复杂井况致密气藏工厂化绿色环保优快钻井技术。

第一节 钻井液技术

致密气藏一般位于盆地深部或斜坡部位，在钻井过程中一般钻遇层系众多、钻遇地层岩性复杂多样，造成井下复杂情况多发。在钻井过程中，部分地层黏土矿物含量高，煤层、碳质泥岩发育，钻井液长时间浸泡加剧地层坍塌风险；部分地层微裂缝、裂缝发育，钻井液易漏失，严重时甚至会发生钻井液失返；同一裸眼段塌漏同存，井下复杂情况处理难度大。致密气藏钻井液方面的技术难点主要存在井壁稳定、井漏和储层保护等问题，其中井漏和阻、卡是致密气藏钻井面临的最突出的问题[1]。

实现致密气藏优快钻井必须解决钻井液携岩、水化抑制、漏失封堵、岩屑悬浮等问题，要求钻井液具有较好的抑制性、封堵性、润滑性、触变性、悬浮性及较高的动塑比等性能。

致密气藏水平井钻井中解决井壁稳定、降阻减摩和岩屑床清除等问题是钻井液优选和设计的关键。要求致密气藏水平井钻井液必须具有携砂能力强、润滑性好、封堵能力强和抑制性强等特点[2]。

致密气藏水基钻井液近几年取得了突破性进展，较好地解决了流变性控制、抑制性、稳定性等难题。近几年为了减轻环保和成本压力，各技术研究单位和钻井公司开始研究高性能水基钻井液，并根据地层特点逐步形成甲酸盐钻井液、硅酸盐钻井液、聚合醇钻井液、甲基葡萄糖苷钻井液、胺基抑制性钻井液和 $CaCl_2$ 聚合物钻井液等体系，防塌和堵漏较为有效[3]。

一、致密气藏储层对钻井液性能要求

致密气藏开发中存在的井壁稳定、漏失和储层伤害等问题，通过室内岩心测试分析、实验探究和数据分析等手段，研究了适用于致密气藏高效开发的钻井液性能要求。

1) 确定合理的钻井液密度

密度的确定应依据岩层物理力学参数、地层压力及地应力等进行综合分析计算。鄂尔多斯盆地致密气藏东浅西深，按照地理特征和现场钻井工艺特点，可分为东部区块、西部区块和复杂区块，复杂区块指的是钻井过程中漏失、坍塌和卡钻等复杂情况较为普遍的区域。通过现场调研和室内研究，总结出鄂尔多斯盆地致密气各区块推荐的钻井液密度(表 6-1)。

表 6-1　各个区块推荐钻井液密度　　　　　　　(单位：g/cm³)

区块	直井段	造斜段	水平段
东部区块	≤1.03	1.03～1.07	1.07
西部区块	≤1.05	1.04～1.08	1.07～1.10
复杂区块	≤1.04	1.10～1.18	1.16～1.22

2) 维持尽可能低的钻井液滤失量

致密气藏井壁不稳定地层主要集中在泥岩井段，其黏土矿物含量高，微裂隙较发育，当钻开地层时，钻井液滤液沿层理、微裂隙渗入地层内部，泥页岩对水有很强的敏感性，易吸水膨胀。需要严格控制滤液进入不稳定地层以保证井壁稳定。

3) 良好的滤饼或胶质充填有利于地层稳定

延安气田的石千峰组、石盒子组层位节理、微裂缝、微裂隙发育，毛细管效应突出，会因钻井液滤液渗入而产生水力尖劈作用，降低岩石强度，导致地层破碎、诱发井壁失稳。水基钻井液体必须含有微米级封堵材料，利用其合理粒径级配，改善滤饼质量，降低失水，阻止大量滤液渗入地层，降低滤液进一步渗入带来的坍塌压力增加，最大限度地消除岩石阳离子释放环境，保证井壁稳定，同时对低孔、低渗地层能有效实现微米级的即时封堵作用，对进一步提高井壁稳定性提供保障。

对石千峰组、石盒子组等易失稳地层，钻井液滤液容易进入缝隙中造成井壁失稳和垮塌，在钻井液中加入部分沥青类等高温易软化的胶质组分，充填在缝隙中堵塞滤液继续进入岩层内部，同时在岩层表面形成良好的滤饼，保持地层的稳定性。

4)维持钻井液具有良好的流变性

钻井液流变性对稳定应力敏感地层有重要作用。若钻井液流变性差，黏度和切力过高，环空循环的流动阻力大，增大井底压力，引起井壁失稳垮塌，还容易引起压力激动，破坏应力平衡而发生坍塌；若黏度切力过低，环空冲刷严重，同样对井壁形成冲蚀作用，诱发井眼周围应力变化，降低抗拉强度，从而导致井壁失稳。

钻进斜井段的钻井液流变性设计必须调控在合理范围内，尤其在水平段坚持"低波动压力，高悬浮、携屑能力，MTV(最小钻屑输送速度)下紊流和零岩屑床"的原则。

5)增强钻井液的抑制性

尽管部分不稳定地层中仅含有微量黏土矿物，但只要有滤液侵入使黏土矿物发生微小的膨胀或分散，地层都会产生应力变化，降低岩层的抗拉强度，引起井壁失稳；所以，增强钻井液的抑制性就是要降低滤液进入缝隙，抑制黏土发生膨胀或分散，维持应力平衡稳定[4]。

以鄂尔多斯盆地致密气井为例，刘家沟、石千峰组黏土矿物均以伊利石为主，其次为伊蒙混层、绿泥石，未见蒙脱石发育；石盒子组黏土矿物以高岭石、绿泥石为主，伊利石、伊蒙混层相对较低，未见蒙脱石发育，均为弱膨胀性地层。山西组以砂岩、泥岩、煤线、泥煤(碳质泥岩)、煤岩等呈现，含有石英、云母，黏土矿物有伊利石、高岭石，属非膨胀型地层。上述井段地层岩石均属非膨胀型破碎性(或硬脆性)岩石，但吸水能力仍较强，钻井液必须具有较强的抑制性，重点放在抑制水化分散方面。室内根据"活度理论"，研发出以钾基聚磺为主的复合抑制剂，提高体系抑制致密气藏泥页岩段水化膨胀和水化分散能力。

6)保持钻井液具有良好的润滑性

因页岩层理胶结疏松、脆性大，若钻井液本身及滤饼的摩阻大，就会使钻进中扭矩大，起下钻摩阻大，易发生黏附卡钻事故，无疑给地层井壁稳定带来不利，因此钻井液采用固体和液体润滑剂有效搭配，保持钻井液润滑性良好。

7)性能稳定性好

在钻进过程中，尽量保证水基钻井液性能稳定，避免因性能波动导致失稳。依据钻井液技术要求，延长致密气井水基钻井液体系应定制为强抑制、有效封堵、高润滑钾基聚磺水基钻井液体系[5]。

针对鄂尔多斯盆地致密气藏钻井过程中"塌漏同层"井壁易失稳、储层伤害严重等问题，提出了以"多尺度变形粒子+架桥粒子"为核心的逐级填充堵漏方法，建立了纳米、微米级孔缝封堵性评价理论，研发了"随钻封缝即堵"和"停钻承压封堵"钻井液、钾基聚磺防塌钻井液和长水平段高性能钻井液技术等钻井液体系，形成了复杂井况致密气藏钻井液技术，有效提高了井壁稳定、储层保护和增收节支效果，实现了致密气藏安全、高效开发。

二、防漏堵漏钻井液技术

以刘家沟组为代表的上部钻井液漏失地层裂缝发育，既有垂直裂缝，又有水平裂缝，以垂直裂缝为主，垂直裂缝极为发育，宽度一般为小于 0.5mm、0.5～1.5mm 和 1.5～3mm 三大类，漏速分别以 5m³/h 和 15m³/h 为三类宽度($0～5m^3/h$、$5～15m^3/h$、大于 $15m^3/h$)分隔点，室内通过数据模拟，可依次定义为渗透性漏失、微裂缝漏失和致漏裂缝漏失。

1. 封缝即堵机理

漏失与裂缝的存在相随，有裂缝就有漏失，其结果表现出地层承压能力低。若要提高地层承压能力，必然与防漏堵漏相结合[6]。针对上部地层承压能力低的问题，提高地层承压能力的钻井液技术措施的途径如下。

(1)提高致漏裂缝承压能力。致漏裂缝有随着钻井的进行漏失会越来越大的特点(但在某些情况下也可能出现相反的情况)。如果停钻堵漏，由于地层承压能力低，此时在正压差的作用下，有发展为恶性漏失的风险，所以对这种漏失必须进行及时堵漏，同时增加井壁强度，提高地层承压能力。

(2)提高微裂缝承压能力。最有效的措施是针对不同宽度的天然裂缝和诱导裂缝，在钻井液中加入粒径分布宽、级配合理及与裂缝尺寸匹配的封堵材料，在很短时间内形成超低渗透(或无渗透)的封堵层来实现人工造壁，达到有效阻止钻井液液柱压力向地层裂缝的传递、减小钻井液液柱的造缝能力、堵住原有裂缝、防止裂缝扩大，实现对裂缝的封堵和封隔，提高地层承压能力。

根据不同漏失情况，提出以"多尺度变形粒子+架桥粒子"为核心的逐级填充堵漏方法，通过调整颗粒尺度及其配比，形成性能可调的堵漏钻井液体系，可"随钻封缝即堵"和"停钻承压封堵"，地层承压能力比常规钻井液提高 $0.20～0.30g/cm^3$，解决了钻遇裂缝发育地层反复漏失的问题。

经研究证实，对任一致漏裂缝，可由一逐级分布的颗粒系列来完成。裂缝封缝即堵机理如图 6-1 所示。

(1)单粒架桥→变缝为孔→逐级填充→最后填"死"。

(2)架桥(桥塞)粒子：形状为粒状最好，尺寸与裂缝尺寸匹配，浓度为粒子个数/m³，可由实验确定。

(3)密度决定粒子浓度，抗压强度决定堵塞段承压能力(刚性为宜)。

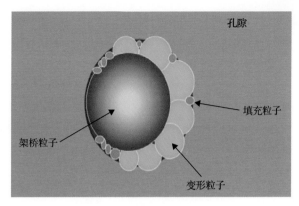

图 6-1 堵漏钻井液作用机理

2. 堵漏配方的建立

按果壳堵漏材料、变形堵漏材料与纤维堵漏材料的比例与粒度，在复配堵漏实验的基础上，得出以井浆为基础浆的适合于渗透性和微裂缝漏失的堵漏浆配方（表 6-2）。

表 6-2 堵漏钻井液工艺特点

工艺类别	主要配方	适用情况	
随钻封缝即堵	井浆+(3%～5%)方解石(40～200 目)	漏速≤5m³/h	渗透性漏失
停钻承压封堵	井浆+(1.5%～2%)方解石(20～40 目)+(4%～5%)果壳、纤维、橡胶粒(20～200 目不同级配)	15m³/h>漏速>5m³/h	微裂缝漏失
	井浆+1.5%GFD-A+2.0%刚性堵漏剂 GFD(不同级配)+2.0%混合纤维堵漏包 GDJ(不同级配)	漏速>15m³/h	致漏裂缝漏失

三、煤层防塌钻井液技术

1. 煤层坍塌机理

研究发现，导致煤层易坍塌的因素主要包括以下方面。

（1）物理因素：煤岩呈条带状、线状(树枝状)，有新口，节理微裂缝发育，胶结疏松，脆性大，在钻井打开煤层后，外来流体(如钻井液滤液)沿裂缝渗入，降低了煤岩之间的胶结力，在外力作用下易碎裂垮塌。

（2）化学因素：煤岩节理、微裂缝特别发育，毛细管效应突出；比表面积大，表面吸附水；含有可水化的阳离子(如 Na^+ 等)和有机质(如腐殖酸)水化，会削弱煤岩之间的联结；在外力作用下，易碎裂垮塌，产生突发性水化剥落掉块。破碎性煤岩的水化是极不均匀的，且与其黏土矿物成分密切相关，加剧了煤层水化后的岩石强度弱化。

(3)力学因素：节理、微裂缝发育的煤层，受高压射流冲刷，由于水力采煤，导致大块煤岩碎裂、垮塌；起下钻过猛，引起井内激动；煤层打开后，压力释放，造成压力不平衡，发生坍塌等；地层倾角大，推覆应力大等。

(4)机械因素：在压差作用下，外来流体渗入煤岩裂缝，降低煤岩之间的联结(胶结)力，钻进过程中由于机械震动、摩擦、钻头切削等作用，煤岩沿断口碎裂，还可能滋生出次生微裂缝，有助于水连通微裂缝，水化能沿微裂缝释放，从而加剧煤层的进一步破碎。

室内分析研究表明，延长致密气藏山西组煤岩不含蒙脱石，黏土矿物中有高岭石、伊利石和少量伊蒙混层黏土矿物，也有方解石等非黏土矿物。结构不均匀，节理微裂缝发育、纹理清楚，属非膨胀型破碎性页岩[7]。

在延长天然气井的地质条件和煤层性质条件下，首先要保证力学支撑，防塌密度应控制在 $1.20g/cm^3$ 左右。其次，钻遇地层除煤层、煤线外，还有煤岩-泥岩胶结地层和泥煤(碳质泥岩)，煤岩-泥岩胶结地层和泥煤水化能力强，且微裂缝较为发育，易破碎，因此，钻井液必须兼顾抑制性和封堵能力，才能保证其井壁稳定。

2. 煤层防塌钻井液体系

在延长致密气藏石千峰组、石盒子组建立的防塌钻井液体系的基础上，室内完成流变性、失水造壁性、黏结、封堵、滤饼质量及其抗剪切能力、抗污染能力、润滑性等综合性能优化实验，采用正交逼近试验方法优化适合于延长致密气田煤层的 KCl 聚磺防塌钻井液体系。

新体系基于"相似尺寸原理"，确定了煤层封堵剂的粒径(3～20μm)、级配(粗、中、细比例 1:3:1)；封堵性强，井壁渗透率低至 $10^{-4}×10^{-3}μm^2$，渗透率降低率提高 31%；抑制性强，利用"钾基"复合降低煤层液相活度，抑制煤层黏土矿物水化膨胀和分散，线性膨胀率为 9.73%，滚动回收率为 99.32%，井径扩大率降低至 10%以内。

3. 煤层水基钻井液应用工艺技术研究

煤层防塌钻井液设计性能为：①钻井液密度为 $1.25～1.35g/cm^3$；②流变性，其中表观黏度为 40～70mPa·s，静切力为 4.0～6.0/9.5～12.0,动塑比为 0.36～0.50；③失水及滤饼厚度，API 失水≤3.0mL，API 滤饼厚度为 0.5mm，HTHP 失水≤12.0mL，HTHP 滤饼厚度≤1.5mm；④润滑性，摩阻系数≤0.08，极压润滑系数≤0.13；⑤pH 为 9.0；⑥含砂≤0.3%；⑦固含为 2%～15%；⑧膨润土含量为 40g/L。

现场应用过程中，斜井段、水平段都含有煤岩，钻井液必须保持高性能，防止破碎性、(硬)脆性泥页岩、煤岩、碳质泥岩的剥落掉块和水平段岩屑床形成。

这些井段钻井液滤液易进入微裂缝、细微裂缝，微裂缝中充填的黏土矿物易水化分散，岩石整体强度降低，地层在浸泡一定时间后，尤其在起下钻过程中，钻具的碰撞导致局部坍塌掉块。因此加强抑制性、封堵性、黏结能力的调整，同时密切注意钻井液性能的稳定性、悬浮携屑和井口返砂情况。

四、长水平段高性能钻井液技术

水平井是致密天然气开发的重要方式。钻井过程中由于长水平井段井眼曲率大，易发生长起下钻键槽和下套管黏卡等复杂情况，研发长水平段高性能钻井液势在必行。致密气田长水平段钻井效率的提高，可通过提升水平段的有效携砂能力和保证井壁具有良好的润滑性来实现[8]。

1. 长水平段高性能钻井液技术要求

1）较强的携岩能力

若斜井段长度大于 500m，要保证水平段的安全顺利钻进，必须做到有效携砂并保持井眼清洁。研究和工程实践表明，钻井液技术需满足以下几点。

(1)必须保证井壁稳定，不垮塌、不掉块、不缩径、井径扩大率小。

(2)若采用紊流洗井，则要求钻井液具有低密度、低切力、低黏度，并保持必要的大排量(MTV)。

(3)若采用改型层流洗井，则要求钻井液具有一定的塑性黏度和动塑比(动塑比不低于 0.40)。

(4)井眼净化效果良好。水平段保持钻井液良好的流变性，高的动塑比(动塑比不低于 0.40)，旋转黏度计 6RPM 读数控制在 7 以上，提高岩屑返出效率。

(5)每次起钻前用性能良好的高黏度清扫液充分清扫井底，在岩屑容易堆积的井段采用大排量、高转速破坏岩屑床，实现井眼净化良好。

2）良好的润滑性

长水平段钻井液体系采用固体和液体极压润滑剂搭配，研发出有机钼极压润滑剂，有效增加了钻井管柱和井壁间润滑膜厚度，显著降低钻井液极压润滑系数和滤饼黏滞系数，改善滤饼质量。

2. 构建长水平段钻井液体系

室内针对现场用处理剂、井浆和现场配方进行了综合评价，分析了它们的适应性，最终优化的 KCl 聚磺钻井液体系满足上述要求，并制定了对应的配套工艺技术和应用技术。长水平段钻井液性能指标见表 6-3。

表 6-3　水平段钻井液设计

	数值
密度/(g/cm³)	1.25~1.35
漏斗黏度/s	50~90
中压失水/mL	≤4
中压失水泥饼厚度/mm	≤0.5
pH	8~9
高温高压失水/mL	≤10
动切力/Pa	5~15
塑形黏度/(mPa·s)	10~20
动塑比	0.40~0.50
摩阻系数	≤0.08
静切力(10s/10min)/Pa	2~5/5~15
固相含量/%	<3
砂含/%	≤0.3
膨润土含量/(g/L)	30~40

3. 长水平段钻井液配套技术

该井段钻遇目的层山西组。在进入泥页岩地层前必须调整钻井液性能达到设计要求(注意密度的调整)[9,10],必须加足抑制剂、封堵剂和储层保护剂,充分保证钻井液的抑制性、封堵能力等防塌性能,方可进行下部钻进,并且要求性能稳定,防止钻井液性能波动导致井壁不稳定,且储层保护效果较好,具体措施如下。

(1)合理调节钻井液流变性,使钻井液黏度、动塑比控制在合理范围内。动塑比保持在 0.40~0.50;配合大钩载荷、扭矩值及时判断井眼的净化状态,并适当的工程措施解决井眼净化问题,减少井壁冲刷。

(2)要求水力参数满足携岩需要。三开采用 127mm 钻杆,在水平段井眼中,泵排量不低于 28L/s,环空返速不能低于 0.71m/s(最好达到 1.00m/s),以实现紊流携砂,避免岩屑床的形成。

(3)每钻进 100~150m 或连续钻进 24h 就必须短起下钻一次,而且每间隔 2~3 次短起下钻就应进行一次距离较长的短起下钻,每次起下钻前后必须充分循环钻井液,以便及时破坏和清除岩屑床。

(4)在复杂层段,钻井液性能需及时或提前调整,满足钻井安全需要。若钻遇目的层发生漏失,可采用"随钻封缝即堵"和"停钻承压封堵"工艺;若钻遇长泥岩段(碳质泥岩),需要通过提高钻井液密度、抑制和封堵能力来有效控制泥页岩地层垮塌。若钻遇煤层,通过提高钻井液封堵能力以有效控制煤层坍塌。对于长段碳质泥岩和煤层，可一次性向井浆中加入 1%～2%单向压力封闭剂、2%润滑剂、3%超细碳酸钙和 4%～5%乳化沥青来稳定井壁。复杂层段不建议测斜、长时间循环。

总之，钻进致密气藏水平段时，钻井液体系必须首先保证强抑制性、强封堵性，利用强封堵能力即时形成内滤饼、有效封堵，提高地层承压能力，借助强抑制性抑制水化，有效控制坍塌压力增加；尽量使用低密度；其次流变性设计必须调控合理，尤其在水平段坚持"适当动塑比（0.40～0.60），利于 MTV 紊流携砂，在高速梯下有效破岩，低速梯下有效携砂，防止压力激动、岩屑沉降，清洁井眼，在临界排量下，防止岩屑床形成"的原则；加强高润滑，降低摩阻、防止泥包。

第二节　丛式井组工厂化优快钻井

致密气藏平均单井控制储量小，利用单井进行开发总占地面积较大，不但增加了单井投资成本，而且浪费了大量的土地资源[11]。单井开发钻机搬迁费时费力，增加了人力和资金成本。同时单井完井后，通常钻井液重复利用率低，大量的钻井液废液，不但增加了处理成本，而且对环境的危害增加。为了提高致密气的开发效率，降低开发成本，减少对环境的影响，一个井场钻多口井进行批量化作业的"井工厂"开发模式在致密气的开发中应用越来越广泛。

"井工厂"的开发模式是指在同一区域采用大平台集中部署一批井，使用成熟的、标准化的技术系列和标配装备，以流水线形式进行钻井、完井、压裂、生产等作业的生产模式。即采用"群式布井，规模施工，整合资源，统一管理"的模式，把钻井中的钻前施工、材料供应、电力供给等，储层改造中的通井、洗井、试压等，以及工程作业后勤保障和油气井后期操作维护管理等工序，按照工厂化的组织管理模式，形成一条相互衔接和管理集约的"一体化"组织纽带，并按照各工序统一标准的施工要求，以流水线方式，对多口井施工过程中的各个环节，同时利用多机组进行批量化施工作业，从而集约开发资源，提高开发效率，降低管理和施工运营成本。所谓"井工厂"，不仅是同台子，而且要在一个平台上进行流水线式的集中钻井和压裂，形成一个开发"工厂"，以提高钻井和压裂的时效。"井工厂"模式，通过地质、油藏、钻井、压裂一体化设计，采用流水线作业、集约化建设的水平井开发，实现经济可采储量最大化的目标。

一、丛式井组"工厂化"

为最大限度降低成本，提高开发效果，结合地质研究成果和井网分布，采用整体设计、立体化开发，形成了丛式井组"工厂化"钻井的模式。该模式具有减少征地面积、节约钻前费用、便于集中管理，同时节约地面建设费用，降低总体开发成本等特点。

1. 丛式井设计

根据致密气藏面积、构造特征、开发井网的布局、井数、目的层垂直深度、地面条件、致密气藏开采对钻井工艺技术的要求(造斜点深度、井眼曲率、进入气层的井斜角等)和建井过程中每个阶段各项工程费用构成进行综合性经济技术论证。在此基础上，测算出每一个平台能够控制的含气面积和每一个丛式井平台的井数。

2. 丛式井井场布井方式

通过建立丛式井井场开发使井网的覆盖面积达到最大化，减少地面设备，从而大大减少场地成本。多口井集中完井和生产，使生产和管理协同发展，减少人力成本、设备运移及钻完井设备的成本。

合理的井场布置对于保证"井工厂"钻井方案的顺利、快速实施具有决定性的作用，优化钻机主体、泥浆罐、沉砂池等设备及辅助设施的安放位置和方向，使钻井实施过程中设备移动最少、井场空间利用最大。

平台优化的基本原则是：综合成本最低，能提高开发的综合效益，加快投资回收速度；钻台位置有利于地面井场建设；有利于各井的安全施工；在保证中靶的前提下该井组的轨迹总长最短；平台位置有利于井眼轨迹控制和防碰要求。

通常采用"一"字排列或矩形排列，中深丛式井地面井口采用的是矩形排列，井间间距 3~5m，两排井之间距离一般为 6~10m。钻井的施工顺序推荐为：应先钻水平位移大、造斜点位置浅的井，后钻水平位移小、造斜点位置深的井，以利于定向造斜施工和井眼轨迹的控制。

3. 井组内单井剖面设计

1)定向井

根据地质确定的井位坐标，综合地层造斜规律和地面环境情况，尽可能利用地层的自然造斜规律，合理布局平台井组，优化井身剖面，推荐"直-增-稳"剖面(图 6-2)。

剖面控制参数：造斜点井深为 700~1500m，造斜率小于等于 3°/30m，最大井斜角小于 35°，增/降斜率小于等于 1°/30m，且进入气层段井斜角与单井设计值误差在±3°以内(考虑后期改造作业工具及井下节流器下入)。

定向井的优点是剖面简单，井身长度短；转盘扭矩较小，钻具摩擦阻力较小。缺点是稳斜段较长，井斜难控制。对于双靶定向井，选用"直-增-稳-降-稳"五段制等井身剖面，但是这种剖面起下钻次数较多，转盘扭矩较大，钻具摩擦阻力较大。

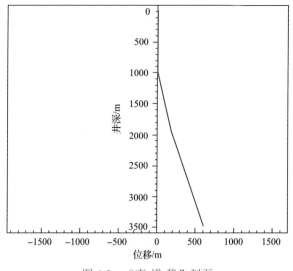

图 6-2 "直-增-稳"剖面

2) 水平井

通过现场试验，斜井段钻井速度慢是水平井提速的瓶颈问题，研究表明，延长靶前距，降低平均造斜率，从而降低钻井摩阻，可提高钻井速度。结合地质预测，推荐靶前距为：①水平段长度小于 1000m，靶前距为 350～400m；②水平段长度为 1000～1500m，靶前距为 400～450m；③水平段长度大于 1500m，靶前距为 450～500m；④根据现场实施情况，采用五段制井眼轨道(直井段—增斜段—稳斜段—增斜段—水平段)，大井斜角稳斜探顶入窗，确保入窗一次成功率。

4. 防碰设计

丛式井安全、快速钻进防止井眼相碰是一项非常重要的工作。通过合理布置井场、开钻顺序、优化井身剖面、强化施工措施等，将防碰工作贯穿在钻前准备、工程设计和施工过程等丛式井钻井的各个环节，以保证井下安全和井身质量。

1) 设计时采取的防碰措施

通过正确选择井架拖移方向和开钻顺序，避免井眼交叉施工，将防碰工作落实在钻前工程中。尽量加大地面井距以减小丛式井眼相碰概率。根据井场实际，规定丛式井井距不得小于 3.5m，井场条件许可可适当增大井距。对存在邻井的井，必须进行防碰设计，对最近距离小于安全距离(一般为 30m)的井必须对原设计进行调整，通过调整造斜点、造斜率等直至达到安全要求。

2) 施工中的防碰措施

鄂尔多斯东部地区直井段防碰是关键，因此应严格控制井斜；同井组的井直井段要采用相同的钻具结构和钻井参数，以便产生相同的井斜效果，防止井眼相碰。综合考虑测量仪器、测量过程、读取数据、计算方法、邻井数据等误差因素，确定合理的防碰施工安全范围。如对直井段一般要求两井轨迹间距不小于 2m。做好井眼轨迹预测工作，根据新井的变化趋势来预测两井间的最近距离，当有相碰趋势或超过规定要求时，及时采取相应措施。

5. 井组施工"工厂化"

基于丛式井组的批量化"工厂化"钻完井作业，是致密气藏开发降本增效的有效手段。国外的"工厂化"丛式井模式是密集型丛式水平井组，配备高效移动钻机，采取流水线式作业模式(依次一开、固井、二开，再依次固完井)，钻完井设备无停滞，重复利用钻井液。但是由于我国致密气藏特点差异及钻井设备的差距，无法照搬国外的井工厂开发模式。基于致密气藏的特点和钻机普遍发展水平，延安气田形成了经济型"工厂化"作业模式。

经济型"工厂化"钻井作业钻机搬迁采用整拖的方式，施工过程中使用一部钻机，钻完第一口井后整拖至第二口井钻井，以此类推完成整个井组的施工，整个平台钻井过程中钻井液重复利用，该模式对钻井设备的要求较低，现有钻机即可实现作业目的，不需要对现有钻机进行大规模改造，投入较低，具有普适性。

二、井身结构优化

井身结构设计原则上应满足：①避免产生井漏、卡钻、井喷、井塌等井下复杂情况和事故，为安全、优质、高速钻井创造条件；②尽可能简化套管层次，降低生产成本；③能对发生套管挤毁的潜在风险采取有效的预防措施；④有利于定向造斜钻进，为安全留有余地。井身结构应简单，且井眼较小，机械钻速较高，建井周期较短，节约人力物力。经过长期的生产实践，目前国内外所生产的套管尺寸和钻头尺寸已标准系列化。井身结构优化先确定生产套管或尾管尺寸，根据流程选择相应的钻头尺寸，依此选定全井的套管与钻头尺寸。

结合地质特征、地层孔隙压力、钻井技术水平及多年的钻井实践，设计气井井身结构及套管程序。各个井身结构表层套管下深原则应满足封固饮用水层，封隔上部不稳定易垮层段，至少进入基岩 300m 以上，建立井口，安装防喷器以满足井控要求。同时，一开钻井井深最少为 500m。

直井及定向井采用井身结构如图 6-3 所示。Φ311.2mm 钻头×Φ244.5mm 表层套管+Φ215.9mm 钻头×Φ139.7mm 生产套管。

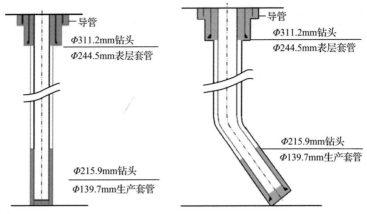

图 6-3 井身结构图示意图

直井、定向井采用"表层套管+生产套管"，套管程序见表 6-4。

表 6-4 直井、定向井套管程序表

套管程序	钻头尺寸/mm	套管外径/mm	套管下深/m	钻达地层
表层套管	311.2	244.5	≥500	稳定层 30m 以上
生产套管	215.9	139.7	距井底 3～5	目的气层底界以下 50m

水平井采用井身结构如图 6-4 所示：Φ444.5mm 钻头×Φ339.7mm 表层套管+Φ311.2mm 钻头×Φ244.5mm 技术套管+Φ215.9mm 钻头×Φ139.7mm 生产套管。

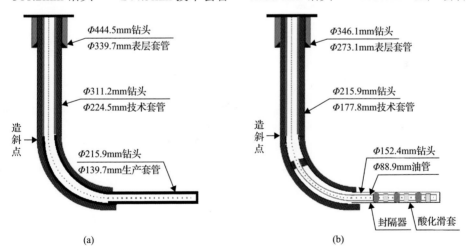

图 6-4 井身结构示意图

水平井采用"表层套管+技术套管+生产套管"，套管程序见表 6-5。

表 6-5　水平井套管程序表

套管程序	钻头尺寸/mm	套管外径/mm	套管下深/m	钻达地层
表层套管	444.5	311.2	≥500	稳定层 30m 以上
技术套管	311.2	244.5	2600	
生产套管	215.9	139.7	3600	

三、钻头优选

根据地层声波时差与岩石可钻性的关系模型和测井资料，计算出岩石力学参数，提取岩石可钻性、岩石抗压强度、抗剪强度和硬度及研磨性等指标。结合已钻井的钻头使用情况，对地层进行岩石可钻性评价，建立岩石可钻性剖面及研磨性剖面，根据岩石可钻性级值及研磨性大小，再考虑不同层位的岩石力学性质，可以合理地优选出本地区不同层位使用的钻头类型。建议尽可能优先选用 PDC（聚晶金刚石复合钻头）钻头，以便提高单只钻头的进尺，减少起下钻次数，提高全井的钻井时效，缩短钻井周期。延安气田各地层钻头选型推荐方案见表 6-6。

表 6-6　钻头选型推荐方案

井段/m	地层	特点	岩石可钻性极值(K_d)		层性质	适用钻头型号	
			牙轮	PDC		牙轮	PDC
1000～2000	纸坊组 和尚沟组 刘家沟组	砂岩 粉砂岩 泥岩	5.23～ 7.12	4.24～ 6.75	中硬	SKH447GL M447G	MD9535ZC MD9541HG
2000～2700	石千峰组 石盒子组 山西组 太原组	泥岩 细砂岩 石英砂岩 煤	4.47～ 7.514	3.61～ 6.68	软～ 中硬	HJT517G HJT537G	MD9535ZC MD9541HG
2700～2750	本溪组	上部厚煤层、中下部为灰黑色泥岩夹薄层浅灰色细砂岩	5.02～ 7.71	4.15～ 6.927	中硬	HJT517GHJ T537G	
2750～井底	马家沟组	灰岩、白云岩夹凝灰质灰岩、膏盐岩	5.88～ 7.95	4.998～ 6.9	中硬	HJT517G	

四、钻柱优化

1. 钻柱优化经验

根据现场试验和经验，钻具组合设计优化如下。

（1）为保证上部井眼打直，采用大尺寸钻铤的塔式钻具组合。

（2）为确保大尺寸套管顺利下入到位，下套管前使用满眼钻具或原钻具组合通井。

(3)根据所选用钻头、钻具的类型和尺寸,配备相应的井口工具。

(4)应在上部钻铤位置装钻具投入式止回阀、旁通阀(旁通侧孔尽量大、通径能够保证投入式止回阀阀芯及测量仪器的通过)。

(5)为了预防卡钻及卡钻后便于处理,在Φ215.9mm 井眼的深部井段建议卸掉Φ177.8mm 钻铤。

2. 钻具优化

1)直井钻具组合

一开使用塔式钻具组合,二开使用钟摆钻具组合,详情如下。

一开:Φ311.2mm 钻头+Φ203mm 钻铤+Φ165mm 钻铤+Φ127mm 钻杆。

二开:Φ215.9mm 钻头+钻具止回阀+Φ165mm 钻铤+Φ127mm 钻杆+旋塞阀。

2)定向井钻具组合

一开使用塔式钻具组合,二开直井段使用钟摆钻具组合,二开斜井段使用定向井底钻具组合,详情如下。

一开:Φ311.2mm 钻头+Φ203mm 钻铤+Φ165mm 钻铤+Φ127mm 钻杆。

二开:Φ215.9mm 钻头+钻具止回阀+Φ172mm 螺杆+短钻铤(4~6m)+稳定器+Φ165mm 无磁钻铤 1 根+Φ165mm 钻铤 12 根+Φ127mm 加重钻杆 9~12 根+Φ127mm 钻杆+旋塞阀。

3)水平井钻具组合

一开:Φ444.5mm 钻头+Φ203mm 无磁钻铤×1+Φ203.2mm 钻铤×6+Φ177.8mm 钻铤×6+Φ139.7mm 钻杆。

二开直井段:Φ311mm 钻头+Φ203mm 单弯螺杆钻具×1+Φ203mm 无磁钻铤×1+Φ203.2mm 钻铤×3+Φ178mm 钻铤×3+Φ158.8mm 钻铤×12+Φ139.7mm 加重钻杆×45+Φ139.7mm 钻杆。

二开斜井段:Φ311mm 钻头+Φ203mm 单弯螺杆钻具×1+Φ203mm 无磁钻铤×1+Φ177.8mm 钻铤×3+Φ158.8mm 钻铤×3+Φ139.7mm 加重钻杆×45+Φ139.7mm 钻杆。

三开斜井段:Φ215.9mm 钻头+Φ172mm 单弯螺杆钻具×1+Φ127mm 无磁承压钻杆×2+Φ127mm 加重钻杆×3+Φ127mm 钻杆×39+Φ127mm 加重钻杆×57+Φ127mm 钻杆。

三开水平段:Φ215.9mm 钻头+Φ172mm 单弯螺杆钻具×1+Φ212mm 螺旋稳定器×1+Φ127mm 无磁承压钻杆×2+Φ127mm 加重钻杆×3+Φ127mm 钻

杆×120＋ϕ127mm 加重钻杆×57＋ϕ127mm 钻杆。

五、钻井参数优选

钻进过程中参数优选的前提是必须对影响钻进效率的主要因素及钻进过程中的基本规律分析清楚，参数优选的目的是确定使进尺成本最低的各有关参数。钻井过程中的钻井参数主要包括钻压、转速、排量等，钻井参数优选的目的是寻求一定的钻压、转速参数配合，使钻进过程达到最佳的技术经济效果。针对延安气田的地质状况，结合在该区域钻井的实践和钻压与转速的关系，用喷射钻井理论优选钻井参数。

水力参数的优化设计根据水力参数优选的目标，对钻进每个井段所采取的钻井泵工作参数(排量、泵压、泵功率等)、钻头和射流水力参数(喷速、射流冲击力、钻头水功率等)进行设计、计算。分析钻井过程中与水力因素有关的各变量可以看出，当地面机泵设备、钻具结构、井身结构、钻井液性能和钻头类型确定以后，真正对水力参数大小有影响的可控参数就是钻井液排量和喷嘴直径。因此，水力参数优化设计的主要任务是确定钻井液排量和选择喷嘴直径。水力参数优化设计是在了解钻头水力特性、循环系统能量损耗规律、地面机泵水力特性的基础上进行的。对于水平井钻井，水力参数优化步骤如图 6-5 所示。

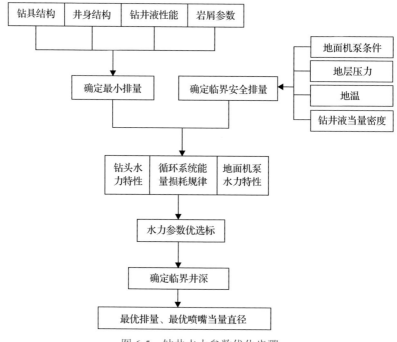

图 6-5　钻井水力参数优化步骤

六、钻井工程与油藏地质一体化

致密气藏工厂钻井实施难点：致密气藏丰度低，需要钻遇"甜点"；一般井工厂实施区域井控程度低，储层落实程度差；优化钻井顺序，优先钻地质风险较小或落实地质情况的井，在钻井过程中加强随钻分析，根据钻进过程中对地下情况的再认识，对地质设计或后续井位所进行的调整或修改。无论是进行正式补充地质设计，还是发出现场监督指令，这个过程均可称为二次设计。虽然目前国内精细油藏描述技术发展很快，但是除极少数情况(如已有较密的基础井网、气藏相对简单等)外，即使运用多种先进技术，对构造深度、气层厚度等认识的准确度不能100%和设计相符。因此，在钻井实施过程中进行二次设计，是确保钻井实现其地质目的的最佳手段，也是地质设计的编制者，以及地质设计的现场执行者(如轨迹控制人员、录井人员和地质监督人员)必须遵循的原则。

七、运用学习曲线，持续改进完善

井工厂钻井技术作为标准化的作业模式，所钻井眼的地质特征、井眼轨迹、施工参数、工作液性能等均具有一定的相似性。依据已钻井情况，加强实钻经验的总结提炼，深入分析研究，持续改进完善，不断优化更新方案，运用学习曲线，采用"一口井一讨论、一口井一总结、一口井一提升"的方式，确保地质认识准确到位，整体实施方案达到最优。在一口井完钻后，通过对地层的摸索和经验总结，制定周密详尽的提速、提效技术措施及运行大表。为下一口井在提速提效提质方面奠定基础。通过重复风险控制，既有利于提高钻井作业的熟练程度和效率，又便于利用邻井钻井资料对待钻井进行优化设计，确保钻井风险最低，有效降低单井钻井成本。

八、钻井液循环利用

井工厂钻井施工方式为流水线式，多口井一开泥浆体系相同，重复利用。在该井场依次二开的过程中，仅需第一口井时配置钻井液，后续施工井进行维护后即可使用。钻井液循环利用系统利用物理和化学的方法来清除钻井液中的固相颗粒，通过独特的处理过程重复利用钻井液。物理处理方法主要是利用振动筛、泥砂清除设备、脱水设备和大型泥浆罐处理。化学处理方法是通过加入化学助剂，中和钻井液中的固相颗粒，将钻屑从流体中分离。相对传统方法来说，利用钻井液循环利用系统减少了钻井液、水资源的利用和钻井液配制时间，降低了废弃钻井液的处理成本。

第三节　固井技术

一、固井特点及关键技术

我国致密气藏不仅有陆相碎屑岩储层的一般特点，而且还表现为低孔低渗、裂缝发育、局部超低含水饱和度、高毛细管压力、地层压力异常、高损害潜力等工程地质特征，后期主要采用水力压裂技术进行储层改造，不同于常规固井的特点及关键技术如下。

（1）钻井钻遇多个含气地层，容易形成连通的气窜通道，在固井和候凝过程中出现气水上窜现象，因此固井防窜是其关键技术之一。

（2）大部分井采用水力压裂技术进行改造，部分井采用分段分簇的大型缝网压裂技术，对固井质量提出了很高的要求，要求水泥环具有良好的密封性和压后完整性。

（3）致密气分布的鄂尔多斯盆地上古生界、四川盆地须家河组等储层存在一定的天然裂缝，上部地层也存在多个漏失层位，固井漏失问题严重，实现全井筒封固是该类井固井的关键技术之一。

（4）近年来，体积压裂成为非常规油气藏开发的关键技术，也是致密气藏储层改造的重要发展方向之一，要求水泥石具有一定的弹韧性，对水泥环的密封性和压后完整性要求较高。

二、漏失井低成本固井

我国致密气主要分布于鄂尔多斯盆地、四川盆地、准格尔盆地、渤海湾盆地和柴达木盆地等区域[12]，以上区域不同程度地存在纵向上多套压力层系并存的特点，也存在多个漏失层，漏失无规律，如鄂尔多斯盆地的刘家沟组（漏失压力当量密度为 $1.20\sim1.35g/cm^3$）、石千峰组，四川盆地的马鞍山组、珍珠冲组、须家河组。除此之外，为提高钻速和降低钻井成本，在四川盆地和鄂尔多斯盆地，致密气直井、定向井大多数采用 $\Phi139.7mm$ 生产套管，固井要求全封固，对水泥浆和固井工艺是一项很大的挑战。同时，大多数致密气井的单井产量较低，其解决固井漏失的方案受成本限制有一些独有的特点，致密气井漏失层一般主要集中在上部地层，因此主要的解决方案是根据漏失井况分别采用一次上返低密度水泥浆固井或分级固井方式。

1. 一次上返低密度水泥浆固井

1）技术适用性

一次上返低密度水泥浆固井是使用常规密度水泥浆封固储层、低密度充填上部井段的一次注水泥固井技术。当存在如下工况时，一次上返水泥浆固井技术具有较强的适用性。

（1）地层承压能力较高，满足设计水泥浆一次上返液柱压力及循环压耗需求。

（2）钻井施工过程中无明显漏失现象发生，或漏失后堵漏承压当量密度满足一次上返施工平衡压力需求。

（3）采用体积压裂改造的井，要求固井完成后全井筒具有极高的密封性和承压能力。

2）低密度水泥浆分类及应用

低密度或超低密度水泥浆固井可有效解决漏失井的固井防漏问题，目前已有大量的关于低密度、超低密度水泥浆体系的研究报道，大致可分为以下四个类型。

（1）加入自身密度较大的水吸附剂、主要靠增大水灰比来降低密度的低密度水泥，如粉煤灰、膨润土、膨胀珍珠岩等，这类减轻剂配制的低密度水泥浆的密度一般在 $1.45g/cm^3$ 以上。

（2）通过钻井液转化为水泥浆（MTC）技术，水泥浆密度降至 $1.32 \sim 1.60g/cm^3$，目前水泥浆较多的是用作非产层部位的充填浆。

（3）加入自身密度小于水的减轻料以降低水泥浆密度，如中空玻璃球或微珠，地面密度可低至 $1.08g/cm^3$。

（4）采用机械充气或自身发气方法而配制的泡沫水泥浆体系，其密度可控制在 $0.7 \sim 1.2g/cm^3$。

以上各类低密度水泥浆在各个密度区间具有各自的优势，根据地层承压能力、成本控制要求、工艺成熟及施工复杂程度，耐压空心微珠或漂珠水泥浆广泛应用于致密气井一次上返固井，密度一般为 $1.20 \sim 1.35g/cm^3$，为井筒全封固做出了极大的贡献。如长庆神木区块 $1.26 \sim 1.30g/cm^3$ 耐压空心微珠低密度水泥浆、大牛地气田 $1.18 \sim 1.25g/cm^3$ 漂珠低密度水泥浆、长庆陇东区块 $1.26 \sim 1.35g/cm^3$ 超细水泥加减轻材料低密度水泥浆。表 6-7 是上述区块不同减轻材料一次上返固井水泥浆性能表[13,14]。随着技术的发展和对地层的认识逐渐清晰，根据地层承压能力差别更加精细地合理选择一次上返工艺及设计水泥浆密度被更好的应用。

3）致密气井低密度水泥浆

因致密气井多数井单井产量较低，为提高开发效益，成本较低的粉煤灰水泥浆具有较大的应用潜力。但粉煤灰水泥浆较高的密度下限，限制了其在一次上返固井中的应用，以鄂尔多斯盆地致密气井为例，$1.30 \sim 1.35g/cm^3$ 范围内水泥浆是一次上返水泥浆的重要密度范畴。因此，开展较低密度的粉煤灰水泥浆研究是极为必要的。

表 6-7　一次上返固井水泥浆性能

密度 /(g/cm³)	减轻剂	水灰比	析水/%	失水/mL (30min7MPa)	抗压强度 /(MPa/24h)		稠化时间		应用区域
					顶部	底部	初始稠度 /Bc	时间 /min	
1.30	粉煤灰+空心微珠	1.05	0.1	56	4.2	10	19	200	延安气田
1.18~1.25	漂珠		<0.1	<50	≥3.4		<20	>250	大牛地气田
1.16~1.35	中空球状微球	0.70~0.80	0~0.5	22~30	7.3~13.6 [48h 强度(65℃)]				苏里格气田
1.20~1.35	空心微珠、防漏剂等复合	0.76~0.90	0~0.1	16~22	3.2~5.9 (24h 强度)	5.4~9.6 (48h 强度)			神木气田

降低粉煤灰水泥浆的密度至 1.35g/cm³ 以下时，需提高其水灰比至 2.0 以上。浆体中粉煤灰、水泥的密度均高于水，大量的水使浆体稳定性较差。因此，需要加入粒径极小、吸附能力很强的微硅作为体系的悬浮增强材料，上述三种材料均具有来源广、成本低的特点。

密度过低、水灰比较高时早期强度发展慢、后期强度低是粉煤灰水泥浆最主要的问题。为提高粉煤灰-水泥-微硅三元体系的早期强度，首先需要优选水泥早强剂加快水泥的水化进程。分别将三种外加剂有机早强剂 B、氯盐早强剂 C、低密复合早强剂 D 加入 1.35g/cm³ 粉煤灰水泥浆，加量均为 3%。在 60℃、20.7MPa 条件下分别养护 24h、48h、72h、168h 后测试抗压强度，结果如图 6-6 所示。无早强剂时，24h 水泥浆强度为 0，而三种早强剂均可使水泥浆 24h 后具有一定的强度，

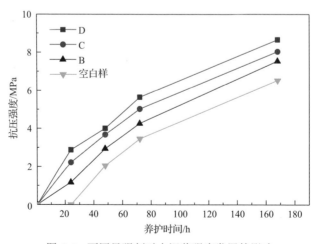

图 6-6　不同早强剂对水泥浆强度发展的影响

但均达不到行业标准中 3.5MPa 的要求。三种早强剂水泥浆 168h 强度发展趋势相同，而无早强剂水泥浆 72h 内水泥浆水化较慢，72～168h 强度发展较快，但发展结果仍然小于加入早强剂的水泥浆。三类早强剂中氯盐和复合早强剂 48h 龄期效果基本相当，但复合早强剂在 72h 的固井候凝关键期的表现更为显著。由以上实验结果可知，单纯依靠体系中水泥的水化无法使高水灰比三元水泥浆体系达到固井的要求，需进一步激发另一种活性物质粉煤灰水化生成胶凝作为体系强度发展的有效接替。

分别对 NaOH、Na_2SO_4、CaO、三乙醇胺四种材料的单个元素、NaOH+CaO+Na_2SO_4三元素(简称 NCN)、CaO+Na_2SO_4+明矾(简称 CNK)及 YP-5 激发效果进行实验，其中 YP-5 是室内复配的碱性含钙镁、硫酸根离子及水溶性阳离子的新型粉煤灰激发剂，其他材料为相关文献中记载的粉煤灰激活剂。将以上不同激发剂水泥浆于 60℃、20.7MPa 条件下养护 24h、48h、72h，测试抗压强度，结果如图 6-7 所示。

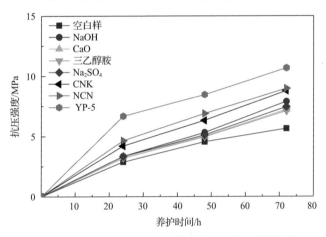

图 6-7 不同激发剂对低密度粉煤灰水泥浆强度的影响

由图 6-7 可知，高水灰比条件下各单一元素激发在 24h 时效果并不明显，多元素复合剂激发效果则较为显著，强度提升 30%以上。48h 时无论是单元素还是多元素复合剂均有一定的激发体现，强度增大 25%以上。无激发剂的水泥浆 48h 后水化速度放缓，强度提升也随之放缓。而加入激发剂的低密水泥浆强度提高率反而略有上升，粉煤灰在这一时期的二次水化成为整个体系强度发展的有效接替。单一元素激发剂中 NaOH 效果最好，NaOH 中的 OH^-破坏了硅铝玻璃体表面的链结构，释放出活性 SiO_2 和 Al_2O_3，与水泥水化后释放的 Ca^{2+}进一步生成水化硅酸钙，因此碱性破坏粉煤灰致密玻璃相表面的作用是极为重要的。其他单一激发剂，如 CaO、三乙醇胺、Na_2SO_4 效果基本相当。多元素激发效果整体上强于单元素，其中 YP-5 效果最好。YP-5 中占比较低的 OH^-(约 5%)可破坏粉煤灰颗粒表面玻璃体，且不会因加量过大而带来碳化问题；SO_4^{2-}、Ca^{2+}能够对粉煤灰少量游离态的活性成分进行水化补充，并且消耗掉水泥水化的一部分中间产物，进而加速水泥水化；YP-5 中阳离子凝胶晶核的相互电荷作用也可促进浆体的均匀稳定，因此在早期 24h 时即可使体系的强度发展提高 131.94%，72h 强度提高 89.18%。

以复合早强剂 D、激发剂 YP-5 为主要强度提升外加剂，筛选通过聚合物微小颗粒相互交联桥接作用形成网状聚集体来束缚更多游离液的聚乙烯醇降失水剂 YW-3，结合应用范围极广、性能优越的丙酮-甲醛缩合物类减阻剂 USZ，制成密度为 $1.30\sim1.35\text{g/cm}^3$ 的低密水泥浆，性能见表 6-8。

表 6-8　粉煤灰低密度水泥浆性能

密度 /(g/cm³)	T_T/T_{40BC} /min	初始稠度 /Bc	抗压强度/MPa		滤失量 /mL	游离液 /mL	上下密度差 /(g/cm³)
			20℃（顶部强度），72h	60℃（底部强度），24h/48h			
1.30	297/268	9	4.12	4.52/8.03	44	0.3	0.01
1.35	271/252	14	5.58	6.02/10.43	32	0.1	0.00

注：T_T 为稠化时间；T_{40BC} 为可泵时间。

由表 6-8 可知，激活型早强剂的加入使粉煤灰体系常温 72h 抗压强度达到 4MPa 以上，体系稠化时间合理，失水低、游离液少，多颗粒的级配形成了内部架桥延缓了水泥浆的沉降分层，上下密度差极小，各方面性能能够满足致密气井的上部充填需求。

2. 分级固井

虽然一次性固井技术对致密气井的井筒完整性具有很大的优势，但在一些区域，如延安气田中部和东部、苏里格气田、大牛地气田，上部存在多个漏失严重地层、钻井过程中失返性漏失频发，采用一次上返技术固井的超低密度水泥浆的成本很高，因此分级固井成为解决这一问题的另一种常规工艺技术。

对于大多数的漏失井，采用双级固井工艺配合低密度水泥浆技术可有效解决固井漏失问题。分级箍的使用大大提高了水泥浆的密度限制，以鄂尔多斯盆地为例，大多数气井采用分级固井后，各级低密度水泥浆的密度一般可提高至 $1.46\sim1.50\text{g/cm}^3$。虽然漂珠、空心微珠低密度水泥浆经过多年的研究技术较为成熟，但该区域气井的低产低效，使漂珠、空心微珠等成本较高减轻材料的使用率较低，而粉煤灰以其物美价廉和良好的性能可调节性被大量使用。

三、固井防气窜

提高水泥浆的防窜能力，是解决致密气井固井气窜最直接有效的方法。防窜水泥浆主要通过三个方面来限制气窜，一是通过改变水泥浆内部结构，使水泥浆不具有渗透性，即使地层压力大于液柱孔隙压力，气也无法进入水泥浆，即加入非渗透剂；二是通过自身产气，使水泥浆膨胀，减少气窜的通道，即加入发气剂；三是通过其他途径克服水泥浆天然收缩属性，使其膨胀，封锁气窜通道。更多情况下是两种或多种试剂综合作用共同发挥效果。

1. 防气窜试剂

1) 非渗透剂

常规水泥石是一种多相的和高度非均质体系，其内部结构存在大量的空隙和微孔道，尤其是水泥浆在凝结时常常伴随体系的收缩使水泥石空隙进一步增大，渗透率也随之增高，防窜性能极差。因此，这一类防窜剂主要是提高水泥浆及水泥石的致密性和渗透率来达到防窜的目的。

常见的有丁苯胶乳、纳米二氧化硅防窜乳液等。丁苯胶乳是由粒径为 200～500nm 的微小聚合物粒子在乳液中形成的悬浮体系。聚合物胶粒的粒径比水泥颗粒粒径(20～50μm)小得多，而且具有良好的弹性，一部分胶粒与水泥形成良好级配而堵塞充填于水泥颗粒和水化物的空隙，降低水泥石的渗透率；另一部分胶粒在压差的作用下，在水泥颗粒之间聚集成膜，进一步降低水泥石的渗透[15]。

还有一种该类型的防窜剂主要依靠高分子物在水泥浆中的可控聚集、交联反应，在水泥浆水化强度不断发展的同时，在环空水泥柱中产生附加阻力，使水泥浆的总阻力始终大于水泥浆不断失重引起的地层与环空压力差。如聚乙烯醇、石膏、聚萘磺酸钠和硼砂等[16]，通过其高分子化合物在水泥浆内的可控交联、聚合反应，在水泥颗粒水化形成的网架结构间形成高分子网络结构，提高了水泥浆中的黏滞阻力，可减缓由于水泥浆水化引起的失重，并可在渗透层表面形成致密薄膜，从而降低水泥浆的失水和水泥石的渗透率，有助于防止漏失与窜流的发生。

2) 发气型防窜剂

综合材料来源、效果及成本考虑，发气剂的理想材料是化学性质很活泼的金属铝，它在水泥浆中主要发生反应释放氢气。掺入发气剂的水泥浆注入井内，在一定温度条件下会产生气体，以微小的气泡均匀分布在水泥浆体系内。微小气泡产生的膨胀压力，使孔隙压力增加，以弥补水泥浆失重造成的压力降低，从而防止气窜。

该类防窜剂在塔里木油田、中原气田、延安气田均有所使用，效果较好，与其他外加剂相容性较高，稠化时间可调。

3) 膨胀型防窜剂

膨胀型防窜剂主要由镁、钙的氧化物、硫酸盐或碳酸盐等构成，具有微膨胀、高强度的特点。该类防窜剂主要通过限制水泥浆凝固过程中的体积收缩，封闭油气水窜的宏观通道。该类防窜剂对于防油、水上窜效果较好，对于气窜来说效果略差于发气型和非渗透性防窜剂。

2. 防窜工艺

采用固井工艺进行防窜的核心是压稳，即固井前压稳，固井中压稳，固井后压稳。固井前和固井中一般可通过注水泥流体结构及水泥浆密度设计达到压稳的要求，固井后候凝过程中的压稳是防窜的核心，水泥浆逐渐凝固失重后，对地层的压力平衡作用在逐渐减弱，是气窜最危险的阶段[17]。因此，采用一定的技术手段来平衡地层压力是解决气窜的有效途径之一[18]。

1) 双凝水泥浆设计

采用双凝水泥浆固井是防止气窜较为成熟、效果较好的一种方法。双凝水泥浆是指两种凝固时间不同的水泥浆，领浆封固上部、尾浆封固下部，尾浆先凝、领浆后凝，在尾浆凝结后领浆仍然能保持对地层的压力平衡，防止气体上窜。特别对于易漏失井，领浆采用凝结时间长的低密度水泥浆、尾浆采用稠化时间满足要求的快速凝结常规密度水泥浆，能够达到防漏和防窜的双重功效。该项设计在延安气田、榆林气田、苏里格气田、大牛地气田被广泛地应用于气井固井中，取得了防窜和防漏的双重效果[19]。

2) 失重压力补偿

该方法属于预应力固井的一种。为了使候凝过程中环空压力一直大于地层压力，在注水泥完成后，环空进行一定压力的憋压操作，防止气体气侵。根据憋压按水泥浆就位后 1h 内，共分四次完成，每次憋压值为 $(P_c-P_w)/4$，直至憋压为 0，见图 6-8。该方法需对所钻遇的地层有较为清晰的认识，以免憋压压漏上部地层，

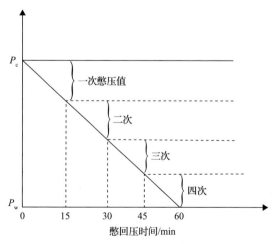

图 6-8　环空憋压示意图

同时，需套管柱底部的回压阀门性能优越且保持良好，否则易造成水泥浆倒流。

四、弹韧性水泥浆

水泥属于水硬性材料，具有高强度、高脆性的特点，在承受致密气井高强度压裂时，很容易发生破裂，产生宏观裂纹甚至形成互窜通道，进而影响下一次压裂的效果及压后密封性。因此，需加入增韧材料以增强固井水泥石的耐冲击和变形能力。

1. 弹韧剂的优选

目前国内水泥石增韧的实现途径主要有三类，其优点及局限性如表6-9所示。

表6-9　三种类型的增弹增韧材料优点及局限性

类型	优点	局限性
纤维	增韧，加量少	不易混拌；对早期强度影响大
胶乳	加量15%以上可增加水泥石弹性和韧性，防窜效果好	加量大易破乳，加量小无作用
合成橡胶粉	增弹为主、增韧为辅，加量少	表面疏水、颗粒过粗时影响水泥石的强度

虽然纤维的室内实验结果较好，但其加入后降低了水泥石的早期强度，且现场施工不易混拌，易堵塞水泥车及施工管线，限制了其大规模应用。胶乳是早期使用较多的一种增弹增韧剂，在水泥石增韧及防窜性能方面具有较大的优势，其单独使用或者复合少量纤维使用在各类压裂水平井上进行了应用，取得了良好的效果。近年来，石油企业降本增效压力持续增大，满足增弹增韧效果的胶乳加量过大造成的综合成本高的问题凸显，从经济性方面考虑，橡胶粉逐渐成为主要的弹韧剂原料。

橡胶粉由废旧轮胎加工而成，具有来源广、成本低廉的优点。根据研究[20]，橡胶粉加入水泥浆改善其力学性能有一定的局限性，主要为颗粒过粗时影响水泥石的强度，且其表面亲水性能较差，无法对水泥颗粒内部形成凝聚力。C-S-H（水化硅酸钙凝胶）多孔介质填充理论指出，在水泥水化产物内部充满细小孔，选择合适的弹性材料填充其中，可有效改善水泥石脆性，增加韧性。因此需将合成橡胶粉选粒、改性，基于硅烷偶联剂对材料表面处理后强度及机械性能方面显著的改善效果，选择其为橡胶粉的表面改性溶液。先配制质量分数为1.5%的硅烷偶联剂溶液，向其中加入橡胶粉，静置24h后过滤、烘干，得到表面得到改性的橡胶粉。分别测试上述不同粒径颗粒处理前、改性后对水泥浆24h抗压强度的影响，测试结果见图6-9。

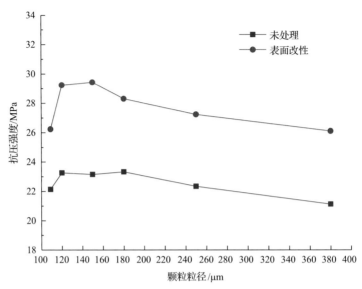

图 6-9　不同粒径、不同表面处理方式对水泥浆强度的影响

由图 6-9 可知，未处理的橡胶粉疏水颗粒降低了其与水泥水化产物之间的结合力，总体上强度较低，粒径越大结合力越差，强度越低。表面润湿反转处理后，不同粒径颗粒水泥浆强度均有所增强，随着颗粒粒径变小，强度逐渐增大，但是当小于 120μm 时颗粒过细造成团聚，强度反而降低。因此，最优化粒径为 120～150μm。

2. 弹韧性水泥浆

弹韧性水泥浆除增韧外，还需满足固井封固需求，要求水泥浆具有优异的稳定性、低的失水和析水[21-23]。因此需加入降失水剂、分散剂对常规性能进行调节，以 G 级水泥为例，加入 3% 经粒径筛选及改性的橡胶粉和其他外加剂后，水泥浆常规性能见表 6-10。由表可知不同温度下该水泥浆总体性能较好，有一定的防窜效能(水泥浆性能系数 SPN 值<3)，上下密度差为 0，失水量极低，主要是因为橡胶粉掺入后通过挤压变形提高了滤饼的致密性，阻止了水分进一步渗透。

表 6-10　改性橡胶粉水泥浆常规性能

试验温度/℃	T_T/T_{40BC} /min	初始稠度/Bc	抗压强度/MPa		滤失量/mL	45°游离液/mL	上下密度差/ (g/cm³)	SPN 值
			常压，24h/48h	20.7MPa，24h/48h				
50	113/104	10	34.58/42.48	35.02/43.15	15	0	0	1.18
60	115/114	12	30.22/38.56	32.03/38.63	15	0	0	0.90
70	124/123	7	28.76/35.24	29.82/35.96	16	0.1	0	0.42

将以上水泥浆在 70℃、20.7MPa 环境下养护 48h 后，分别采用压力和弯曲试验机、气体渗透仪器对水泥石的抗折强度、杨氏模量(围压 20MPa)及渗透率进行测试，测试结果见表 6-11，加入弹韧剂后水泥石与净浆水泥石破型后对比如图 6-10 所示。

表 6-11　水泥石力学性能测试结果

体系	抗压强度/MPa	杨氏模量/GPa	抗折强度/MPa	抗拉强度/MPa	渗透率/mD
弹韧性水泥浆	37.11	11.67	2.00	3.20	0.17
G 级净浆	28.05	16.10	1.29	2.10	0.32

图 6-10　弹韧剂加入前后水泥石破型对比

测试结果表明，弹韧性水泥浆体系各项性能良好，稠化过渡时间短、浆体稳定性极好、滤失量控制在 20mL 以内、抗压强度高，围压下水泥石杨氏模量较净浆降低了 27.5%、抗折强度增加了 53.5%、抗拉强度提高了 52.3%、渗透率降低了 46.9%，水泥石破型后依然保持完整，弹韧性良好。

第四节　钻井废弃物处理技术

钻井废弃物主要是指钻井过程中无法满足工艺要求而废弃，或完井后弃置于钻井液循环池中的钻井液和施工过程中由于其他原因溅落在井场的钻井液、钻井岩屑、钻井废水、冲洗地面、设备及钻井工具产生的污水、下雨汇聚流入井场泥浆池的雨水等的混合物(也称废弃钻井液或废泥浆)，另外还包括少量的井场产生的部分生活污水和生活垃圾。

这些废弃物对环境有一定的影响。对人类生存的环境负责，就要对此类废弃物的产生及特性有一定的理解；基于这些理解，提出并实施工艺改进措施，减少或消除钻井废弃物对环境的不利影响。目前国内外水基钻井废弃物的主要处理方法是直接排放、填埋法、坑内密封、固化法、回注入安全层等。

一、废弃钻井液回填处理

回填法分为简易回填法和密封回填法两种，简易回填法是在使用水基钻完井液钻完井施工结束后，用土将钻井液坑填起来。一般情况下，将钻井废弃物置于自然条件下晾晒几个月，一般不超过一年。对于盐水钻井液的废弃物，适用于密封回填法。密封回填法是在坑的四周和坑底铺盖一层有机土，再在有机土上覆盖一层聚乙烯塑料垫层，然后再在聚乙烯塑料上盖一层有机土。

二、废弃钻井液固化处理

废弃钻井液抽去表层钻井废水后剩下的固体胶状污泥，以及钻井过程产生一定量的钻井岩屑及钻井废水处理过程产生的滤饼，对于这些废弃物，向其中加入一定量的水泥、矿渣、石膏、硅酸盐等化学凝结剂，使钻井废弃物与化学物质发生一系列物理、化学反应，将污染物质封固在固结物里，防止其进一步扩散转移。这种方法适用于各类水基钻井液。

采用快速固化法处理钻井废渣具有材料运输量少、施工速度快、经济实惠、效果好、处理量大等优点，能有效治理各种污染物，延缓污染环境的时间，还可利用固化物修筑道路、井场基础及压制如黏土砖等的砌筑材料，是油田环境保护和工业废物处理技术中的一条有效途径。

三、废弃钻井液生化处理

向钻井废弃物中加入一定量的可以降解废弃物的细菌和营养物质，通过细菌的生长繁衍及内呼吸等来处理掉钻井废弃物中的表面活性剂或油污等废弃物。环境中重金属离子和有机污染物的长期存在使自然界中形成了一些特殊微生物，它们有对毒重金属离子具有抗性，有可以降解有机污染物的。该方法就是运用自然筛选、基因工程、细胞工程等技术取得生物处理法所需要的微生物。氧气量、细菌数量、供降解菌新陈代谢必要的营养元素、湿度、温度、酸碱度、盐度等是生物处理技术的主要影响因素。

微生物处理钻井废弃物往往和物化法相互结合使用。例如，陕北油气田采用筛选的芽孢杆菌、乳酸菌等菌株等优势菌种结合固化协同处理钻井废液，$40\sim60d$ 后，其固相达到《农用污泥污染物控制标准》(GB 4284—2018)中性和碱性土壤上(pH$\geqslant6.5$)对应标准[24]，其浸出液达到国家标准《污水综合排放标准》(GB 8978—1996)

标准[25](图 6-11，图 6-12)。

图 6-11　钻井废渣固化处理　　　　图 6-12　钻井废渣生化处理 40 天后

四、建站集中处理处置

钻井废弃物集中处理就是建立钻井废弃物处理站，统一接收附近不同井区的废弃物的处理处置管理。这种模式克服了钻井废弃物分布零散难以管理的缺陷。

1. 钻井废弃物减量化处理

钻井废液减量化处理首先要加入处理剂破坏钻井液胶体的稳定性，再进行脱水处理将泥水进行固液分离，达到缩减钻井废弃物的体积。研究数据显示，井场废弃钻井液稳定性高，含水率高，甚至达到 80% 以上，导致集中处理运输较难。一般加入破胶剂搅拌反应后进行泥水分离，分离后的固相即钻井废渣的含水率大幅度降低，废渣可以快速转移到集中处理厂进行安全处理处置；分离后的液相钻井废水经一系列处理后可回用于油田。具体流程见图 6-13。

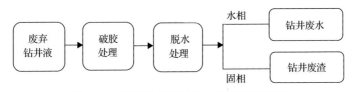

图 6-13　废弃钻井液减量化处理工艺流程

1) 破胶处理

钻井液是一种稳定的胶体体系，黏土矿物因晶格取代，其表面带负电荷可与水形成稳定的胶体悬浮物分散体系；高分子材料(聚丙烯酰胺 PAM、羧甲基纤维素 CMC 等)在碱性条件下电离成带负电的基团，分子形态舒展；同时由于其所带的负电荷吸附在黏土颗粒，形成稳定的胶体体系。

因此，废弃钻井液破胶处理时，破胶剂选择阳离子型强电解质。这是因为阳离子型强电解质加入钻井液废液后，一是其电离出的阳离子能中和颗粒表面的负电荷，降低颗粒 Zeta 电位，减少颗粒间的斥力；二是金属阳离子可与高分子材料的阴离子基团形成离子对，将失稳的黏土颗粒包裹起来并从钻井废液中分离出来，这样大部分的高分子及几乎所用的黏土成分可从废弃钻井液中被除去，从而达到残渣与水分离的目的。一般破胶剂采用氯化铝、氯化铁、氯化镁、氯化钙、硫酸铁、硫酸铝等。

2) 脱水处理

废弃钻井液脱水处理方法很多，如蒸发脱水、重力脱水及机械脱水。

(1) 蒸发脱水(固液分离)。在干燥环境下，废弃钻井液脱水最简单的方法就是将其放置在防渗池中，让水分自然蒸发，这是钻井液脱水最常用的方法。

(2) 重力脱水。重力脱水是利用重力作用，使泥渣中的间隙水得以分离。在实际应用中，一般建设浓缩池进行脱水。该方法是降低含水率、减少废弃物体积的有效方法。

(3) 机械脱水。在很多情况下，蒸发脱水和重力脱水效率太慢，采用振动筛、沉淀池、水力旋流分离器等可以对破胶后的废弃钻井液进行初步的分离。要进一步降低污泥含水率，必须采用更先进的机械脱水技术，包括压滤机、离心机等设备来加强脱水效果。

目前油田应用最为普遍的机械脱水设备是板框压滤机和厢式压滤机两种，另外，近年来引进了一系列新型脱水技术，如叠螺压滤机、旋转压滤式脱水机等（表 6-12，图 6-14）。

2. 钻井废水资源化处理

钻井废水的污染特性根据井的地质状况、钻井液体系不同而有所不同，但仍存在一些共同特征，主要有以下几个方面：①色度高，完井废水颜色较深，为黄棕色到黑褐色；②悬浮固体含量高，粒径小，属于中高浊度废水；③有机物含量

表 6-12　钻井液固液分离方法效果对比

	皮带压滤器	离心机
体积减小率(体积分数)/%	70	71
固体回收率(质量分数)/%	99.91	99.85
滤饼干燥度(固体含量质量分数)/%	45	44
渗出固体浓度/(mg/L)	150	180

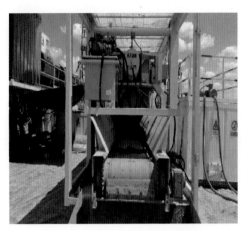

图 6-14 钻井废渣机械脱水

高，体现在废水的化学需氧量（COD）值高；④pH 高，其范围为 7～12，部分井位的 pH 在 6～9 之外；⑤稳定性高，废水呈胶体状态，体系十分稳定，难以脱稳分层。

我国大部分油田关于钻井废水处理后的主要去向有两种，其一是用作注水或井场循环利用等回用途径；其二是达标外排途径。延长油田关于钻井废水处理主要用于回用。表 6-13 为某气井钻井废水水质测定结果与标准的对比情况[25, 26]。

表 6-13 气井钻井废水水质测定结果与标准的对比

检测项目	1#气井	2#气井	污水综合排放标准（GB 8978—1996）	回注标准
BOD_5/(mg/L)	3350	100	60.00	
硫化物/(mg/L)	1.58	1.006	1.00	
挥发酚/(mg/L)	0.036	0.044	20.00	
石油类/(mg/L)	29.70	38.60	10.00	3.00
COD/(mg/L)	4898.5	2980	150.00	
色度/倍	20000	3200	80.00	
pH	10.17	9.56	6～9	
悬浮固体含量/(mg/L)	1298	1340	100	5

关于钻井废水处理，国内发展了许多处理工艺技术及设备。延长油田回注处理工艺主要有两套（图 6-15），对于成分简单的钻井废水，采用混凝/沉降/粗过滤/精密过滤回注处理工艺；对于二开后的复杂组分钻井废水采用破胶/固液分离/氧化/沉降/粗过滤/精密过滤回注处理工艺。

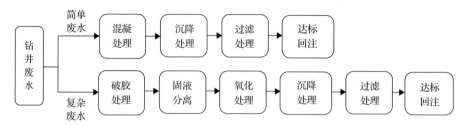

图 6-15　钻井废水回注处理工艺流程

五、钻井废弃物不落地处理技术

钻井废弃物不落地处理是"零排放"理念的体现和实现方式，其显著特征是不再在井场开挖泥浆池，需要增加的设施主要包括岩屑等固体废物收集、处理装备。核心理念是钻井井场清洁生产及零排放，提高钻井液再利用率是不落地处理的重要保障和目的。

钻井液不落地处理技术总体来说尚处于起步阶段，处理技术、设备、模式、思路未实现标准化和规范化。钻井废弃物不落地处理一般工艺流程见图 6-16。

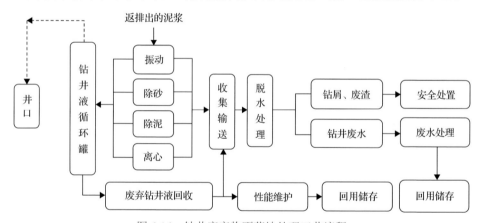

图 6-16　钻井废弃物不落地处理工艺流程

该工艺处理是基于钻井队的"固控"系统的废弃物处理技术。具体流程是：返出井口的钻井液经振动筛、除砂器、除泥器等分离出的钻屑、废钻井液等经收集、脱水(固液分离)处理后钻井废渣进行安全处置；固控系统处理后的钻井液经性能维护后可循环回用；达不到回用性能要求的钻井液需进一步深度处理，主要有两种方式：一是对废钻井液处理成可用体系，回收利用钻井液，二是将废钻井液处理成可配浆的清水，重新配置钻井液实现回用。前一种方式主要用电化学处理技术，后一种方式主要投加化学药剂进行脱水(固液分离)处理。对固控设备处理及废钻井液处理过程产生的固体废物需进一步处理。固体废物的再利用方式主要包括井场铺路、用作建筑材料及填埋等方式。

钻井废弃物不落地处理技术采用撬装式可移动的处理设备，对井口分离出的钻井固体废物进行连续处理，取消了泥浆池的建设，充分实现了物理化学方法和智能机械设备的有机结合，使水基钻井液废弃物得到有效分离[27]。这样既节约了土地资源，节约了泥浆池的修建费用，消除了泥浆池污染隐患；也实现废水、废弃钻井液的循环利用，减少了钻井前期钻井液总量的消耗，从而降低了钻井队钻井液的配置量和补充泥浆成本，同时减少了钻井废弃物的总排放量，较好地消除了环境污染风险。

参 考 文 献

[1] 孟小敏, 曾李, 郭千河. 甲酸盐钻井液技术的应用[J]. 钻井液与完井液, 2003, 20(5): 65-66.

[2] 刘斌, 徐金凤, 蓝强, 等. 甲酸盐及其在钻井液中的应用[J]. 西部探矿工程, 2007, 5(12): 73-77.

[3] 李剑, 赵长新, 吕恩春, 等. 甲酸盐与有机盐钻井液基液特性研究综述[J]. 钻井液与完井液, 2011, 28(4): 72-77.

[4] Brady F, Jarrett M. Potassium silicate-treated water-based fluid: An effective barrier to instability in the Fayetteville shale[C]. IADC/SPE Drilling Conference and Exhibition, San Diego, 2012.

[5] 蒋官澄, 王金树, 宣扬. 甲基硅酸钾页岩抑制剂的性能评价与作用机理[J]. 科学技术与工程, 2014, 14(8): 10.

[6] 黄进军, 李家学, 吴兰, 等. 聚合醇封堵性能室内研究[J]. 钻采工艺, 2011, 34(6): 888.

[7] 沈丽, 柴金岭. 聚合醇钻井液作用机理的研究进展[J]. 山东科学, 2005, 18(1): 18-23.

[8] 巨小龙, 丁彤伟, 王彬. MEG 钻井液页岩抑制性研究[J]. 钻采艺, 2006, 29(6): 10-12.

[9] 刘艳, 张琰. 适用于大斜度井及水平井钻进的 MEG 钻井液研究[J]. 地质与勘探, 2005, 41(1): 93-96.

[10] 刘锋报, 邵海波, 周志世, 等. 哈拉哈塘油田硬脆性泥页岩井壁失稳机理及对策[J]. 钻井液与完井液, 2015, 32(1): 38-41.

[11] 邱中建, 赵文智, 邓松涛. 我国致密砂岩气和页岩气的发展前景和战略意义[J]. 中国工程科学, 2012, 14(6): 4-8.

[12] 张伟, 魏瑞华, 杨洪, 等. 超低密度水泥浆固井技术的应用——以百泉 1 井为例[J]. 天然气工业, 2012, 32(4): 69-71.

[13] 杨志毅. 低压易漏、易窜井固井技术研究与应用[D]. 四川: 西南石油大学, 2003.

[14] 万向臣, 王鹏, 孙永刚. 长庆神木区块天然气井一次上返固井技术[J]. 复杂油气藏, 2016, 9(4): 68-71.

[15] 魏周胜, 周兵, 李波, 等. 一次上返固井技术在天然气井中的应用[J]. 天然气工业, 2007, 27(8): 69-71.

[16] 魏周胜, 冯文革, 周兵, 等. 陇东天然气井一次上返固井技术[J]. 钻井液与完井液, 2014, 31(5): 81-84.

[17] 朱海金, 王恩合, 王学成, 等. 水泥浆防窜性能实验评价及其应用[J]. 天然气工业, 2013, 33(11): 79-85.

[18] 姚晓, 兰祥辉, 邓敏, 等. 油井水泥多功能防窜剂的研究及应用[J]. 南京工业大学学报(自科版), 2002, 24(6): 11-15.

[19] Kluck M P, Medrano R, Field measurements of annular pressure and temperature during primary cementing[J]. Journal of Petroleum Technology, 35(8): 1429-1438.

[20] 巢贵业, 陈宇, 方彬. 大牛地气田固井防窜水泥浆体系研究与应用[J]. 钻采工艺, 2006, (2): 94-96, 127.

[21] 姜宏图, 肖志兴, 鲁胜, 等. 丁苯胶乳水泥浆体系研究及应用[J]. 钻井液与完井液, 2004, 21(1): 32-35.

[22] 谭春勤, 刘伟, 丁士东, 等. SFP 弹韧性水泥浆体系在页岩气井中的应用[J]. 石油钻探技术, 2011, 39(3): 53-56.

[23] 闫联国, 周玉仓. 彭页 HF-1 页岩气井水平段固井技术[J]. 石油钻探技术, 2012, 40(4): 47-51.

[24] 中国市场监督管理总局, 中国国家标准化管理委员会. 农用污泥污染物控标准(GB 4284—2018)[S]. 北京: 中国标准出版社, 2018.

[25] 国家环境保护总局. 污水综合排放标准(GB 8978—1996)[S]. 北京: 中国标准出版社, 1998.

[26] 国家能源局. 碎屑岩油藏注水水质指标及分析方法(SY/T 5329—2012)[S]. 北京: 石油工业出版社出版, 2012.

[27] 杨德敏, 袁建梅, 程方平, 等. 油气开采钻井固体废物处理与利用研究现状[J]. 化工环保, 2019, 39(2): 129-136.

第七章 致密气藏增产改造技术

致密气藏一般储层物性差、渗透率低，自然产能达不到工业气流标准，需经压裂改造措施。由于致密气藏的特殊性，常规压裂效果不佳，需要发展相应的压裂工艺。目前主要从降低压裂液伤害、提高压裂液返排、采用分层压裂或水平井分段压裂方面着手，以期达到更好开发致密气藏的目的。

第一节 低伤害压裂液

压裂液是压裂改造油气层过程中的工作液，其主要功能是造缝并沿张开的裂缝输送支撑剂。致密气藏孔隙与喉道小，主要发育微细孔隙，喉道与孔隙比例大，小于 $0.1\mu m$ 喉道控制孔隙比例超过 50%，泥质含量高，黏土矿物含量高，与常规低渗储层相比，致密气藏储层更易受到外来液体的伤害，且伤害更难解除。本节从分析致密气藏储层伤害机理入手，提出降低储层伤害的方法，优选低伤害压裂液及清洁压裂液两种压裂液体系。

一、降低伤害的方法

水基压裂液对致密气藏伤害主要体现在两个方面：一是破胶残渣(残胶)对支撑裂缝导流能力伤害；二是压裂液滤液滞留储层中形成的水锁伤害。因此，要降低压裂液对储层的伤害，主要从降低破胶残渣含量、提高压裂液破胶效果和降低水锁伤害等方面入手。

1. 降低破胶残渣含量

目前应用广泛的水基压裂液是瓜尔胶衍生物压裂液，如 HPG、CMHPG 压裂液等。由于天然植物聚合物自身的缺陷，瓜尔胶类压裂液破胶后含有残渣。瓜尔胶压裂液的残渣主要来源于两个方面：一是瓜尔胶稠化剂自身的水不溶物，包括一些不溶于水的纤维素和蛋白质等；二是瓜尔胶聚合物大分子降解后形成的小分子片段。因此，要降低瓜尔胶压裂液的残渣含量，一方面在保证压裂液性能的基础上，降低瓜尔胶的使用浓度；另一方面优化破胶方式，使聚合物分子链充分降解，分子片段更小，残渣含量更低。

从压裂液配方优化角度来看，一般来说，为满足耐温抗剪切流变性能的要求，储层温度越高，使用的压裂液稠化剂浓度越高。实验研究表明，选择合适的交联剂是提高压裂液流变性能的有效方法之一。因此，从提高交联性能角度看，HPG 稠化剂浓度越低，溶液中聚合物提供的顺式邻位羟基交联基团越少，空间间距越大。为使这些有限的交联基团有效交联，需要增加交联离子的体积半径，保持适度的 pH 环境，以形成稳定的三维网状结构，满足压裂施工流变性能的要求。

卢拥军等[1]针对长庆油田 2600～2800m（地层温度约 80℃）致密气层，原 0.35%HPG 压裂液残渣含量大、储层伤害大的问题，研制应用了一种新型有机硼交联剂，在 pH 为 10 的环境下，提高交联剂的络合点，提高稠化剂的交联能力，能够在 0.2%HPG 浓度下形成稳定的交联网状结构，耐温抗剪切性能满足施工要求（图 7-1）。

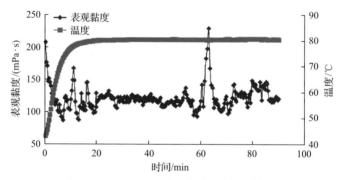

图 7-1 0.2%HPG 压裂液耐温抗剪切性能

罗攀登等[2]研发了一种复合型多头交联剂 YP-150（图 7-2），与 0.3%JK101 超级瓜尔胶交联，在 130℃、170s^{-1} 连续剪切 120min 后黏度为 125mPa·s（图 7-3），由此说明了该低浓度 HPG 压裂液冻胶稳定性能好，耐温耐剪切性能强，与常规 0.45%HPG 压裂液相比，瓜尔胶用量降低 33.3%，残渣含量降低 35.7%。

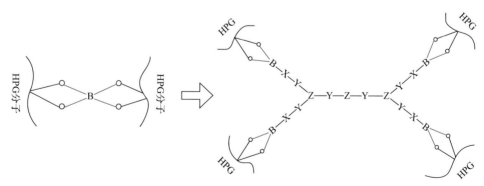

图 7-2 多头交联剂交联 HPG 分子原理示意图

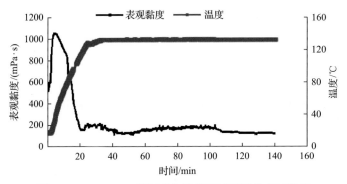

图 7-3　0.3%JK101 超级瓜尔胶压裂液耐温抗剪切性能

2. 提高压裂液破胶效果

黏度较高的压裂液将支撑剂输送到裂缝中，压裂施工结束后，压裂液需迅速降低黏度并返排出来，形成具有较好导流能力的渗流通道，实现压裂改造增产的目的。使用冻胶破胶剂可以降低与支撑剂混合在一起的压裂液黏度。在施工过程中，破胶剂保持较低的浓度可以确保压裂液的黏度和安全携砂。在裂缝闭合期间，压裂液滤失会使裂缝中的聚合物浓度增加 70 倍，常规的破胶剂用量可能导致压裂液破胶不彻底，破胶液黏度大或有残胶的情况。为此，为了降低水基压裂液破胶不彻底带来的裂缝伤害程度，提高压裂液破胶效果，在破胶剂及破胶技术方法上做了大量的工作。

水基聚合物压裂液广泛使用的破胶剂有氧化剂和酶制剂。最常用的氧化破胶剂是过硫酸盐，如过硫酸铵、过硫酸钾等[3]。过硫酸盐是通过分解成极为活跃的硫酸基自由基侵蚀聚合物分子链，从而实现黏度降低、破胶的目的。

与一般化学反应相同，过硫酸盐分解速度与环境温度关系密切。当温度低于 52℃时，过硫酸盐分解速度缓慢，需要加入一些激活剂或催化剂加速游离根的生成，如使用胺或过渡金属盐类。在一些低温地层(20～50℃)，低温破胶激活剂已成为水基瓜尔胶压裂液提高破胶速度必不可少的添加剂之一。当压裂液温度超过 52℃时，过硫酸盐分解速度明显增快。当温度在 80℃以上，即使过硫酸盐的浓度仅为 0.01%也会使聚合物黏度迅速降低。高温下，过硫酸盐的高度反应活性可能导致水基冻胶压裂液在施工泵送期间黏度快速降低而提前脱砂。于是，在 20 世纪 80 年代，开发了胶囊破胶剂技术并普遍使用。胶囊破胶剂的引入，可以实现在泵注压裂液阶段，添加高浓度破胶剂而不影响压裂液黏度的目的，确保了施工结束后压裂液快速破胶返排。

在低温及接近中性或低 pH 下，某些纤维素酶、半纤维素酶、果胶酶与淀粉酶的混合物可以用来降低植物多糖聚合物压裂液的黏度。为了强化酶破胶剂的使用效果，针对性研发出了多种多糖聚合物专用酶，它们只分解多糖聚合物结构中特定的糖苷键，能够把聚合物降解为非还原性的单糖和二糖。酶是一种具有三维结构、催化能力很强的生物蛋白(图 7-4),理论上可以在很长时间内连续地使聚合物降解,而不像氧化剂一样被消耗掉。在改善支撑裂缝导流能力和清除滤饼方面,酶破胶剂效果非常好。目前,随着分子生物技术发展,通过将极端嗜热嗜碱微生物的基因表达在酶的分子结构中,并加入保护剂,进一步拓展了酶破胶剂的使用范围,已有适用 pH 为 4~10、温度为 10~150℃酶破胶剂产品问世,并成功应用的实例。

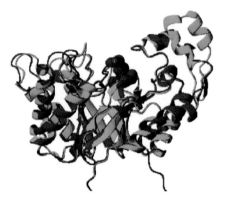

图 7-4 酶的三维结构

为了进一步提高压裂液的破胶效果,通过在泵注阶段改变水基压裂液的交联环境或破胶剂浓度,实现快速、彻底破胶。顾燕凌等[4]提出了前置酸加砂压裂工艺,即首先应用 10~15m³ 酸液作为前置液压开地层,然后开展瓜尔胶压裂液加砂压裂。该压裂工艺在前置液中加入酸液,可以溶解敏感性黏土矿物,减少黏土膨胀和微粒运移的损害,同时压裂液返排过程中改变了瓜尔胶压裂液的碱性条件,加速压裂液破胶、溶解压裂液滤饼、清洗支撑裂缝杂质损害,从而降低水基压裂液储层伤害。

3. 降低水锁伤害

致密气藏储层孔隙喉道细小,压裂液滞留容易导致水锁效应,使地层中的油气比原始状态下产生一个附加的流动阻力,宏观上表现为产量的降低,这在低压地层尤为明显。造成压裂液在地层中滞留的主要原因是毛细管压力。孔隙介质中流体的毛细管压力由拉普拉斯公式求得:

$$P = \frac{2\sigma\cos\theta}{r} \tag{7-1}$$

式中,r 为孔隙介质直径,m;σ 为流体表面张力,mN/m;θ 为流体在岩石表面的接触角,(°);P 为毛细管压力,MPa。

可见,对于特定的储层,压裂液的表面张力越低,且与岩石接近中性润湿(即接触角接近 90°),流体流动的毛细管阻力越小,返排能力越强,水基压裂液的水锁伤害越低。

由拉普拉斯公式可知：要降低毛细管压力必须降低 $\sigma\cos\theta$，同时或者单一降低表面张力 σ 或者提高接触角 θ 以降低 $\cos\theta$ 值都能降低 $\sigma\cos\theta$。因此，优选一种具有较低表/界面张力或者接触角较大的表面活性剂作为水基压裂液的助排剂，是降低压裂液水锁伤害的首选方法，在优选压裂液助排剂时，将 $\sigma\cos\theta$ 作为一个整体变量进行考量，更能全面体现助排剂性能指标。

另外，对于低压致密气藏的增产改造，可以采用 N_2 或 CO_2 增能的方式，提高压裂液返排效率，降低水锁伤害。

二、低伤害瓜尔胶压裂液

根据近几年来瓜尔胶压裂液室内研究成果与压裂设计软件中压裂液数据库的数据，开发了低浓度羟丙基瓜尔胶和高温延缓交联剂，采取不同的储层保护技术，形成了适应致密气层要求的低伤害压裂液体系。在延安气田致密储层应用此压裂液体系数百井次，与常规压裂液相比，该压裂液具有对致密储层伤害低、压裂液残渣含量低和破胶液黏度低的优点，压完后产能较常规压裂单井产量提高20%以上。同时降低了施工摩阻2～3MPa/1000m，大大降低了施工压力及对设备的要求。

1. 稠化剂浓度

实验以现场应用的羟丙基瓜尔胶为稠化剂，评价了其不同浓度下水溶液的黏度。结果表明，随着浓度的增加，基液黏度大幅度上升，基液黏度过高，会使施工过程中压裂液破胶困难，而基液黏度太低，则交联的冻胶性能较差。资料分析，该地区储层压裂时基液黏度为35～55mPa·s为宜，稠化剂浓度可确定在0.30%～0.45%（图 7-5）。

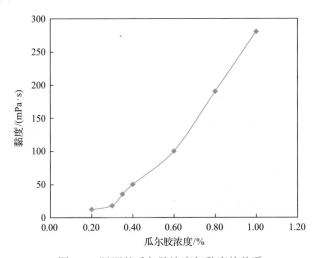

图 7-5 羟丙基瓜尔胶浓度与黏度的关系

2. 交联剂

储层埋深测试深度为 2282～3041m，地层温度变化范围为 77.94～108.2℃，属于正常地温系统。采用的交联剂应属于中低温交联剂。交联压裂液在 pH 为 11.0 左右、液体温度 5～40℃下，交联时间可达到 1.5～3.0min，优选的低温交联剂与液体混合后冻胶的耐温性能见表 7-1。

表 7-1　交联冻胶的耐温性能

交联剂	耐温性(170s^{-1}, 2h)		交联时间/min
	温度/℃	黏度/(mPa·s)	
无机硼酸盐	70～90	150～200	1.7
有机交联剂	90～110	200～260	2.0～3.0

3. 破胶体系

性能优良的破胶剂体系和破胶剂用量的选择应使压裂液在一定的温度条件下既能保持较高的携砂黏度，又能在压裂后达到快速破胶化水的目的。对此，实验研究了不同破胶剂体系在不同温度与浓度下对压裂液剪切黏度和破胶性能的影响（表 7-2）。实验结果表明，随着温度的升高，压裂液剪切黏度与水化液黏度均不断降低；在相同条件下随着破胶时间的延长，聚合物降解越彻底，水化液黏度越低，4h 后水化液黏度小于 5mPa·s。

表 7-2　不同温度条件下 4h 后破胶液黏度

交联体系	破胶剂类型和浓度	温度/℃	时间/h	水化液黏度/(mPa·s)
无机硼交联体系	APS+破胶助剂 0.001%～0.01%	70	4	4.24
有机硼交联体系	APS+微胶囊破胶剂 0.001%～0.01%	90	4	3.65
复合交联体系	APS+微胶囊破胶剂 0.001%～0.01%	110	4	2.63

4. 压裂液配方

根据添加剂的优选结果，在满足各添加剂之间配伍性能良好的基础上，确定压裂液的配方。

为了降低残渣含量，在满足施工要求的前提下，优化了稠化剂浓度，将 70～90℃储层压裂液配方的稠化剂 HPG 浓度确定为 0.30%～0.35%；将 90～110℃储层压裂液的稠化剂 HPG 浓度确定为 0.35%～0.45%。

为了实现压裂液快速破胶，结合储层的温度，优选破胶剂的种类，优化了破胶剂的加量及破胶剂的加入方式，将 70～90℃储层压裂液配方的破胶剂确定为 (0.01%～0.1%)APS(过硫酸铵)+(0.02～0.06%)破胶助剂，采用楔形加入的方式；将 90～110℃储层压裂液配方的破胶剂确定为 (0.01%～0.1%)APS+(0.02%～0.06%)胶囊破胶剂，同样采用楔形加入的方式。

为了降低压裂液表面张力、提高接触角以降低压裂液对储层的水锁伤害，压裂液中添加了表面张力较低、接触角较大的复合助排剂和复合型表面活性剂；为了抑制黏土膨胀，降低孔喉半径变小造成水锁伤害的风险，压裂液配方中添加了防膨剂。

(1)70～90℃储层压裂液配方。

基液：(0.30%～0.35%)HPG+0.3%复合助排剂+0.05%杀菌剂+0.75%防膨剂+0.2%复合型表面活性剂+(0.1%～0.5%)降滤失剂。

破胶剂：楔形加入(0.01%～0.1%)APS+(0.02%～0.06%)破胶助剂。

交联剂：交联比为 100：(4～8)。

(2)90～110℃储层压裂液配方。

基液：(0.35～0.45%)HPG+0.3%复合助排剂+0.05%杀菌剂+0.75%防膨剂+0.2%复合型表面活性剂+(0.1%～0.5%)降滤失剂。

破胶剂：楔形加入(0.01%～0.1%)APS+(0.02%～0.06%)胶囊破胶剂。

交联剂：有机交联剂，交联比为 100：(0.2～0.3)。

配液水采用清水。施工前按照要求配制好工作液，所有施工用水水质要求 pH 为 6～7，机械杂质含量小于 1mg/L。

5. 压裂液性能

1) 剪切性能

根据《水基压裂液性能评价方法》(SY/T 5107—2016)，评价压裂液体系在静态和搅拌形成泡沫的条件下的耐剪切性能及流变性能。由图 7-6 可见，该压裂液体系在 110℃、170s^{-1} 条件下剪切 90min 后黏度大于 150mPa·s，该压裂液体系具有良好的耐剪切性能。

2) 破胶、助排性能

破胶性能直接影响压裂液的返排，是压裂液对储层造成伤害的重要因素。在满足压裂液携砂性能的同时，通过实施尾追破胶剂用量，加快破胶剂过硫酸盐自由基的分解速度，使破胶时间缩短，破胶彻底，有利于破胶液快速返排，减少对储层的伤害，该压裂液体系 4h 后破胶彻底。破胶液的表面张力为 23.86mN/m，界面张力为 0.86mN/m。结果表明，该压裂液配方体系破胶液的表(界)面张力较低，助排性能良好，有利于降低水锁伤害，有助于压后排液。

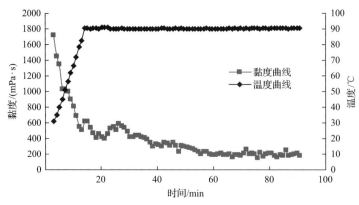

图 7-6　110℃低残渣压裂液抗剪切曲线

3) 压裂液的滤失性能

根据储层特征和施工工艺要求,选用有机交联羟丙基瓜尔胶压裂液体系。在 70～110℃ 下有较低的滤失速度与初滤失量, 滤失系数为 $(5.96 \sim 7.03) \times 10^{-4} \mathrm{m} / \sqrt{\min}$ (小于 $10 \times 10^{-4} \mathrm{m} / \sqrt{\min}$), 见表 7-3。

表 7-3　不同浓度下的滤失试验数据

浓度%	总滤失量/mL	初滤失量/$(\mathrm{cm}^3/\mathrm{cm}^2)$	滤失速度/(cm/min)	滤失系数/$(10^{-4}\mathrm{m}/\sqrt{\min})$	备注
0.1	22.6	0.005	0.011	7.03	压差: 3.5MPa
0.2	19.7	0.003	0.011	7.41	温度: 110℃
0.3	18.4	0.001	0.010	6.03	液体体系: 有机
0.5	18.1	0.000	0.010	5.96	交联压裂液体系

4) 残渣含量

压裂液残渣是压裂液破胶液中残存的不溶物质,它是堵塞支撑裂缝和形成滤饼的关键因素。当残渣含量过大时, 容易造成支撑裂缝导流能力或储层基质渗透率的潜在伤害;同时残渣粒径分布不同对储层孔喉和支撑裂缝的堵塞程度也不一样,残渣颗粒越小,颗粒进入储层基质孔喉形成滤饼的概率就越大,但与之相反颗粒越大,对支撑裂缝导流能力的堵塞越严重。测得该配方压裂液的残渣含量小于 300mg/L, 见表 7-4。对最后对形成的压裂液配方进行了整体性能评价,结果见表 7-5。

表 7-4　压裂液残渣含量

压裂液名称	破胶温度/℃	压裂液 pH	水化液 pH	残渣含量/(mg/L)
无机硼压裂液	90	12.0	10.0	210
有机硼压裂液	110	11.0	8.7	220
复合交联压裂液	13.0	9.5	8.0	280

表 7-5 压裂液性能对比

配方	基液黏度/(mPa·s)	抗剪切性能(170s⁻¹, 90min)	破胶液黏度/(mPa·s)	残渣含量/(mg/L)
70~90℃压裂液	63	70~90℃ (460~310mPa·s) 90~110℃ (310~240mPa·s)	6.87	380
90~110℃压裂液	35~55	70~90℃ (200~150mPa·s) 90~110℃ (260~200mPa·s)	2.63~4.24	210~280

以上对比结果表明，该压裂液体系基液黏度和冻胶剪切后黏度相对较低，有利于降低层储层伤害。

三、黏弹性表面活性剂压裂液(VES 清洁压裂液)

对于压力较低的致密气藏，压裂液进入地层后，储层水锁严重，常规瓜尔胶压裂液体系残渣含量高，返排困难，储层伤害大，为此开发了相应的黏弹性表面活性剂压裂液体系。黏弹性表面活性剂压裂液，即 VES(viscoelastic surfactant)压裂液，是一种能在一定条件下形成柔性棒状胶束，并相互缠绕形成可逆三维网状结构并表现出特殊流变性能的压裂液体系，因体系中表面活性剂或助剂的分子量小，通常也被称为无聚合物压裂液、清洁压裂液[5,6]。

1. VES 清洁压裂液

将 VES-1(十八烷基二羟乙基甲基氯化铵)与 YC-CH-01(稠化剂)清洁压裂液稠化剂进行复配，为了以示区别，将二者复配后形成的清洁压裂液命名为 YCQJ-2清洁压裂液。将 YC-CH-01、VES-1 及 YC-JH-02(激活剂)按照表 7-6 所示的比例进行组合配制压裂液，采用 Haake RS6000 旋转流变仪在 0~90℃、170s⁻¹ 下测定压裂液的耐温能力。

表 7-6 YCQJ-2 清洁压裂液组分配比的优化实验表

编号	YC-CH-01/%	VES-1/%	YC-JH-02/%
配方 1	2.5	0.0	0.75
配方 2	0.0	2.5	0.75
配方 3	1.5	1.0	0.75
配方 4	1.5	1.0	0.50
配方 5	1.5	1.0	1.00
配方 6	2.0	1.0	0.75
配方 7	1.5	1.5	0.75
配方 8	1.0	2.0	0.75
配方 9	2.0	1.5	0.75
配方 10	2.5	1.5	0.75
配方 11	2.0	1.5	0.60
配方 12	2.0	1.5	0.90

通过以上实验，优化了 YCQJ-2 清洁压裂液稠化剂的配方。YCQJ-2 清洁压裂液稠化剂为黄至棕黄色溶液，密度为 $0.95\sim1.00g/cm^3$，pH 为 $3.0\sim6.0$，黏度为 $15\sim20mPa\cdot s$，与水按照 $(1\sim8):100$ 比例混合，在 $30\sim60s$ 内成胶。

根据破胶实验，对 YCQJ-2 清洁压裂液能够实现破胶时间可控的主要是液烃类，如柴油、液体石蜡，液体石蜡用量少，在适宜加量下可以与 YCQJ-2 清洁压裂液一起添加，施工完成后，压裂液温度升高，实现完全破胶。

2. VES 清洁压裂液性能

根据储层温度不同，清洁压裂液的基本配方组成为 $(4\%\sim5\%)$YCQJ-2 清洁压裂液稠化剂+$(0\sim0.5\%)$KCl，破胶剂为 YC-PJ-1。YCQJ-2 清洁压裂液体系的性能评价方法参见石油天然气行业标准《水基压裂液性能评价方法》(SY/T 5107—2016)。

1)耐温能力测试

按 5%比例与清水配成 YCQJ-2 清洁压裂液，采用 HaakeRS6000 旋转流变仪在 $170s^{-1}$ 下测定不同温度下的黏度，随着 YCQJ-2 清洁压裂液稠化剂浓度的增加，耐温能力逐渐提高。按照石油天然气行业标准，对于黏弹性表面活性剂清洁压裂液来说，在 $170s^{-1}$ 剪切条件下，大于 $20mPa\cdot s$ 即可满足携砂要求。因此，5%YCQJ-2 清洁压裂液可以满足 80℃下压裂施工要求。

2)剪切性能

在 70℃、$170s^{-1}$ 条件下，采用 HaakeRS6000 旋转流变仪测试了 5%YCQJ-2 清洁压裂液的耐温抗剪切性能，其剪切 1h，黏度保持在 $50mPa\cdot s$ 左右，满足压裂施工的要求。

3)破胶性能

实验研究了 5%YCQJ-2 清洁压裂液在 70℃和 80℃、YC-PJ-1 不同加量时的破胶性能，实验结果见表 7-7。

表 7-7   YCQJ-2 清洁压裂液的破胶性能

| 破胶时间/min | 不同温度、破胶加量时破胶液的黏度/(mPa·s) | | | |
| | 70℃ | | 80℃ | |
	0.08%	0.10%	0.05%	0.06%
30				
60	变稀	变稀	变稀	变稀
90	20.8	4.8	变稀	3.8
120	8.5		2.6	
180	5.4			

从表 7-7 中可以看出，根据地层温度，可以调节 YC-PJ-1 的加量实现 YCQJ-2 清洁压裂液的快速破胶。

4)破胶液表/界面张力

采用 KRUSS K100C 型全自动界面张力仪测定 YCQJ-2 清洁压裂液破胶液的表(界)面张力，表面张力为 27.20mN/m，界面张力为 0.50mN/m。

5)岩心伤害特性

采用致密气藏岩心，用 YCQJ-2 清洁压裂液破胶液(pH=5.0)进行岩心伤害实验，结果见表 7-8。

表 7-8 YCQJ-2 清洁压裂液破胶液对气层岩心伤害实验结果

| 编号 | 长度/cm | 直径/cm | 空气渗透率/$10^{-3}\mu m^2$ | 气相渗透率/$10^{-3}\mu m^2$ | | 伤害率/% | 平均/% |
				伤害前	伤害后		
X 层	3.960	2.534	0.2399	0.09843	0.078473	20.27	21.02
Y 层	3.730	2.540	0.1558	0.05166	0.040412	21.78	

从表 7-8 可以看出，YCQJ-2 清洁压裂液对气层段岩心的伤害率在 20%左右，伤害率较低；相比之下，普通瓜尔胶压裂液体系的伤害率在 30%以上。因此，YCQJ-2 清洁压裂液是一种低伤害压裂液体系。该体系单独在致密气层应用较少，与 CO_2 混合后形成泡沫压裂液在致密气层开展了大量的应用。

3. VES-CO_2 泡沫压裂液性能

VES-CO_2 泡沫压裂液是一种低伤害压裂液，VES-CO_2 压裂液体系主要针对水敏性强的地层，在延安致密气藏强水敏性的储层应用后，减少了储层伤害，提高了单井产量。作为泡沫压裂的核心工艺之一，其性能的优劣直接关系到压裂施工的成败。在实验室模拟现场施工条件下，评价了 VES-CO_2 泡沫压裂液性能。

1)起泡性能

采用高速搅拌法评价了清洁压裂液通入 CO_2 气体的起泡性能，形成的泡沫细腻、均匀、黏度较大，实验结果显示，泡沫质量为 61.0%，泡沫半衰期大于 6.0h，稳泡能力较强。

2)流变特性

在地面井口混合的 YCQJ-2 清洁压裂液与液态 CO_2 体系在泵入过程中会存在两种状态：一种是 YCQJ-2 清洁压裂液与液态 CO_2 的液-液混合状态，另一种是 YCQJ-2 清洁压裂液与超临界 CO_2 形成的气-液混合状态。显然，这两种状态下 YCQJ-CO_2

混合体系的流变特性存在较大差异，因此，分别按照未发泡和发泡两种情况下评价 YCQJ-CO_2 体系在不同温度、压力、泡沫质量、剪切速率下的流变特性。

(1) 未发泡状态。

未发泡状态下，主要模拟井筒、射孔孔眼及近井裂缝地带的施工条件，温度在 31.1℃以下，压力在 7.38MPa 以上，剪切速率为 50～3000s^{-1}。因此，设定实验温度为 5℃、20℃，压力为 20MPa，泡沫质量 25%、55%、75%，剪切速率为 1000s^{-1}，随着泡沫质量的增大，混合体系的有效黏度逐渐降低；随着剪切速率的增大，混合体系的有效黏度也逐渐降低。从实验测试结果看(图 7-7，图 7-8)，基本满足压裂液现场技术要求。

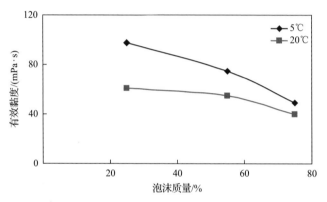

图 7-7　170s^{-1} 时 YCQJ-CO_2 压裂液体系有效黏度随泡沫质量的变化关系

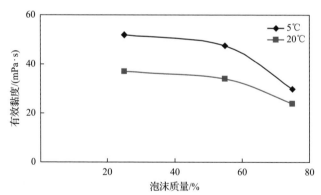

图 7-8　3000s^{-1} 时 YCQJ-CO_2 压裂液体系有效黏度随泡沫质量的变化关系

(2) 发泡状态。

发泡状态下，主要模拟压裂裂缝远端的施工条件，温度高于 31.1℃，压力高于 7.38MPa，剪切速率为 50～500s^{-1}。设定实验温度为 40℃、50℃、60℃、80℃，压力为 20MPa，泡沫质量为 25%、55%、75%，剪切速率为 170s^{-1}，当 YCQJ-2

清洁压裂液与 CO_2 形成泡沫体系后，随着泡沫质量的增大，泡沫压裂液的有效黏度逐渐增大；随着温度的升高，泡沫压裂液的黏度降低；同时，随着剪切速率的增大，泡沫压裂液的有效黏度逐渐降低。因此，根据实验测试数据（图7-9，图7-10），当泡沫质量在 25%～75%、温度达到 80℃时，YCQJ-CO_2 泡沫压裂液体系的有效黏度保持在 58～95mPa·s，满足压裂施工的要求。

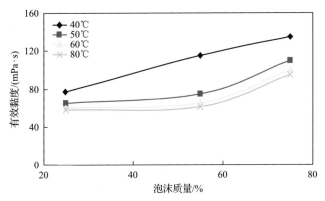

图 7-9　170s^{-1} 时 YCQJ-CO_2 泡沫压裂液有效黏度随泡沫质量的变化关系

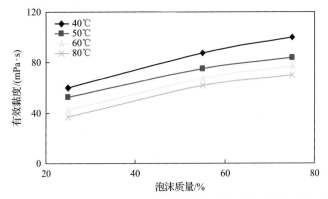

图 7-10　500s^{-1} 时 YCQJ-CO_2 泡沫压裂液有效黏度随泡沫质量的变化关系

（3）静态悬砂性能。

分别测定了未发泡和发泡两种情况下 YCQJ-CO_2 体系在不同温度、压力、泡沫质量下的静态沉砂速度。实验结果表明，单颗粒陶粒支撑剂在 YCQJ-CO_2 压裂液体系中沉降速度的变化规律与其流变特性的吻合度较好，有效黏度越高，沉降速度越慢，悬砂性能越好。一般来说，单颗粒支撑剂在压裂液的静态沉砂速度在 0.008～0.08cm/s 较为合适。从实验测试的数据看（表 7-9），YCQJ-CO_2 泡沫压裂液体系的静态悬砂性能较好，能够满足现场压裂施工的要求。

表 7-9　YCQJ-CO$_2$压裂液体系静态悬砂实验数据表

温度/℃	压力/MPa	泡沫质量/%	状态	单颗粒沉降速度/(cm/s)	10%砂比沉降速度/(cm/s)
0	10	0.25	未发泡	0.00017	0.00015
20	10	0.25	未发泡	0.00045	0.00034
0	10	0.55	未发泡	0.00021	0.00019
20	10	0.55	未发泡	0.00082	0.00078
0	10	0.75	未发泡	0.00085	0.00076
20	10	0.75	未发泡	0.00091	0.00086
60	10	0.25	发泡	0.00984	0.00827
80	10	0.25	发泡	0.0330	0.0312
60	10	0.55	发泡	0.00654	0.00586
80	10	0.55	发泡	0.0073	0.0062

(4)动态携砂性能。

通过对携砂 YCQJ-CO$_2$ 泡沫压裂液进行可视化管流实验研究(图 7-11),得到不同温度、砂比、泡沫质量下支撑剂在水平管中悬浮流动时的临界携砂流速 V_{cr}。由于可视化测试段管材的承压能力差,工作压力低,只能开展发泡后泡沫压裂液的动态携砂性能测试。设定实验温度为 40~80℃,压力为 0.5MPa,泡沫质量为 25%、55%、75%,砂比为 10%、30%,20/40 目陶粒(体积密度 1.72g/cm^3)。当管流速度较高时,陶粒支撑剂在 YCQJ-CO$_2$ 泡沫压裂液中处于悬浮状态。

图 7-11　陶粒在 YCQJ-CO$_2$ 泡沫压裂液中悬浮流动

砂比为 10%,泡沫质量为 55%,流速为 1.5m/s

为了更直观地反映泡沫压裂液的动态携砂能力,将临界携砂流速转换为现场施工时不同尺寸油管的临界泵注排量,从计算结果看出,分别对应 7.30cm、8.89cm 油管注入的临界流量都小于 1.0m^3/min,而在实际施工中,CO$_2$ 泡沫压裂的泵注排量一般都在 2.5m^3/min 以上,可见 YCQJ-CO$_2$ 泡沫压裂液的动态携砂性能较佳,能够满足现场施工的要求。

四、可循环利用压裂液及连续混配技术

2014年新《安全生产法》和《环境保护法》的实施，对"节能、降耗、绿色、环保"的储层改造技术提出进一步要求[7]。传统的瓜尔胶压裂液主要存在压裂施工用水量大，水费高，压后返排液不进行循环利用，作业成本高且不环保，现场施工废液处理不及时增加了作业周期。瓜尔胶压裂液体系存在返排液的处理流程复杂，工序较多，不利于大规模推广应用等主要问题。针对传统瓜尔胶压裂液存在的问题，研制了相应的可循环利用环保压裂液，应用效果良好。同时随着国内"工厂化"压裂的大规模应用，施工用液量大、罐群数量多、场地占用面积大，传统的配液方式已不能满足"工厂化"压裂的需求。研究了配液用稠化剂溶解特性，粉末瓜尔胶可利用其弱碱性分散、弱酸性溶解的特性，结合现有国产连续混配装置来实现连续混配。开发出的大液量、大排量压裂液连续混配技术，在"工厂化"压裂中得到了推广应用，缩短了施工作业周期、降低了现场作业强度、避免了压裂液腐败变质，实现了高效、绿色环保的压裂施工。

1. 可循环利用压裂液

可循环利用压裂液是一种交联可逆、可循环使用的压裂液。该压裂液技术通过对回收液体的逆向交联，使用二次配方再交联，实现压裂液的循环使用。具有大幅减少压裂废液排放、保护环境的突出优势。

1) 环保型压裂液体系的特点

环保型压裂液基于特殊的物理化学性质,利用低分子量的(分子量只有常规瓜尔胶的 1/5～4/1)聚合物为稠化剂,采用屏蔽交联技术和聚合物网络结构破坏与恢复技术,能够实现体系的破胶与交联的可逆性,形成低黏液体的返排,达到循环利用的目的[8]。

(1) 网状交联结构。

压裂液体系中的短链聚合物能形成更强、更密的聚合物网状结构，具有低滤失性和超强的支撑剂输送性能(图 7-12，图 7-13)。

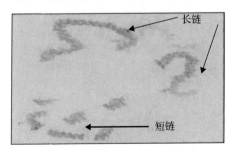

图 7-12　稠化剂分子链组成形式

图 7-13　(高分子)解聚环保型压裂液稠化剂的
水动力学示意图

(2)交联可逆性。

将短链分子单元与可逆向链接的组分相结合，形成瞬时交联稠化剂，这种交联的稠化剂显示出与常规瓜尔胶稠化剂类似的流变性和液体滤失性能，控制 pH 使短链分子单元链接反应发生逆向作用，形成低黏液(图 7-14)。

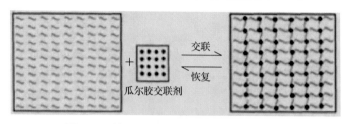

图 7-14　第一代压裂液回收处理结构示意图

(3)循环使用。

压裂液的交联特性受 pH 控制，常规瓜尔胶压裂液是通过使用破胶剂降解凝胶达到降低黏度的目的，这使压裂过程中很难保持恒定的分子量和满足压裂要求的压裂液流变性。瓜尔胶压裂液很难去除造成裂缝导流能力伤害的悬浮固体物，影响裂缝导流能力。环保压裂液已经被彻底地改性为短链分子，瓜尔胶在降低分子量的处理过程中，很大程度上提高了压裂液的水溶解性，将常规植物胶的水不溶物的主要成分蛋白质演变成了水溶成分，纤维素经过衍生和解聚作用也变成可溶物，分子链长只有瓜尔胶的 1/25，水不溶物几乎为零，几乎去除了造成裂缝导流能力伤害的悬浮固体物。不使用可能造成聚合物进一步降解成短链分子的破胶剂。在破胶后的稠化剂仍然保持原有的分子结构，使得返排液可重新使用。

2)现场施工流程

可循环利用环保型压裂液体系现场施工流程如图 7-15 所示，丛式井组的第一口井施工时稠化剂与清水经混砂车搅拌后即可携砂，返排液经简单沉砂进入大罐，第一口井施工结束。井组的第二口井施工用液可直接利用第一口井压后返排液，若返排液量不够，补充部分清水满足第二口井施工即可，井组剩余井可按照此流程循环施工至结束。

2. 瓜尔胶压裂液连续混配技术

由于致密气藏压裂用液量大，施工排量高，传统逐罐配液模式已不能满足"工厂化"压裂的需求，连续混配工艺就是把一直沿用的预先配液变成边配边施工的连续式作业，所有的化学药剂都在施工过程中逐渐加入。国外压裂公司在 1985 年就开发了压裂液连续混配工艺[9]，目前，BJ(英国石油公司)、哈里伯顿、斯伦

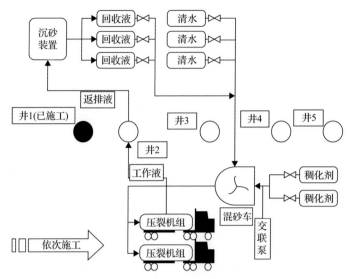

图 7-15　可循环利用环保型压裂液体系现场施工流程图

贝谢等知名公司均在发展、实施这一施工技术。随着液体、设备、仪表等技术的不断进步，现有技术已经能够在现场施工条件下实施数百立方米到万余立方米的压裂液、多段式连续混配施工。

1) 瓜尔胶溶解特性

粉末瓜尔胶的溶解分散性能是线形胶、弱凝胶压裂液实现连续混配的关键。影响瓜尔胶溶胀性能的因素较多，瓜尔胶表面改性程度影响其在水中的分散性能；颗粒大小、搅拌速率、温度、水溶液 pH 等影响溶解速度。

(1) 瓜尔胶分散性能。

在 100mL 自来水中快速加入 0.5g 胶粉 (5s 内加完)，静置 10s，再用玻璃棒缓慢搅拌，观察不同胶粉在水中的分散情况 (图 7-16)。改性速溶瓜尔胶粉表面加入了纳米包裹材料，大大改善了胶粉的流动分散性能，延缓了水分子与表面瓜尔胶分子的接触时间，使水分子能均匀地进入胶粉颗粒的内部，在水中就不会产生胶包粉即 "鱼眼" 现象。普通瓜尔胶粉表面的瓜尔胶分子与水接触后，立即水化起黏产生胶质层，阻碍水分子进一步渗透进入粉末内部。一旦外部被水化形成凝胶层后，就会出现胶包粉现象，限制了瓜尔胶的均匀溶解。瓜尔胶溶解理论表明，其分子链上含有大量亲水基团——羟丙基，在中性和弱酸性条件下，溶液中的 H^+ 与瓜尔胶分子链上的 OH^- 发生水合作用，可加速水化溶胀；而在碱性溶液中，OH^- 可抑制瓜尔胶羟基的水合。依据此原理，在加入胶粉前，先将配液用水调节为弱碱性，观察普通瓜尔胶粉在碱性水中的分散情况 (图 7-17)。pH 大于 9.0 后，普通瓜尔胶粉也不会产生鱼眼现象。为实现普通瓜尔胶的连续混配施工，可预先将配液用水调节至弱碱性。

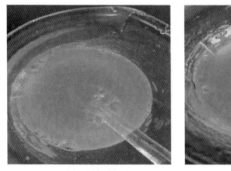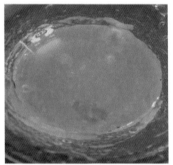

(a) 改性速溶瓜尔胶　　　　　　　(b) 普通瓜尔胶

图 7-16　改性速溶瓜尔胶与普通瓜尔胶在自来水中的分散情况

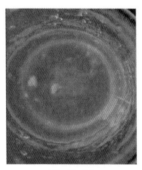

(a) pH=7.0　　　　　　(b) pH=8.5　　　　　　(c) pH=9.0

图 7-17　不同 pH 普通瓜尔胶的分散性能

(2)瓜尔胶溶解性能。

瓜尔胶颗粒大小、搅拌速率、温度、水溶液 pH 等均会影响溶解速度。大量研究表明,搅拌速度越快、温度越高(低于 50℃范围内)、弱酸性—中性(pH 为 6～7)环境下,越有利于瓜尔胶溶解起黏。在诸多影响因素中,溶液 pH 是现场配液条件下较易人为调整的。在 25℃,瓜尔胶加量 0.5%,搅拌速度为 600r/min(模拟现场搅拌)下,测定了 pH 分别为 6 和 7.5 时普通羟丙基瓜尔胶的溶解起黏情况(图 7-18,图 7-19)。

2)连续混配瓜尔胶的耐温耐剪切性能

瓜尔胶的溶胀时间对冻胶流变性能具有较大影响。溶解时间短,由于水合程度较低,此时大部分瓜尔胶处于未水合状态,溶液中没有足够的自由分子链提供交联配位键位,且黏度下降速度较快,此时压裂液体系黏度较低,耐剪切性能差,携砂和造缝性能大幅度减弱。

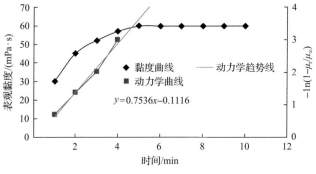

图 7-18　pH 为 6 时瓜尔胶溶解曲线

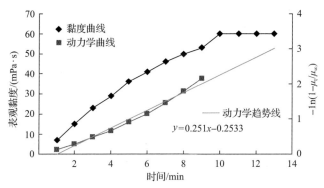

图 7-19　pH 为 7.5 时瓜尔胶溶解曲线

μ_t 为随时间 t 变化的黏度；μ_∞ 为最低剪切黏度

　　在水温 25℃，pH=6，搅拌转速为 600r/min 时，在瓜尔胶溶解动力学方程计算得出的溶解 80% 的时间点立即取样交联，和充分溶解的样品开展耐剪切对比实验，结果见图 7-20。

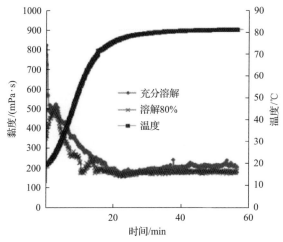

图 7-20　连续混配瓜尔胶压裂液体系在 80℃下的耐剪切曲线

当溶胀程度为80%时，在80℃下耐剪切性能与完全溶胀状态下的冻胶黏度相当，说明溶液中瓜尔胶分子链上已有足够的键位提供交联反应，冻胶已具有较好的抗温、抗剪切性能。在瓜尔胶溶胀达到一定比例后(80%以上)，再提升瓜尔胶溶胀程度并不能有效增加冻胶最高表观黏度和抗剪切性能，主要是因为该溶胀程度下，瓜尔胶分子链已基本溶胀，此时瓜尔胶已进入后期溶解阶段，充分溶胀的瓜尔胶分子链比卷曲状态下冻胶抗剪切性能略占优势。

3) 瓜尔胶连续混配工艺

该项工艺借助于国产连续混配车实现瓜尔胶压裂液的连续混配。该连续混配车主要由液压系统、动力系统、混合系统、搅拌系统、控制系统、粉料输送系统、液体添加剂系统等组成[10]。具有计算机自动控制、压裂液精确配比等功能，能够实现6～8m³/min、0.6%高浓度瓜尔胶的连续混配。结合国产连续混配车以及普通羟丙基瓜尔胶溶解特性，形成的连续混配流程如图7-21所示。

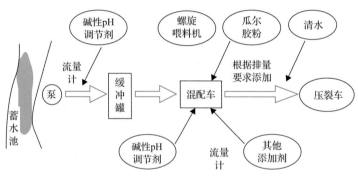

图7-21 瓜尔胶压裂液连续混配流程

4) 技术优势

与传统配液方式相比，连续混配技术具有以下几个显著优点。
(1) 配液准备时间大大缩短、劳动强度低。
(2) 压裂液性能可根据施工需求随时调整，实现配液与施工实时匹配。
(3) 液体不需要现场存放，可避免压裂液腐烂变质；化学药剂简化，如杀菌剂可取消。
(4) 液罐用量极少，或者不需要液罐，减小了井场占用面积。

第二节　分层压裂技术

致密气藏一般具有低孔、低渗、低产，同时具有气层多、厚度差异大的特点，不进行压裂改造一般达不到工业生产标准。以往笼统压裂效果差，纵向只能改造部分厚层，对很多薄层得不到充分改造的目的。致密气藏改造面临的主要难点是储层物性差、有效厚度薄，提高单井产量难度大；纵向发育层系多，跨度大，非均质性强，加砂难度大；入井液体不易返排，返排周期长，对地层伤害大。分层压裂技术的主要优势为缩短作业时间，降低储层伤害，节省作业费用，有效动用纵向薄层，提高纵向利用率，在致密气藏广泛应用。

一、技术现状及特点

随着我国天然气工业的快速发展，四川、长庆、华北、吉林、新疆等油气田在借鉴国外气藏压裂改造技术的基础上，根据储层特点开展了致密气藏分层压裂工艺、工具的研究，先后采用了投球选压、填砂+液体胶塞分层压裂、机械封隔器分层压裂、可捞式桥塞分层压裂、油套分压等分层压裂工艺开展了现场试验研究，并取得了一定的成果。从施工特点、成本、风险、效果、使用范围等多方面综合对比，各工艺的适用性及特点如表 7-10 所示。

表 7-10　分层压裂工艺对比一览表

工艺类型	优点	缺点	应用情况	前景
投尼龙球选择性压裂	施工工艺简单，成本低，风险小，适合分压合求	压裂改造目的层的针对性较差，只适于合层试气，不能直接进行分层试气求产	长庆气田已应用，效果较好；全国各大油田在油井分压普遍采用	较好
填砂+液体胶塞分层压裂	施工方便、成本低、风险小	压裂前后压井、填砂、冲砂工序较多，作业时间较长，对储层有一定的伤害	长庆气田与四川气田大面积应用	一般
永久性桥塞(封隔器)封隔压裂	分层效果好，能直接进行分层试气求产	施工费用较高，压裂后需要磨铣桥塞，作业液体对上层气层伤害较严重，同时，磨铣不当会磨穿生产套管	在国内外均有应用，多用于探井	较好
可捞式桥塞(封隔器)封隔压裂	分层效果好，费用较低，能直接进行分层试气求产，对气井产能影响较小	对工具的性能、可靠性、现场操作等要求较高，打捞作业难度较大	国内外油气田已应用。长庆气田利用引进工具已经试验成功，取得了较好的效果	好
机械封隔器组合	不动管柱、一次分压两层	对工具、工艺要求较高；验证下封隔器是否坐封较困难；卡钻风险较大	在四川气田、长庆气田等都有应用	好
油套分压	分层效果较好，不动钻具可压两层，对储层污染小，试气周期短	对压裂钻具性能及施工要求高。风险性较大，易出现卡钻事故	四川气田已应用	一般

分层压裂技术一般采用限流、投球暂堵、卡单封、卡双封、滑套封隔器等分层方式，与长井段笼统压裂相比，分层压裂具有以下特点。

（1）压裂层段跨度较小。根据压裂层位的不同情况，采用不同的分层方式，可以有效减少压裂层跨度及总厚度，分层压裂层段总厚度一般控制在 50m 以内，这样可以比较彻底地改造油气层。

（2）降低压裂施工风险、提高压裂成功率。分层压裂有效减少了压裂目的层的跨度，在施工中可以减少压裂液的滤失，有利于在井底憋起高压，形成有效的裂缝，减少压裂砂堵的可能，有效降低压裂施工的风险。

（3）能有效挖掘物性较差油气层的潜力。分层压裂采用工艺或机械的方式有效分层，大大提高了压裂目的层的针对性，能够有效改造物性较差油气层的潜力，在一次压裂中可以压开尽可能多的油气层，是物性层间差异较大油气井的有效压裂方式。

（4）卡封分层压裂具有保护上部套管的作用。卡封分层压裂采用封隔器分隔油套环形空间，可以避免压裂施工中的高压对套管的破坏，有效保护上部套管。

二、分层压裂优化设计

1. 分层方式选择

分层压裂的方式比较多，选择一种最合适的分层压裂方式是十分必要的，分层的原则是既要满足地质要求，尽可能达到一次施工压开较多的目的层，保证压裂效果，又要求压裂方式相对简单，尽可能降低施工成本和施工风险。

（1）对隔层在5m以内的井层，因封隔器分层卡封难度大，且压裂时容易串层，影响压裂效果，采用投尼龙球选择性分层压裂。

（2）对隔层在10m以上或纯泥岩厚度在7m以上的井层，采用封隔器卡封分层压裂。

2. 裂缝长度和导流能力设计

利用压裂软件来优化压裂裂缝参数。取有效渗透率分别为 $0.01 \times 10^{-3} \mu m^2$、$0.05 \times 10^{-3} \mu m^2$、$0.1 \times 10^{-3} \mu m^2$、$0.5 \times 10^{-3} \mu m^2$、$1.0 \times 10^{-3} \mu m^2$、$2.0 \times 10^{-3} \mu m^2$，储层有效厚度为6m，在不同压裂裂缝长度和裂缝导流能力参数组合下模拟压裂后产量。依据模拟的产气量，并结合致密气藏压裂优化设计的一般原则，设计压裂裂缝参数。下面以渗透率为 $0.05 \times 10^{-3} \mu m^2$ 说明优化过程。

取裂缝导流能力为 $12 \mu m^2 \cdot cm$、$18 \mu m^2 \cdot cm$、$24 \mu m^2 \cdot cm$、$30 \mu m^2 \cdot cm$，模拟计算不同裂缝长度下生产7d后的压后产气量，计算结果见图7-22。

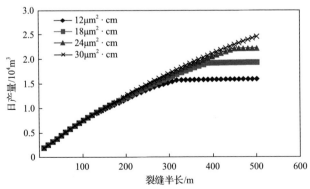

图7-22　渗透率为 $0.05 \times 10^{-3} \mu m^2$ 时产量预测结果

由图 7-22 可知，当裂缝半长小于 200m 时，随着裂缝长度的增加，压裂后的产量呈线性增加；当裂缝长度进一步增加，产量增加幅度降低。建议裂缝半长设计在 200m 左右；裂缝半长在 200m 左右，裂缝导流能力大于 $12\mu m^2 \cdot cm$ 时，随着导流能力的增加，产量增幅降低。建议裂缝导流能力设计为 $12\mu m^2 \cdot cm$。根据模拟结果，推荐的压裂裂缝参数及导流能力如表 7-11 所示。

表 7-11 压裂裂缝参数优化设计结果

压裂层段渗透率/$10^{-3}\mu m^2$	裂缝半长/m	裂缝导流能力/($\mu m^2 \cdot cm$)
0.01	250	12
0.05	200	12
0.10	170	18
0.50	150	21
1.00	120	24
2.00	100	36

3. 施工参数优化

1）排量

施工排量是压裂设计的关键参数，它会影响施工泵压和裂缝的几何尺寸，施工排量主要取决于压裂注入方式、压裂管柱、井口压力、压裂设备功率等因素，其大小对裂缝高度有一定影响，排量对缝高的影响程度如表 7-12 所示。

表 7-12 不同排量与缝高的关系

序号	排量/(m³/min)	造缝高度/m	支撑缝高/m
1	7	33.2	14.6
2	4～3	27.1	13.5
3	3～2	23.6	9.8

致密气藏储层有效厚度为 10～20m，考虑缝高控制和压裂造长缝需要，控制排量为 2.5～3.0m³/min。

2）加砂规模

考虑致密储层情况及经济效益等因素，裂缝穿透比在 0.15～0.20m 较为合适，即单翼缝长 150～200m 为宜。换算成 5m 以下的薄层加砂强度 3.5～5.0m³/m，厚层加砂强度为 2.5～4.0m³/m。

三、分层压裂工艺技术及配套

针对致密气藏纵向多层叠置情况，目前分层压裂工艺主要包含投球暂堵压裂技术和封隔器投球滑套分层压裂技术。

1. 投球暂堵技术

1) 适用范围

井况、隔层、井斜等因素导致无法实施机械卡封分层，目的层各个小层之间存在明显的物性差异，受层间非均质的影响，存在明显的高渗透与低渗透的区别，为了保证压开高渗层的同时压开低渗透层，在压裂液中加入一部分蜡球或塑料球暂时封堵高渗透层，从而压开低渗透层。

2) 原理

投球暂堵分层压裂的主要原理是利用高低渗透层之间吸水能力的明显不同，在压裂液中加入塑料球封堵高渗透层，压开低渗透层，达到一次施工中同时压开高渗和低渗的目的，投产后，球随压裂液返排而带出。对地层和裂缝不会造成污染。

3) 优缺点

优点：对于压裂目的层存在明显差异且无法实施机械分层的条件下，可以实现投球分层，尽量压开渗透性较差的目的层。

缺点：投球数量难以确定，受人为因素和个人经验影响较大。

2. 滑套封隔器技术

1) 分压管柱

管柱主要由水力锚、K344-113 型压裂封隔器、滑套喷砂器、安全接头、球座喷砂器等组成(图 7-23)。

2) 工艺原理

该技术一次射开两段或三段气层之后，下入分压管柱，利用封隔器将井筒内各储层的射孔段分开，再利用滑套式喷砂器封住除最底部的射孔段。压裂时，首先依靠球座喷砂器节流，使封隔器坐封，通过滑套式喷砂器将上部射孔段堵住，压裂下部气层；然后投球打开第一级滑套，使中间气层连通，并封隔底部改造层，对中间气层进行压裂，依次再投球打开第二级滑套，使上部气层连通，并封隔中间改造层，对上部气层进行压裂。该工艺是通过封隔器的封隔及井下喷砂器滑套的开启来实现由下而上逐层改造，最终实现不动管柱一次压裂两层或三层，分层改造完成后一次合层排液求产。

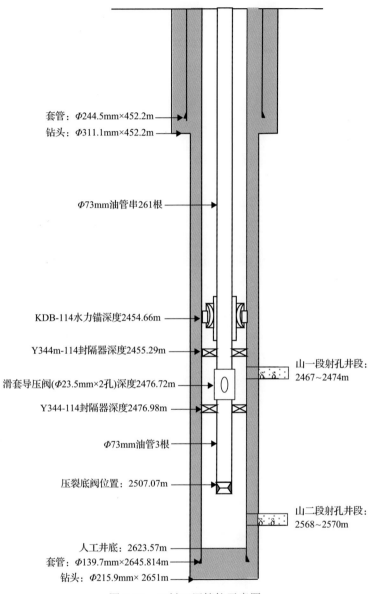

套管：Φ244.5mm×452.2m

钻头：Φ311.1mm×452.2m

Φ73mm油管串261根

KDB-114水力锚深度2454.66m

Y344m-114封隔器深度2455.29m

山一段射孔井段：2467~2474m

滑套导压阀(Φ23.5mm×2孔)深度2476.72m

Y344-114封隔器深度2476.98m

Φ73mm油管3根

压裂底阀位置：2507.07m

山二段射孔井段：2568~2570m

人工井底：2623.57m

套管：Φ139.7mm×2645.814m

钻头：Φ215.9mm× 2651m

图 7-23　二封三压管柱示意图

3）工艺特点

K344-113 型封隔器分层压裂工艺可实现不动管柱，连续分层压裂，并进行压裂后合层开采。减少了作业工序，降低了生产成本，缩短了施工周期，安全可靠、施工简单、排液速度快，对储层伤害低，改造层系施工的针对性强，可以实现对各目的层段的有效改造。

4) 适用范围

该技术适用于井斜小于 50°、井温小于 150℃、管柱内径小于 121.36mm、目的层隔层大于 10m、施工压力小于 80MPa 的层段。

3. 配套技术

1) 缝高优化控制

对隔层条件差、不能形成有效遮挡、缝高难控制的井层，采取避射措施，人为增加隔层厚度，控制裂缝纵向延伸。对上下隔层小于 5m 的井层，通过控制施工排量、加入漂浮转向剂或粉砂沉降剂制造人工隔离层，控制裂缝向上下延伸。

2) 快速破胶技术

在满足压裂液携砂性能的同时，通过实施尾追破胶剂，加快破胶剂过硫酸盐自由基的分解速度，使破胶时间缩短，破胶彻底，有利于破胶液快速返排，减少对储层的伤害。同时选用复合破胶剂，追加胶囊破胶剂，实施分段破胶，缩短压裂液破胶时间。

3) 液氮助排技术

针对压裂液返排困难，采取全程伴注液氮措施，可有效提高压裂液返排率，减少压裂液对地层造成的伤害。

4) 裂缝强制闭合技术

为保证有效的支撑裂缝剖面和导流能力，压后立即用 3mm 油嘴或针型阀控制放喷排液，以排液不含砂为原则，在放喷时注意观察出液情况，若出砂应更换小油嘴放喷。放喷油嘴选择如表 7-13 所示。

表 7-13　放喷油嘴选择

井口油压/MPa	≥15	10~15	≤10
油嘴/mm	3	4	5

四、实例

延安致密气藏大规模开发以来，分层压裂技术大量应用，每年现场应用数百井次。从最初的两层分压，发展到现在的一次管柱分压四层，从最初的跨度 50m 到目前的约 200m，工艺不断完善。采用该技术一次完成数层的压裂改造，提高了单井经济产量，缩短了投产周期，节省了压裂成本，对延安致密气田高效开发作用很大。

延安气田优化设计的原则如下。

(1) 对发育两套层系以上的井，且各个小层之间夹隔较厚，采用不动管柱分层压裂方式改造，压裂管柱采用滑套封隔器分层压裂管柱。

(2) 根据延安气田地层深度计算地层温度，选取对应温度的低伤害压裂液体系。

(3) 对压裂系数低于 0.9 的井层，压裂过程采用全程液氮伴注，提高压裂液返排率。

(4) 根据渗透率不同及缝长优化结果，设计缝长及导流能力。根据砂体厚度设计加砂量。

(5) 根据压裂管柱及井口优化结果，优化设计施工排量。

1. 压裂井概况

YCAAA 井是一口开发井，完钻井深 2966m，完钻层位为马家沟组。地层温度梯度为 3.1～3.6℃/100m，压力系数为 0.9～0.95。测井综合解释结果表明，储层渗透率为 $(0.01～0.1)×10^{-3}\mu m^2$，为典型的低压致密气藏，砂体厚度为 5～10m，该井从底层开始均发育含气层，各层物性差别较大，层数多，纵向跨度大，隔层夹层厚度大，若采用单层压裂，试气产量达不到经济产量，且不能对纵向各小层进行处理，因此采用不动管柱投球滑套分层压裂工艺，一次性分压四层，合层试气，最终达到改造的目的。

2. 方案设计

(1) 该井发育三套层系，各个小层之间夹隔较厚，因此采用不动管柱分层压裂方式改造，压裂管柱采用滑套封隔器分层压裂管柱，如图 7-24 所示。

(2) 根据地层温度，优选 90～110℃储层低伤害压裂液体系。

(3) 因压力系数低于 0.9，进入地层的压裂液难返排，压裂过程采用全程液氮伴注，以提高压裂液返排率。

(4) 根据各层渗透率不同及缝长优化结果，以造长缝为目的，设计缝长 150～170m，对应的导流能力设计为 $18～20\mu m^2 \cdot cm$，结合各层的砂体厚度，设计加砂规模 $15～40m^3$。

(5) 根据压裂管柱及井口优化结果，模拟优化的排量为 $2.4～3m^3/min$。

3. 效果分析

YCAAA 井各层压裂施工符合方案设计要求，压裂施工曲线图 7-25 和图 7-26所示。

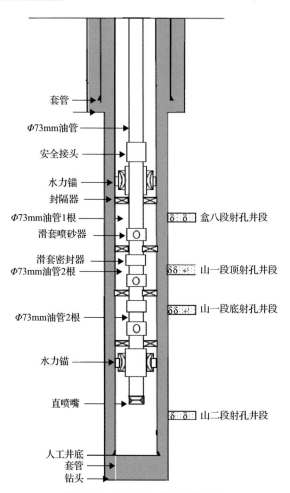

图 7-24　YCAAA 井压裂管柱图

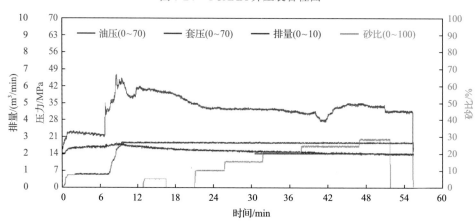

图 7-25　YCAAA 井山二段压裂施工曲线

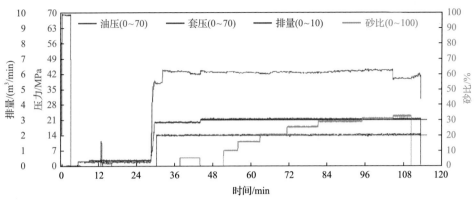

图 7-26　YCAAA 井山一段压裂施工曲线

该井压后累计排液 695.7m³，扣除井筒液量 29.2m³，排出压裂液 666.5m³，返排率 74%。放喷期末火焰长 6～7m，日产气量 6×10⁴m³，无阻流量 12×10⁴m³/d，取得了良好的改造效果。

第三节　水平井分段压裂技术

在世界的许多油气田，水平井在增加产量和提高采收率方面已经获得成功。最新的统计资料表明，美国和加拿大的一般水平井要比一般直井的采出储量多 2～3 倍，国内外气田开发的实践表明，致密气藏水平井开发是最佳方式。特别对连通性差、非均质强的致密气藏，水平井分段加砂压裂是目前最有效的增产措施。随着致密气开发需求越来越大，致密气开发面临越来越多的挑战，如致密气层一般发育微米—纳米级孔喉，提高储量有效动用率面临挑战，50%以上油气储集于 0.1～1.0μm 的亚微米级孔喉中，常规压裂提高孔隙连通程度幅度有限，改造效果普遍不理想。再如，致密储层低渗，单井控制储量低，天然能量十分有限，提高单井产量面临挑战，还有投资成本高，提高开发效益面临挑战。

针对以上挑战，水平井压裂技术也从分段压裂、多级分段压裂到大规模分段多簇的"体积压裂"方面发展，工厂化作业技术也成为致密气低成本开发的模式。体积压裂突破了传统的增产方式，以提高人工裂缝泄流面积为目标转变为扩大裂缝与气藏的接触体积，将储集体"压碎"，实现人造"渗透率"，大幅度提高单井产量，提高气藏最终采收率。转变观念，突破常规开发技术的思维模式，致密气开发转变为以经济效益为中心，坚持勘探与开发、地质与工程、技术与经济、地面与地下及科研与生产"五个一体化"，积极采用"工厂化"作业、精细化经营管理的组织模式，努力提高致密气储量动用率，降低开发成本，提高开发效益。

一、分段压裂技术

水平井分段压裂技术主要有早期的化学隔离技术、限流压裂技术，以及后来发展为主力技术的机械封隔技术和水力喷砂技术。化学隔离技术所使用的液体胶塞浓度高，对所隔离的层段伤害大，同时压后排液之前要冲开胶塞和砂子，冲砂过程中对上下储层均会造成伤害，而且施工工序繁杂，作业周期长，综合成本高，后期逐步被淘汰。限流法分段压裂技术多用于形成纵向裂缝的水平井，分段的针对性相对较差。目前流行的分段压裂技术主要有机械封隔技术和水力喷砂技术。

1. 机械封隔技术

机械封隔技术主要有机械桥塞与封隔器结合或双封隔器单卡分压或环空封隔器分段压裂等技术，基本分为以下四种。

（1）机械桥塞+封隔器分段压裂。射开第一段，油管压裂，机械桥塞坐封封堵；再射开第二段，油管压裂，机械桥塞坐封封堵；按照该方法依次压开所需改造的井段，打捞桥塞，合层排液求产。

（2）环空封隔器分段压裂。首先把封隔器下到设计位置，从油管内加一定压力坐封环空压裂封隔器，从油套环空完成压裂施工，解封时从油管加压至一定压力剪断解封销钉，同时打开洗井通道，洗井正常后起出压裂管柱，重复作业过程，实现分射分压。

（3）双封隔器单卡分压。可以一次性射开所有待改造层段，压裂时利用导压喷砂封隔器的节流压差压裂管柱，采用上提的方式，一趟管柱完成各层的压裂。

（4）多级封隔器技术

在双封隔器分段压裂成功的基础上发展不动管柱的多级封隔器分段压裂技术，它类似滑动套筒循环装置，液压坐封可回收封隔器将每层封隔开，每个套筒内装有一个螺纹连接的球座，最小的球座装在最下面的套筒上，最大的球座装在最上部的套筒内，将不同大小的低密度球送入油管，然后将球泵送到相应的工具配套的球座内，封堵要增产处理的产层，再通过打开套筒就可以对下一个产层进行处理，最多可以对10个层进行不动管柱的分压处理。

2. 水力喷砂技术

水力喷射分段改造技术是20世纪90年代末发展起来的，目前国外应用比较广泛的技术，其技术原理是根据伯努利方程，将压力能转换为速度。其过程是：油管流体加压后经喷嘴喷射而出的高速射流（喷嘴喷射速度大于126m/s）在地层中射流成缝，通过环空注入液体使井底压力刚好控制在裂缝延伸压力以下，射流出口周围流体速度最高，其压力最低，环空泵注的液体在压差作用下进入射流区，与喷嘴喷射出的液体一起被吸入地层，驱使裂缝向前延伸。

水力喷砂技术的主要特点：①不用封隔器与桥塞等隔离工具，实现自动封隔。②通过拖动管柱，将喷嘴放到下一个需要改造的层段，可依次压开所需改造井段。③可以在裸眼、筛管完井的水平井中进行加砂压裂，也可以在套管井上进行。④施工安全性高，可以用一趟管柱在水平井中快速、准确地压开多条裂缝。⑤水力喷射工具可以与常规油管相连接入井，也可以与大直径连续油管相结合，使施工更快捷。

二、裂缝形态控制

无论裂缝在近井眼处如何起裂扩展，当裂缝延伸到远处时最终会转向垂直于最小主应力的方向，如果早在钻井的时候考虑以后要进行压裂作业，压开纵向裂缝，那么水平井井轴应向着垂直于最小主应力的方向，如果要压开横向裂缝，那么水平井井轴应向着最小主应力的方向。这样裂缝横向起裂比较容易，也不易产生裂缝转向和扭曲。

当井眼轴线与最大水平应力方向成一定夹角时，射孔段将起到至关重要的作用。如果射孔段长于 4 倍的井径，并且当射孔方位角(射孔轴线和最小水平主应力之间的夹角)较小时，则在井眼附近将容易产生多条微裂缝，影响主裂缝的延伸。射孔对裂缝的延伸也有很大影响，不同的射孔方案在压裂后可能出现不同的裂缝方向。图 7-27 所示的是短丛式射孔时所产生的与水平井段连通的裂缝情况。图 7-28 所示的是长丛式射孔时所产生的与水平井段连通的裂缝情况。由于射孔井段长，因而在垂直于最小应力的方向上沿油井的射孔段出现一定距离的裂缝。当井眼轴线与最大水平应力方向所成的夹角较小时，产生两翼水平断错裂缝的可能性较大。因此要在保证套管强度的前提下减短射孔段。一种解决方法是利用水力喷射工具在套管和水泥环上切槽，使裂缝在一开始便和水平井水平段相垂直，这样就防止了在近井地带的裂缝转向。

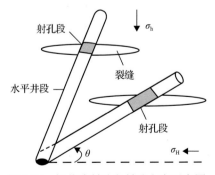

图 7-27 短丛式射孔段射孔方案示意图

σ_h 为最小水平主应力；σ_H 为最大水平主应力；θ 为井眼轴线与最大水平应力夹角

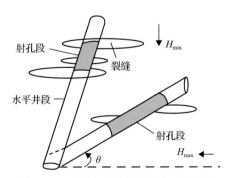

图 7-28 长丛式射孔段射孔方案示意图

三、水平井压裂参数优化设计

1. 水平井产能模拟

假定气藏长度为 2000m，气藏宽度为 2000m。模拟矩形块状气藏的压裂水平井生产。气藏及井筒参数如表 7-14 所示。

表 7-14 气藏及井筒参数

	数值		数值
地层厚度/m	7	地层压缩系数/MPa^{-1}	0.0044
原始地层压力/MPa	21	水的密度/(10^3kg/m^3)	1
孔隙度	0.1	水的黏度/(mPa·s)	1
初始含水饱和度	0.5	水的压缩系数/MPa^{-1}	0.00000436
生产井井底流压/MPa	16	气体压缩系数/MPa^{-1}	0.147
井筒直径/mm	139.7	天然气密度/(kg/m^3)	0.72

1) 裂缝条数对产能的影响

分析水平段长度为 500m 时，裂缝条数对产能的影响。假设缝长为 100m，裂缝宽度为 4mm，裂缝导流能力为 20μm^2·cm，裂缝间距为 80m，均匀分布。图 7-29 和图 7-30 分别是对不同裂缝条数下的日产气量和累计产气量的模拟，从图中可以看出，随着裂缝条数的增加，日产气量和累计产气量都有所增长。裂缝条数较少时产量的增幅是很明显的，但随着裂缝条数的增加产量的增幅减小，在开采后期这一点尤为明显。考虑压裂施工成本等因素认为裂缝条数最好不要超过 6～8 条。

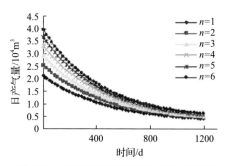

图 7-29 不同裂缝条数下日产气量曲线

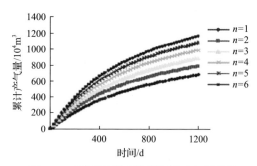

图 7-30 不同裂缝条数下累计产气量曲线

2) 裂缝间距对产能的影响

假设存在 2 条裂缝，裂缝间距取值为 50m、100m、200m、300m 和 400m。

日产气量和累计产气量如图 7-31 和图 7-32 所示。当两裂缝靠近时，相互间的干扰作用就会加剧，在两裂缝间形成一个低压区，而在这个区内所能采出的油气是有限的，所以裂缝间距值过小，必然会对产能造成不利的影响。但当两条裂缝之间的距离过大时，其间的区域又难以被充分波及，也不利于生产。所以裂缝间距应该选取一个最佳值。根据日产气量和累计产气量曲线图分析，裂缝间距在 50～100m 产量较高，累计产量较多。

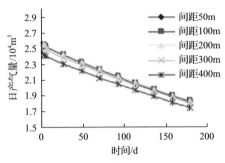

图 7-31 不同裂缝间距下日产气量曲线

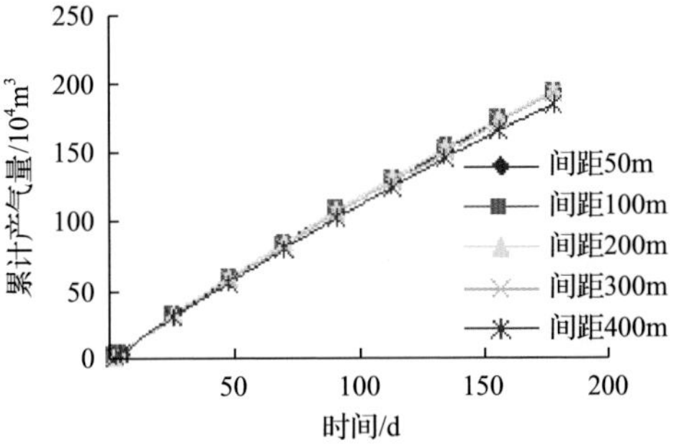

图 7-32 不同裂缝间距下累计产气量曲线

3) 裂缝长度对产能的影响

假设水平段压开 4 条裂缝，缝间距为 120m，分别对裂缝长度为 40m、80m、120m、160m 和 200m 的情况进行模拟，得到图 7-33 和图 7-34 所示曲线，由图可以看出随着裂缝长度的增加，产量增加。比较裂缝长度为 160m 和 200m 时得到的产量曲线，发现当裂缝增加到一定长度后，增幅逐渐减小。考虑压裂成本等因素，建议裂缝长度应控制在 160～200m。

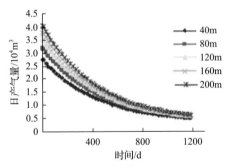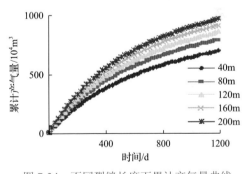

图 7-33 不同裂缝长度下日产气量曲线

图 7-34 不同裂缝长度下累计产气量曲线

4) 裂缝与水平井筒夹角对产能的影响

裂缝与水平井筒夹角分别取 30°、45°、60°、75° 和 90°，产量模拟情况如图 7-35、图 7-36 所示，从图中可以看出，随着裂缝与水平井筒夹角的增大，气藏水平井的日产气量和累计产气量都在增加。当夹角超过 75°以后产量曲线基本重合，从现场施工的角度出发，裂缝与井筒角度为 90°更易于施工且产能最大，因此裂缝与水平井筒夹角应选择 90°。

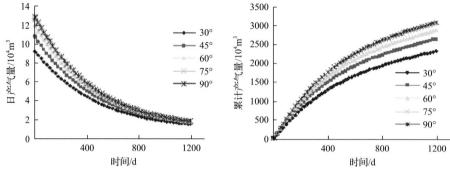

图 7-35　不同裂缝夹角下日产气量曲线　　图 7-36　不同裂缝夹角下累计产气量曲线

2. 参数优化

以井距为 800m，地层渗透率为 $0.1 \times 10^{-3} \mu m^2$ 为例优化裂缝参数，水平段长度取 600m。利用正交试验进行优化设计，正交试验方案及结果见表 7-15。

表 7-15　正交试验方案及结果表

方案	裂缝间距/m	裂缝条数/条	缝长比	裂缝导流能力/($\mu m^2 \cdot cm$)	采出程度/%
方案 1	100	5	0.4	10	12.92
方案 2	100	4	0.5	15	16.07
方案 3	100	3	0.6	20	18.66
方案 4	80	5	0.5	20	18.44
方案 5	80	4	0.6	25	16.56
方案 6	80	3	0.7	30	19.19
方案 7	60	5	0.6	30	20.34
方案 8	60	4	0.7	10	26.5
方案 9	60	3	0.8	15	16.33
方案 10	40	5	0.7	15	26.1
方案 11	40	4	0.8	20	29.74
方案 12	40	3	0.4	25	5.91

由表 7-16 可得出以下结论：以采出程度为气田开发标准，则各参数的最优值分别为裂缝间距为 40~80m，裂缝条数为 2~4 条，缝长比为 0.5~0.7，裂缝与水平井筒夹角应选择 90°。

表 7-16 裂缝参数取值表

因子	水平			
	1	2	3	4
裂缝间距/m	100	80	60	40
裂缝条数/条	5	4	3	2
缝长比	0.4	0.5	0.6	0.7
裂缝导流能力/($\mu m^2 \cdot cm$)	10	15	20	25

四、实例

按照上述优化结果，水平井井眼轨迹设计沿最小主应力方向，水平段长度为 400～1160m，裂缝间距在 80m 左右，设计裂缝长度为 160m，段数为 4～10 段，裂缝导流能力设计为 $20\mu m^2 \cdot cm$。采用水平井分段压裂施工 17 井次，其中 12 井次无阻流量达 $10 \times 10^4 m^3/d$，7 井次无阻流量达 $50 \times 10^4 m^3/d$ 以上，取得了较好的应用效果。现以安 X 平 1 井为例说明分段压裂工艺技术在延安致密气藏中的应用。

1. 概况

安 X 平 1 井为一口水平开发井，完钻井深 4025m，完钻层位为山二段，测井资料显示该层为致密气藏，完井方式为裸眼完井，设计水平段长 1020m，井身结构如图 7-37 所示。

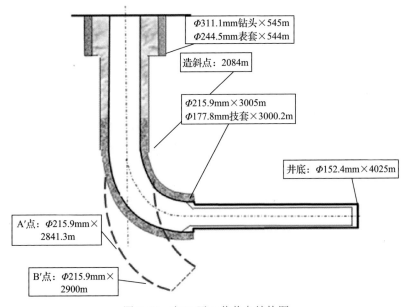

图 7-37 安 X 平 1 井井身结构图

2. 设计优化

1) 设计思路

根据以上水平井分段压裂优化结果结合本井储层情况，安 X 平 1 井压裂设计思路如下。

(1) 本井水平段长 1020m，裂缝间距设计 100m 左右，采取裸眼封隔器+投球滑套分 8 段压裂，通过分段压裂改造，提高单井产量。

(2) 安 X 平 1 井最大主应力方向为 50°~75°，安 X 平 1 井水平段轨迹方位为 200°，故该井人工裂缝与水平段轨迹交角为 125°~150°。

(3) 本井为低孔、低渗储层，孔隙度为 3.3%~10.3%，渗透率为 $(0.01 \sim 0.65) \times 10^{-3} \mu m^2$。压裂设计原则上以造长缝为主，以增加泄气体积，提高压裂效果，同时兼顾分段压裂施工风险，缝长比为 0.8，设计裂缝半缝长为 150~170m。

(4) 压裂管柱采用 8.89cm 油管+裸眼封隔器+投球滑套+压差滑套，根据常用压裂液摩阻系数及本井裂缝延伸压力梯度为 0.017~0.021MPa/m，计算最深压裂段(斜深为 4001m，垂深为 2650.92m)在不同排量、不同延伸压力梯度下的地面施工压力(考虑增加球座节流摩阻以及液氮摩阻 5MPa)，根据井口 70MPa 限压，设计排量为 $3.7m^3/min$。

(5) 安 X 平 1 井压裂目的层段 3012.79~4025m，对应垂深为 2649.58~2652.46m，每段物性相近，结合录井、气测、随钻伽马资料，优化各段加砂规模为 30~45m³。

(6) 根据本区块邻井压裂施工资料，计算本井压裂目的层延伸压力梯度为 0.017MPa/m，地层闭合压力为 45MPa，采用 20~40 目陶粒，在 52MPa 下，破碎率小于 5%。

(7) 前置液中加 40~70 目支撑剂的低砂比段塞，可减小近井裂缝弯曲摩阻，封堵裸眼段微裂缝，提高主裂缝改造程度，增加裂缝缝长。

(8) 压裂液采取瓜尔胶水基压裂液体系，降低压裂液残渣对储层孔喉的伤害。

(9) 储层压力系数较低，为加快返排速度、增加返排能量，采用液氮伴注增能助排。

2) 压裂裂缝模拟

根据该段物性及优化结果(图 7-38)，该井第一段设计加砂量为 30.7m³，泵注液量为 285.4m³，前置液比例为 40.6%，平均砂比为 19.7%，第一段裂缝模拟参数见表 7-17。

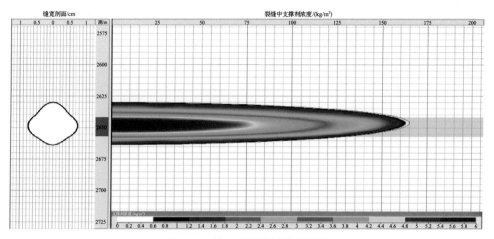

图 7-38 第一段裂缝剖面示意图

表 7-17 第一段裂缝模拟参数

井段/m	裂缝半长/m		裂缝高度/m		平均水力缝宽/cm	铺砂浓度/(kg/m²)
3911.87~4025.00	水力	支撑	水力	支撑	1.51	5.10
	165	162	33.8	33.2		

3) 现场实施情况

该井现场实施比较顺利, 第一段压裂施工曲线如图 7-39 所示。施工数据(参数)如表 7-18 所示。

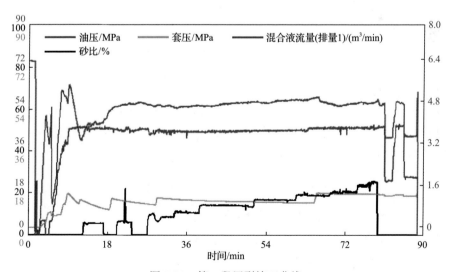

图 7-39 第一段压裂施工曲线

表 7-18　安 X 平 1 井加砂量、液量及液氮量

段号	井段/m	裂缝半长/m	用液量/m³	加砂量/m³	液氮量/m³
第 1 段	3912～40252	162.0	285.4	30.7	27.6
第 2 段	3809～3912	159.2	321.0	37.8	31.6
第 3 段	3669～3809	161.1	356.7	42.5	33.0
第 4 段	3519～3669	162.0	362.2	43.3	33.6
第 5 段	3379～3519	158.1	358.5	42.8	31.8
第 6 段	3267～3379	148.3	281.3	33.2	25.0
第 7 段	3144～3266	147.9	309.9	37.1	27.8
第 8 段	3013～3144	157.4	320.7	38.1	28.9
合计			2595.7	305.5	239.3

3. 效果分析

安 X 平 1 井入地总液量为 3607.2m³，压后累计排液为 2725.3m³，压裂液返排率为 75.55%。

采用"一点法"求产，在井口油压由 14.0MPa 下降到 10.09MPa，套压由 14MPa 下降到 10.59MPa，在平均温度为 34.3℃的条件下，平均稳定产气量为 $14.23 \times 10^4 m^3/d$，计算无阻流量 Q_{aof} 为 $43.07 \times 10^4 m^3/d$。求产期间累计产气 $45.31 \times 10^4 m^3$，不产水，不产油，该井压裂效果良好。

第四节　CO₂ 压裂技术

CO_2 压裂技术是一种采用 CO_2 部分或全部替代水作为携砂液，进行储层压裂增产改造的技术。与常规压裂形成的双翼缝相比，采用 CO_2 压裂后可形成复杂的裂缝网络[11]，同时在地层温度下 CO_2 快速气化，可以显著提升地层压力[12]。当储层中 CO_2 过饱和时，能改变流体与毛细管或岩壁的接触角、毛细管的直径及地层孔隙的化学吸附，能够有效地改变毛细管参数，有利于压裂液的返排。同时 CO_2 具有与地层配伍性好、改善储层渗流通道的特点，可以极大地降低液体对储层的伤害。基于以上特点，CO_2 压裂技术成为一种高效的储层改造技术[13]。本节从 CO_2 压裂造缝机理、CO_2 压裂类型等方面阐述 CO_2 压裂技术在致密气藏的适用性。

一、造缝机理

测试表明：采用液态和超临界 CO_2 时，流体压力的响应曲线差异较大，而最终的破裂压力比较接近(图 7-40)。流体压力的响应曲线主要受流体的压缩系数和黏度共同影响。注入初期，岩石内部压力小、与外部的压差也小，压力增长的速度主要由压缩系数控制，低压下液态 CO_2 的压缩性高，因而压力增加较缓慢；当

压力逐步增加，岩石与外部的压差也相应增大，此时压力增长速率主要由黏度控制，与清水相比，CO_2 黏度低得多，流体滤失高，因而流体压力增长慢。

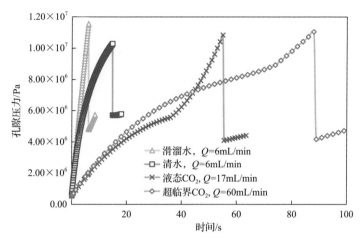

图 7-40　采用同压裂液时的井底流压响应及相应的岩石破裂压力

图 7-41 为 CO_2 压裂和清水压裂对应改造体积和孔隙压力对比图，通过清水压裂和 CO_2 压裂的压裂效果对比研究表明：CO_2 的增压范围远大于清水压裂，天然裂缝内流体压力的增加促使应力状态逐步逼近摩尔破坏包络线，使天然裂缝的稳定性越来越差。随着压裂的继续进行，流体压力持续增加，越来越多的天然裂缝趋向于产生剪切破坏，随后转变为人工裂缝，并最终形成复杂的人工裂缝网络；而对于清水压裂，一方面原位地应力差较大，使水力裂缝直接穿过大部分天然裂缝，另一方面清水的黏度相对超临界 CO_2 而言要大很多，导致压裂液滤失进入天然裂缝相对困难，因而最终形成相对简单的水力裂缝网络。

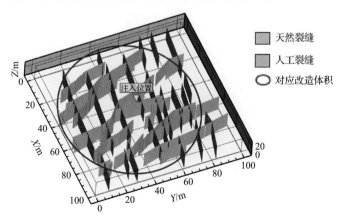

(a) 超临界CO_2压裂的水力裂缝和天然裂缝分布及对应的改造体积

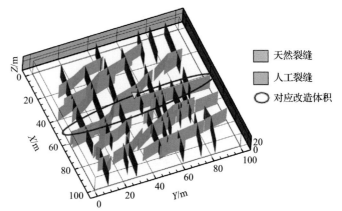

(b) 清水压裂的水力裂缝和天然裂缝分布及对应的改造体积

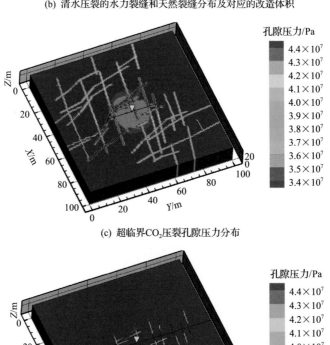

(c) 超临界CO$_2$压裂孔隙压力分布

(d) 清水压裂孔隙压力分布

图 7-41　CO$_2$压裂和清水压裂对应改造体积和孔隙压力对比图

二、CO_2压裂技术分类

致密气藏以其特殊的孔喉结构、独有的低渗透率，导致常规水力压裂改造技术难以发挥有效的作用。对此，近几年用来改造非常规页岩气时的思路被用来改造致密气藏，其主要思路是扩大储层渗流体积。CO_2以其独特的物理化学性质被广泛应用于致密气层。CO_2压裂作为致密气藏储层改造主要有三种技术，即前置CO_2增能压裂技术、CO_2泡沫压裂技术、CO_2干法压裂技术。

1. 前置CO_2增能压裂技术

前置CO_2增能是指在正式压裂前，采用一定排量纯液态CO_2压开地层，并注入一定体积的液态CO_2，然后再开展常规水力压裂。该工艺施工方便，安全性高，压后能实现一次喷通产气，返排率与常规压裂相比提高15%以上，投产时间缩短5～8天，助排效果明显。实践表明，前置CO_2增能压裂在致密储层具有很好的适应性。这种CO_2增能方式的优点在于：对于后续注入压裂液类型没有要求；不影响压裂加砂规模、施工排量及后续工艺选择；CO_2使用量不受限制；施工简单、方便。

2. CO_2泡沫压裂技术

CO_2泡沫压裂是施工过程中将液态CO_2作为一种组分与常规水基压裂液进行充分发泡，形成稳定的泡沫体系，携带支撑剂进入地层，实现储层的充分改造，为了保证泡沫结构的稳定通常要求液态CO_2混合比例大于52%。采用该工艺压后CO_2在地层温度下快速气化，可以显著提升地层压力，有利于压裂后液体的返排，可以有效地减小储层伤害，提高投产效率。但CO_2泡沫压裂液流体结构是由细小泡沫致密排列而成的非牛顿流体，泡沫结构在剪切作用下会发生破裂、衰减，导致流动过程中能量耗散显著增强，表现为流体管流摩阻较高。CO_2泡沫压裂工艺主要针对水敏性强的储层增产改造，存在携砂能力有限、施工摩阻较高等缺点，因此施工排量和加砂规模受限，对致密气藏不能充分改造，工艺适应性较差。

3. CO_2干法压裂技术

CO_2干法压裂也称为纯液态CO_2压裂，是一种以纯液态CO_2作为携砂液进行压裂施工的工艺技术，压后CO_2能快速、彻底返排出地层，是一种真正意义上的无伤害压裂工艺。从工艺实施上，国外已开展数千次CO_2干法压裂作业，技术比较成熟；国内开展了数十例不加砂压裂试验，在工艺参数上还处于摸索阶段。目前存在的问题主要是密闭混砂装置不完善，加砂规模有待进一步提高。液态CO_2压裂技术在致密储层具有非常好的应用前景。

三、实例

延安气田致密气藏大规模开发以来，已开展了百余井次 CO_2 压裂现场试验，总体来看天然气 CO_2 压裂井相对于液氮增能压裂均能全部实现一次喷通，大大提高了返排速度和返排周期，并显著降低了储层伤害。部分井相对于周边邻井常规液氮增能压裂试气产量提高了 30%～50%，最高为 8 倍。下面以 YCBBB 井为例，说明 CO_2 压裂技术在延安气田致密气藏的应用情况。

1. 概况

YCBBB 井是一口详探井，完钻井深 4195.00m，完钻层位为马家沟组。地层温度梯度为 3.1～3.6℃/100m，压力系数为 0.8～0.95。测井综合解释结果表明：储层渗透率为 $(0.03～0.05) \times 10^{-3} \mu m^2$，砂体厚度为 4～8m，为典型的致密气层，采用 CO_2 压裂技术试气，达到改造的目的。

2. 方案设计

1) 方案设计原则

根据录井、测井、岩心资料，本溪组相对致密，以造长缝为主要目的。加入两种规格陶粒支撑剂，前段加入 40 目/70 目，目的为打磨近井地带弯曲摩阻，考虑井深较深，为减小井口施工压力，选用 8.89cm 油管注入，后段加入 20 目/40目支撑剂。考虑本溪组压力系数稍高，故前置 CO_2 量适当放小。

2) 施工要求

(1) 压裂注入方式采用上封保护套管、Φ88.9mm P110 油管注入、套管打平衡液的方式。

(2) 压裂井口选用该区常用的 FF 级 KQ65/105 双翼 11 阀采气井口。

(3) 压裂液采用该地区常用的羟丙基瓜尔胶+有机硼延迟交联水基压裂液。

(4) 压裂施工前置泵注液态 CO_2，提高压裂液返排能力。

(5) 采用"一点法"试气方式与机械分层压裂合层试气工艺。

3) CO_2 压裂设计

根据工艺适应性及工艺特点，该口井选用 CO_2 前置增能工艺，设计 CO_2 注入排量 2.5m³/min，根据压力系统不同，设计两层的用量不同，总计准备 160m³ CO_2。

3. 效果分析

YCBBB 井各层压裂施工符合方案设计要求，压裂施工曲线如图 7-42 和

图 7-43 所示。

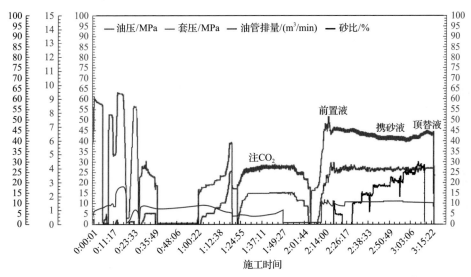

图 7-42　YCBBB 井本溪组压裂施工曲线

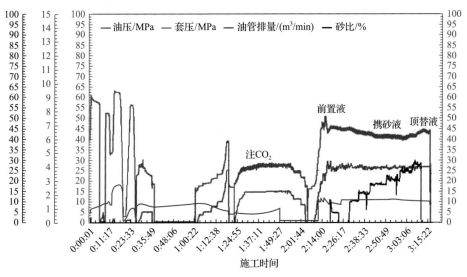

图 7-43　YCBBB 井盒八段压裂施工曲线

　　YCBBB 井累计入地液量 550.5m³，压裂液返排率为 70.48%。采用针阀控制、Φ17mm 孔板计量气产量，"一点法"求产 96h，在井口油压由 25.0MPa 下降到 16.64MPa，套压由 25.0MPa 下降到 16.99MPa，平均压差 284.0kPa 的条件下（稳定 12h），稳定产气量为 5.2239×10^4m³/d，累计求产 96h，在求产期间累计产气量为 22.0898×10^4m³，未产水，未产油；计算无阻流量 9.4495×10^4m³/d，是邻井液氮常规压裂产量的 8 倍。

参 考 文 献

[1] 卢拥军, 杨晓刚, 王春鹏, 等. 低浓度压裂液体系在长庆致密油藏的研究与应用[J]. 石油钻采工艺, 2012, 34(4): 67-70.

[2] 罗攀登, 张俊江, 鄂宇杰, 等. 耐高温低浓度瓜胶压裂液研究与应用[J]. 钻井液与完井液, 2015, 32(5): 86-88.

[3] 王满学, 何静, 杨志刚, 等. 生物酶 SUN-1/过硫酸铵对羟丙基瓜胶压裂液破胶和降解作用[J]. 西安石油大学学报(自然科学版), 2011, 26(1): 71-75.

[4] 顾燕凌, 樊红旗, 刘运强, 等. 前置酸压裂工艺在低渗砂岩储层中的试验与评价[J]. 油气田地面工程, 2008, 27(8): 4-5.

[5] 张智勇, 丁云宏, 胥云, 等. 低渗砂岩气藏压裂改造中水锁伤害的防治措施[J]. 油气井测试, 2009, 18(1): 58-59.

[6] 王满学, 刘易非. 低伤害清洁压裂液 VES-1 的研制与应用[J]. 石油与天然气化工, 2004, 33(3): 188-192.

[7] 张劲, 李林地, 张士诚, 等. 一种伤害率极低的阴离子型VES压裂液的研制及其应用[J]. 油田化学, 2008, 25(2): 122-125.

[8] 赵虹, 党犇, 党永潮, 等. 安塞油田延长组储集层特征及物性影响因素分析[J]. 地球科学与环境学报, 2005, 27(4): 45-48.

[9] Peles J, Wardlow R W. Maximizing well Production with Unique Low Molecular Weight Frac Fluid[C]. SPE Annal Technical Conference and Exhibition, San Antonio, 2002.

[10] 原青民. 就近开发的压裂液连续配注技术[J]. 石油与天然气化工, 1995, 24(1): 18-21.

[11] 叶登胜, 王素兵, 蔡远红, 等. 连续混配压裂液及莲湖混配工艺应用实践[J]. 天然气工业, 2013, 33(10): 47-51.

[12] 丁勇, 马新星, 叶亮, 等. CO_2破岩机理及压裂工艺技术研究[J]. 岩性油气藏, 2018, 30(6): 151-159.

[13] 孙鑫, 杜明勇, 韩彬彬, 等. 二氧化碳压裂技术研究综述[J]. 当代化工, 2017, 34(2): 374-380.

第八章 致密气藏采气工艺与技术

致密气藏在开发上的特征主要表现为气井自然产能低、弹性能量小、产量和压力下降快、产出程度低等。致密气采气工艺也应遵循全过程从简、节省、适用的低成本理念，其核心理念是保证气井依靠自身能量携液生产和延长稳产周期。

第一节 合理配产技术

确定致密砂岩气藏气井的合理产量是高效开发气藏的基础。气井配产过高，会造成地层能量损失、储层伤害；气井配产过低则达不到经济效益。目前有关致密砂岩气井配产常用的方法有经验配产法、采气指示曲线法、节点分析法、数值模拟法等。

一、气井合理配产原则

确定气井合理配产应该遵循如下原则。

(1)单井应该具有一定的稳产时间。从气田稳定供气和提高气藏采收率角度考虑，气井配产应满足气田生产规模要求，并使气井具有一定的持续稳产能力。

(2)地层流入动态与井口流出动态要协调，井筒和地层能量利用合理，气井紊流效应小。

(3)尽量避免压差过大造成地层出砂，从而对气井正常生产造成不利影响。

(4)避免压降漏斗过大，导致裂缝闭合，降低气井产能。

(5)单井累计产量和初始日产量大于或等于经济极限产量。

(6)单井产气量须大于气井的临界携液流量。

二、气井配产方法

1. 经验配产法

气井单井合理产量的确定受控于多因素，如储层条件、井身状况、稳产期长短、经济效益等。根据苏里格、四川气田的开采实际，一般用 1/4～1/5 的无阻流量作为气井的合理产量，常规的砂岩气藏常用无阻流量的 1/4～1/6 来确定气井的合理产量。而试采动态特征分析结果表明，气井以低于无阻流量的 1/5 配产能保持较长的稳产期。综上，经验法的合理配产范围为无阻流量的 1/5～1/6。延安气田共计 241 井次的试气结果表明无阻流量大于 $0.6×10^4 m^3/d$ 的气井分布在 $(0.725～63.73)×10^4 m^3/d$，平均为 $8.335×10^4 m^3/d$，取其 1/5～1/6 配产得到的合理产量范围为 $(1.67～1.39)×10^4 m^3/d$。根据实际试采情况，推荐采用无阻流量的 1/3～1/10 最为合理。延安气田方案设计稳产年限为 8 年，I 类气井按照无阻流量的 1/8～1/10 配产，II 类气井按照无阻流量的 1/6～1/8 配产，III 类气井按照无阻流量的 1/3～1/4 配产（表 8-1）。

表 8-1　延安气田单井配产表

井类	无阻流量/$(10^4 m^3/d)$	配产原则
I 类	≥20	1/10～1/8
II 类	≥5	1/8～1/6
III 类	<5	1/4～1/3

2. 采气曲线法配产

采气曲线法可以对气井合理产量进行论证。该方法着重考虑减少气井井壁附近渗流的非达西效应以确定气井合理配产。建立产量与生产指数关系曲线，曲线与直线的分离点即为最大合理产量，理论见式(8-1)和式(8-2)。

$$P_R^2 - P_{wf}^2 = AQ_g + BQ_g^2 \tag{8-1}$$

$$P_R - P_{wf} = \frac{AQ_g + BQ_g^2}{P_R + \sqrt{P_R^2 - AQ_g + BQ_g^2}} \tag{8-2}$$

式中，P_R 为地层压力，MPa；P_{wf} 为井底流压，MPa；Q_g 为产气量，$10^4 m^3/d$；A 为层流系数；B 为紊流系数。

利用采气曲线法对其配产，需要通过产能试井，确定气井的产能方程。A9 井试采数据采用一点法分析显示其最初无阻流量为 $68×10^4 m^3/d$，原始地层压力为 30.649MPa；用一点法反推其二项式产能方程，见式(8-3)。A9 井采气指示曲线如图 8-1 所示，可知该井合理配产 $8.5×10^4 m^3/d$，约为无阻流量的 1/8。

$$P_R^2 - P_{wf}^2 = 4.492×10^{-4} Q_g + 1.33133×10^{-9} Q_g^2 \tag{8-3}$$

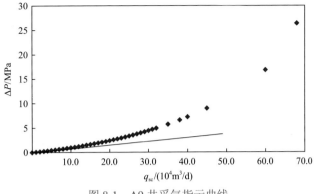

图 8-1　A9 井采气指示曲线

根据延安气田某研究区 20 口试采井的采气曲线法配产情况,合理配产无阻流量的 1/3～1/8。

3. 节点系统分析法

运用节点系统分析方法确定气体储层流动与井筒油管协调生产配产量,即确定气井合理生产压差及配产。对于流动气柱,稳定流动能量方程式可写成

$$P_{wf} = \sqrt{P_{tf}^2 e^{2s} + \frac{1.324 \times 10^{-18} f(q_{sc}\overline{T}\,\overline{Z})^2}{d^5}(e^{2s}-1)} \tag{8-4}$$

$$s = \frac{0.03415\gamma_{mix}H}{\overline{T}\,\overline{Z}} \tag{8-5}$$

式中,P_{tf} 为井口压力,MPa;q_{sc} 为标准状态下气体流量,m^3/d。

气井的流入特性可以通过产能试井资料所得到的产能方程,代入不同井底流压,解出相应的产气量,从而可描绘出一条完整的流入动态曲线。它描述井底流动压力和流量间的关系,也反映了气体从气藏流入井底的动态。在式(8-4)和式(8-5)描述气井从井底沿油管流至井口的公式中,让 P_{tf} 保持不变,对一定直径的油管,给出 P_{wf} 则可求出 q_{sc},这样可画出一条井底压力与产气量的关系曲线,称为油管动态曲线。油管动态曲线是在井口压力为某一常数时,通过给定油管尺寸的各种产气量与所需井底压力的关系曲线。油管动态曲线与流入动态曲线的交点 A 所对应的 q'_{sc} 是该条件下气井的合理产量,如图 8-2 所示。典型气井节点系统分析法配产结果如表 8-2 所示,合理配产取无阻流量的 1/10～1/33002。

4. 数值模拟法

进行单井数值模拟来论证合理配产,在测井解释成果的基础上,利用综合试采动态资料、流体高压物性分析和相态综合研究、气藏工程和产能评价等结果,对生产历史进行拟合,在此基础上进行模拟计算,如图 8-3 和图 8-4 所示。

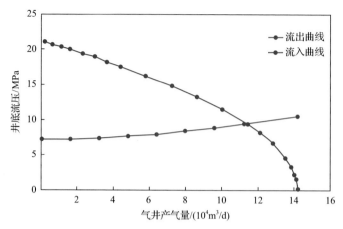

图 8-2 A14 井节点系统分析曲线

表 8-2 典型气井节点系统分析法配产结果表

井号	井底温度/℃	原始地层压力/MPa	气层中深/m	无阻流量/(10⁴m³/d)	层流系数 A	紊流系数 B	配产/(10⁴m³/d)	无阻流量与配产比值
Y10	87.09	20.316	2600.0	12.15	29.8552	0.3374	2.6	4.7
Y11	85.71	17.179	2587.0	6.05	61.5360	1.3970	1.3	4.7
Y12	87.87	20.417	2705.0	68.86	1.8871	0.0609	7.1	9.7
Y13	86.20	20.463	2534.2	52.85	2.7705	0.0975	5.8	9.1
Y14	87.84	20.456	2578.7	17.59	20.3104	0.1978	2.8	6.3
Y15	87.81	20.450	2580.0	45.89	8.5518	0.0122	5.0	9.2
Y16	87.63	20.480	2610.0	25.74	14.1270	0.0489	4.0	6.4

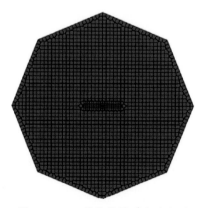

图 8-3 A12 井单井模型孔隙度图

通过对 19 口气井(表 8-3)的合理配产进行研究,对于大部分气井而言,稳产 3 年的配产应在无阻流量的 1/4～1/8,其中Ⅰ、Ⅱ、Ⅲ类气井平均配产应在无阻流量的 1/56、1/4.4、1/3.9。

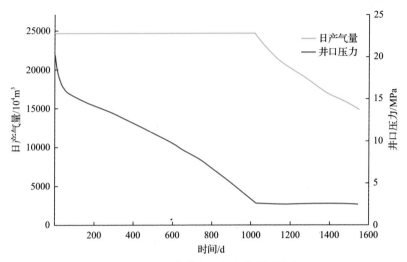

图 8-4   A12 井稳产 3 年生产预测曲线

表 8-3   延安气田某研究区块单井稳产 3 年配产表

井号	层位	配产产量/10^4m^3	无阻流量与配产比值
S10	山二段	9.00	5.7
S11	本二段	5.79	5.0
S12	山二段	4.41	6.5
S13	山二段	4.00	4.4
S14	山二段	3.95	6.6
I 类平均			5.6
S15	本二段	2.91	5.1
S16	本二段	2.49	5.7
S17	盒八段	2.33	3.8
S18	山二段	2.27	3.7
S19	本二段	1.68	4.8
S20	盒八段+山一段	1.59	4.0
S21	山一段+山二段	1.56	3.9
II 类平均			4.4
S22	山二段	1.47	3.6
S23	本一段	1.10	3.2
S24	山一段	1.08	4.5
S25	山二段	1.07	2.7
S26	山一段+盒八段+盒五段	1.05	4.8
S27	本二段	0.95	4.6
S28	盒八段+山一段	0.94	4.2
III 类平均			3.9

三、配产评价方法对比分析

通过对经验配产法、采气曲线配产法、节点系统分析法、数值模拟法在延安气田 AE 先导试验区气藏的适应性评价，认为节点分析法需要的参数多，不确定因素大，不适合在 AE 井区推广应用。经验法、采气曲线法方便简单，数值模拟法充分考虑了动静态资料的结合，通过三种方法求取平均值，为气井合理配产（表 8-4）。Ⅰ 类井合理配产 $2.84 \times 10^4 m^3/d$，Ⅱ 类井合理配产 $1.51 \times 10^4 m^3/d$，Ⅲ 类井合理配产 $0.72 \times 10^4 m^3/d$，加权平均得到 AE 井区单井平均合理配产 $1.05 \times 10^4 m^3/d$。从 Ⅰ 类、Ⅱ 类、Ⅲ 类单井生产看，稳产平均在 8 年左右，与方案设计一致。

表 8-4 AE 井区先导试验区气井合理配产综合表

类型	比例/%	经验法/%	采气曲线法/%	数值模拟法/%	平均/($10^4 m^3/d$)
Ⅰ 类井	5.4	2.94	2.98	2.60	2.84
Ⅱ 类井	27.7	1.48	1.59	1.45	1.51
Ⅲ 类井	66.9	0.71	0.73	0.72	0.72
加权平均	100.0	1.04	1.09	1.02	1.05

1. Ⅰ 类井

延安气田 AE 先导试验区 20 口高产井，采用无阻流量 1/8～1/10 配产，气井普遍稳产时间长，70% 的井生产时间超过 5 年，15% 的井生产时间为 3～5 年。典型 Ⅰ 类气井 SS1 井生产曲线如图 8-5 所示，该井无阻流量为 $106.49 \times 10^4 m^3/d$，配产 $(8～12) \times 10^4 m^3/d$，生产 6 年来产量稳定在 $8 \times 10^4 m^3/d$ 左右。

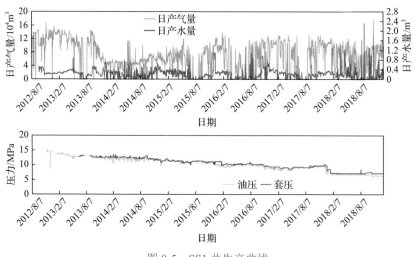

图 8-5 SS1 井生产曲线

2. Ⅱ类井

延安气田 AE 先导试验区 40 口Ⅱ类气井，采用无阻流量 1/6～1/8 配产，气井普遍稳产时间长，80%的井生产时间超过 5 年。典型Ⅱ类气井 SS2 井生产曲线如图 8-6 所示，该井无阻流量为 $8.19 \times 10^4 \mathrm{m}^3/\mathrm{d}$，配产 $(1～1.4) \times 10^4 \mathrm{m}^3/\mathrm{d}$，生产 6 年来产量稳定在 $1.2 \times 10^4 \mathrm{m}^3/\mathrm{d}$ 左右。

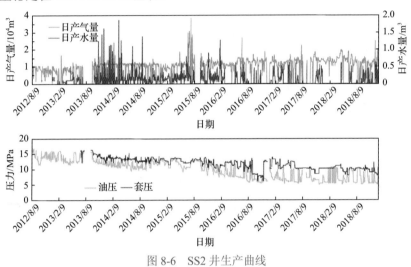

图 8-6　SS2 井生产曲线

3. Ⅲ类井

延安气田 AE 先导试验区 90 口Ⅲ类井，采用无阻流量 1/5～1/6 配产，气井普遍稳产时间长，70%的井生产时间超过 5 年。典型Ⅲ类气井 SS3 井生产曲线如图 8-7

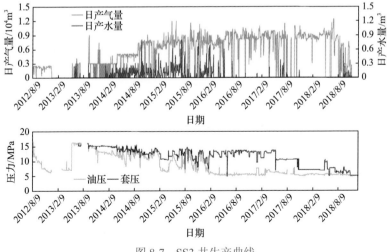

图 8-7　SS3 井生产曲线

所示，该井无阻流量为 $4.61 \times 10^4 \mathrm{m}^3/\mathrm{d}$，配产 $(0.8 \sim 1) \times 10^4 \mathrm{m}^3/\mathrm{d}$，生产 6 年来产量稳定在 $0.9 \times 10^4 \mathrm{m}^3/\mathrm{d}$ 左右。

第二节　气藏生产动态预测

动态分析是气田开发的基础，通过充分利用气田生产动态资料，综合分析气藏生产动态特征，研究气藏动态变化规律，认清开发过程中出现和存在的问题，有针对性提出改善措施和方法，以便充分利用地层能量，达到提高气藏采收率的目的，实现气田高效开发。

一、气井生产动态预测方法

目前国内致密气藏在开发早期大多采用定产方式开发，对气井稳产时间进行预测是一个重要的研究问题。目前行业通用的稳产预测方法主要有三种：①产量不稳定分析法，通过对气井生产历史进行拟合，建立单井模型，再进行单井稳产期预测；②物质平衡法，利用单井建立的压降方程和折算的自然稳产期末对应的累计产气量，给定配产反算稳产期；③数值模拟法，在建立的地质模型的基础上，对单井或区块进行稳产期预测[1]。

1. 稳产预测的方法

1）产量不稳定分析法

低渗压裂气井的不稳定生产时间长，短期内很难达到拟稳定渗流状态，且矿场一般考虑减少测试时间、降低测试费用及避免资源浪费等因素，导致气井实际测试时间较短，很难满足试井要求。因此，对于低渗压裂气井，可直接利用生产数据与典型图版进行拟合，从而得到气井参数，通过获得的参数建立单井解析模型，对气井后期生产进行预测。

2）物质平衡法

物质平衡法根据建立的压降方程，折算出稳产期末井口压力对应的地层压力，将该压力代入压降方程，计算出该点对应的累计采气量，即为自然稳产期末的累计采气量(图 8-8)。只需要气井的地层压力和累计产气量，即可预测剩余稳产时间，计算简单，但该方法需要连续的地层压力监测数据。

3）数值模拟法

数值模拟法是通过建立描述气藏中流体渗流过程的数学模型，对历史生产数据进行拟合，利用计算机对数学模型进行数值求解，从而展现气藏流体渗流过程，预测其变化规律。

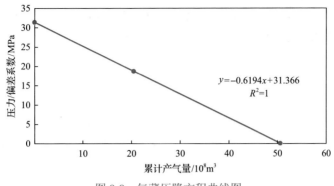

图 8-8 气藏压降方程曲线图

2. 稳产预测实例

物质平衡法计算简单，但需要连续压力监测数据，该方法不能广泛适用于致密气藏。以延安气田为例，目前采用产量不稳定分析法、数值模拟法和相似气田类比三种方法预测稳产期[2]。

1) 产量不稳定分析法

以延安气田 SA1 井为例，根据实际生产产量和压力数据，选用 Blasingame 典型曲线，计算物质平衡时间、规整化产量及规整化产量积分导数，在双对数图版上绘制出 SA1 井规整化产量曲线与规整化产量积分导数曲线，与图版中典型曲线进行拟合，如图 8-9 所示，拟合结果显示与无因次泄气半径 R_{eD}=5.0 的典型曲线拟合效果最佳。

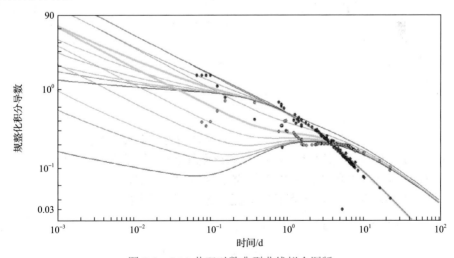

图 8-9 SA1 井双对数典型曲线拟合图版

在典型曲线 R_{eD}=5.0 和 SA1 井的规整化产量曲线上选取任何一个拟合点，可计算得到 SA1 井地层渗透率为 $0.42 \times 10^{-3} \mu m^2$，裂缝半长为 72.6m，泄气面积为 $0.42km^2$，单井控制地质储量为 $0.76 \times 10^8 m^3$，根据拟合得到的 x_f、y_e、x_e、x_w 和 y_w 值，建立 SA1 井单井解析模型，如图 8-10 所示。

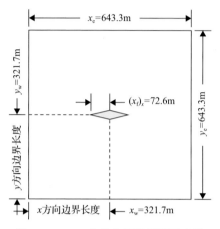

图 8-10　SA1 井单井解析模型示意图

SA1 井从投产开始稳定生产(图 8-11)，稳产气量为 $3 \times 10^4 m^3/d$，截至 2018 年 3 月底，累积产气量为 $2683 \times 10^4 m^3$，井口套压从 16.5MPa 下降到 9.9MPa，利用建立的单井解析模型对 SA1 井进行拟合，可见压力拟合效果非常好。对 SA1 井进行定产量下的压力预测，结果显示 SA1 井以 $3 \times 10^4 m^3/d$ 的稳定产气量能继续稳产 1.7 年。

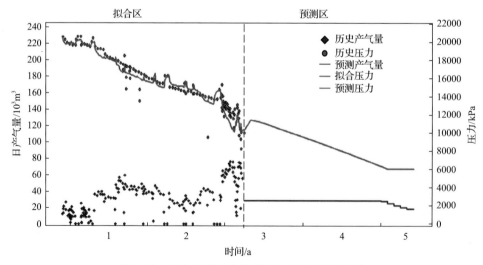

图 8-11　SA1 井不稳定分析法生产动态预测曲线

产量不稳定分析法需要生产数据(产量、井口压力)及气井的孔隙度、有效厚度等参数,不需要长时间关井测压,大大减少了测试时间以及费用,但要求生产数据具有一定的精度,否则会产生一定误差。

产量不稳定分析法直接利用生产数据对单井生产进行预测,不需要长时间关井测试,适用于所有气井,不仅能实现对气井生产状况的简单快速预测,且大大提高了气田开发的经济性。

利用产量不稳定分析法计算了 Y 井区 41 口气井的稳产时间,结果如图 8-12 所示,可以发现 Y 井区气井的稳产时间主要分布在 3~7 年,占总井数的 85.33%,单井的稳产时间平均为 5.6 年。

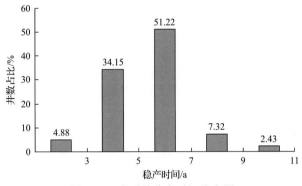

图 8-12 典型井稳产时间分布图

2) 数值模拟法

延安气田 Y 井区三维地质模型如图 8-13 所示,网格为 93×97×23 的均匀直角网格,平面网格步长取值为 10m×10m,纵向网格精度平均取值为 1m。

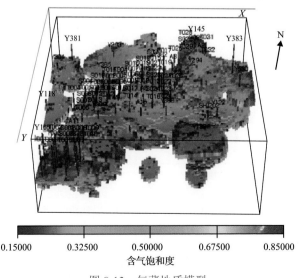

图 8-13 气藏地质模型

选取气井试气测得的平均地层压力作为各层的初始地层压力(表 8-5),根据实验测得的气水两相相对渗透率曲线(图 8-14)和气体高压物性(图 8-15)等参数,采用等效裂缝模型,设定气井平均裂缝长度为 80m。

表 8-5　模型中各层的地层压力取值

层位	平均深度/m	平均地层压力/MPa
盒八段	-1515	19.8
山西组	-1590	20.5
本溪组	-1688	21.7

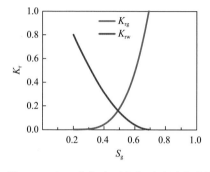

图 8-14　归一化气水两相相对渗透率曲线

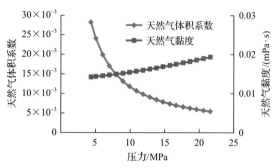

图 8-15　天然气高压物性

采用数值模拟对本区气藏进行预测,以 SA2 井为例,对生产数据进行历史拟合,如图 8-16 所示,可以看出模拟产气量与实测产气量之间拟合结果非常好,前期和后期井底流压拟合效果很好,中期井底流压拟合效果相对一般,整体拟合效果较好,证明本次建立的数值模拟模型可靠。

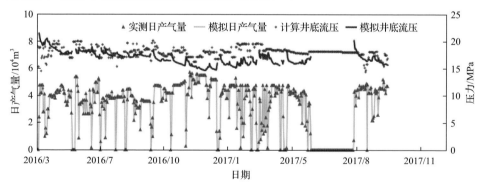

图 8-16　SA2 井生产历史拟合曲线

利用建立的气藏数值模拟模型,预测出四种不同采气速度下,气藏的产气量随时间变化的曲线,如图 8-17 所示,可以看出采气速度越高,稳产期越短。Y 井区的地质储量为 $124.1 \times 10^8 \mathrm{m}^3$,目前年产气量为 $3 \times 10^8 \mathrm{m}^3$,计算得到目前 Y 井区的采气速度约为 2.4%，根据数值模拟预测结果，Y 井区稳产时间约为 5.5 年。

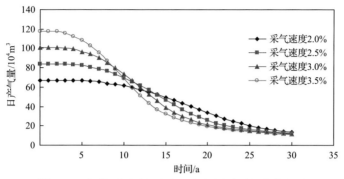

图 8-17　气藏不同采气速度日产气量随时间变化曲线

3）相似气田类比

X 井区位于鄂尔多斯盆地伊陕斜坡东侧，为河控浅水三角洲前缘沉积，主要生产层位为山西组；苏里格气田位于内蒙古鄂尔多斯境内，主力产层为石盒子组盒八段气层；大牛地气田主力生产层位为盒三段、盒二段、山一段。三个气田均处于鄂尔多斯盆地，为典型的低孔、致密气藏，延安气田 Y 井区地质条件与三个气田一致，地质特征及稳产时间对比结果见表 8-6。

表 8-6　Y 井区与相似气田对比

气田名称	主力生产层位	孔隙度/%	渗透率/$10^{-3}\mu m^2$	稳产时间/a
X 井区	山西组	6.20	2.39	4
苏里格	盒八段	8.95	0.73	3
大牛地	盒三段、盒二段、山一段	8.30	0.39	6
Y 井区	山西组	5.07	0.93	5.5

通过三种方法预测结果相近，表明预测结果可信度较高，综合分析 Y 井区的稳产年限在 5.5 年左右。

3. 气藏产量递减预测技术

致密砂岩气藏整个开发过程存在不同的生产阶段。一个气藏的开发一般经历产能建设、稳产、产量递减和低压低产 4 个阶段。就气井生产的全过程而言，一般可划分为产量稳定阶段和产量递减阶段[2]。

1）产量递减方法

在气田的开发过程中，随着地下可采储量的减少，产量总是会下降的。气田高产稳产期结束后，产量将以一定的规律递减。产量递减分析，就是当气田或气井进入递减阶段以后，寻求产量变化规律并利用这些规律进行未来产量预测。当气藏或气井进入递减期后,利用产气量或累积产气量随时间变化的生产数据,采用图解方法可以判别气藏或气井的产量递减规律,即属于哪一种递减类型。本书主要介绍 Arps、Fetkovich、Blasingame 三种常用的递减方法。

(1) Arps 递减方法。

Arps 首先将递减规律归纳为指数递减、双曲递减、调和递减 3 种类型(图 8-18),并形成产量递减预测的经典方法。卡彼托夫对 Arps 方法进行了扩展,称为广义卡彼托夫方法[3],从 Arps 方法可以推导出衰减曲线,它可以预测产量、累积产量、递减率的变化趋势。

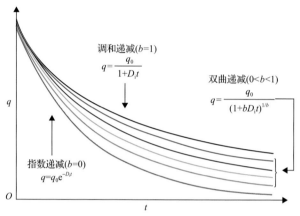

图 8-18　传统 Arps 产量递减曲线

q_0 为递减初期的产量;q 为递减阶段的产气量;D_i 为初始递减速率;b 为递减速率曲线常数;t 为递减时间

产量的递减速度主要取决于递减指数 n 和初始递减率 D_i。在初始递减率相同时,以指数递减率最快,双曲递减(特指 $0<n<1$)次之,调和递减最慢(表 8-7)。在递减指数一定即递减类型相同时,初始递减率越大,产量递减越快。在气田开发的整个递减阶段,其递减类型并不是一成不变的,因此,应根据实际资料的变化对最佳递减类型做出可靠的判断。在递减阶段的初期,三种递减类型比较接近,因而常用比较简单的指数递减类型研究实际问题,在递减阶段中期,常用双曲线递减类型,在递减阶段后期,一般符合调和递减。

表 8-7　三种递减类型的对比

项目	指数递减($n=0$)	双曲线递减($0<n<1$)	调和递减($n=1$)
递减率	$D = D_i$	$D = D_i(1+nD_it)^{-1}$	$D = D_i(1+D_it)^{-1}$
产量与时间	$q = q_0 e^{-D_it}$	$q = q_0(1+nD_it)^{-1/n}$	$q = q_0(1+D_it)^{-1}$
产量与累计产量(N_p)	$N_p = (q_0-q)/D$	$N_p = \dfrac{q_0}{D_i(n-1)}\left[\left(\dfrac{q}{q_0}\right)^{(1-n)}-1\right]$	$N_p = \dfrac{q_0}{D_i}\ln\dfrac{q_0}{q}$
开发时间	$t = \ln(q_0/q)/D_i$	$t = [(q_0/q)^n-1]/nD_i$	$t = [(q_0/q)-1]/D_i$

（2）Fetkovich 递减方法。

20 世纪 80 年代初，Fetkovich（菲特柯维奇）将地层的流动模型与物质平衡结合，建立了现代产量递减分析的图版拟合方法，以均质地层不稳定渗流理论为基础，结合 Arps 经验公式，提出一套比较完整、受渗流机理控制的产量递减曲线分析方法。Fetkovich 证明，受边界控制的衰竭式开采气藏，气井的产量递减遵循双曲递减规律。

Fetkovich 递减曲线将整个流动时期分为不稳定流动期（瞬变期）和递减区（衰减区、拟稳定期）（图 8-19），所有的不稳定流动曲线在无因次时间 0.2～0.3 的地方汇集，该时刻就是划分不稳定流动期和递减期的近似解。通过定义外边界泄油半径与有效井筒半径的比（r_e/r_w）来反映瞬变期流动特征。Fetkovich 为了扩大其典型曲线的应用范围，同时把 Arps 经验递减曲线组合在一起，因而使水驱、溶解气驱，异常高压及非均质地层的油气井均能适用。并可以计算储量、预测气井生产动态，计算地层参数。

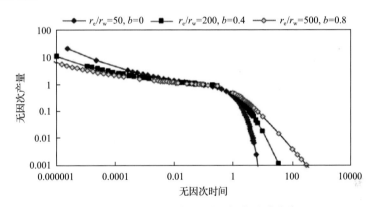

图 8-19　Fetkovich 流量-时间标准递减曲线

（3）Blasingame 递减方法。

Blasingame 递减曲线法是以采油指数或采气指数形式综合表示变化压力降/变化产量生产数据，并且通过引入拟等效时间屏蔽产量、压力波动影响，将其等效为定流量生产数据，同时考虑了气体 PVT 性质随压力的变化。定义物质平衡生产时间、产量函数、产量积分函数、产量积分导数函数（对数导数），形成诊断曲线，可以消除一些产量波动和压力波动数据，使产量数据更平滑，可以得到更好的匹配。

Blasingame 通过拉普拉斯变换求解最终绘制了规整化产量、产量积分、产量积分导数曲线图版。物质平衡拟时间的引入使得图版后半部分都归结为一条调和递减曲线（图 8-20），定压解在晚期归结于一个指数递减，无因次产量积分趋于 1

（图 8-21），相应的无因次时间约 6.5。

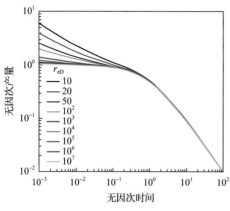

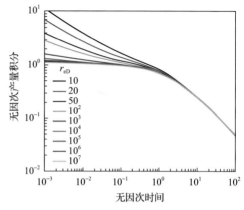

图 8-20　Blasingame 规整化产量图版　　　　图 8-21　Blasingame 规整化产量积分图版

2）递减方法适用性

Arps 递减曲线适用性为任何驱动形式的气藏，气井生产进入自然递减阶段（采出程度超过 60%），主要适用在气藏开发的中后期，气田开发进入自然递减阶段；在控制单井稳产、陆续补充开发井而使气层产量上升的开发早期阶段不适用。

Fetkovich 递减曲线适用性为储层必须是均质等厚，Fetkovich 递减曲线法考虑瞬间或无限作用流动状态及边界控制流动状态。其克服了 Arps 递减曲线法仅能用于拟稳定生产的弱点，但不能够分析多次关井及变井底压力的生产数据。

Blasingame 方法适用于以下方面。

（1）定压，定产，指数递减，罗杰斯蒂递减，双曲递减，正弦递减。斜率和截距分别反映泄流半径的大小与储层形状。

（2）适用于压力传播到外边界，产量变化引起的不稳定是瞬间产生的，可以忽略，适用于单相微可压缩或者常压缩流体。

（3）均质各向同性，厚度、孔隙度、渗透率（与压力无关）不变，流体微可压缩或者压缩系数为常数，忽略重力的影响。

延安气田还处于定产生产期，Arps 递减和 Fetkovich 递减方法目前均不适用。可选用 Balsingame 递减方法，通过调整无因次气藏半径、渗透率、表皮系数、供气区面积及原始气地质储量等参数进行拟合，在此基础上进行预测。

二、气藏生产动态实例分析

延安气田 AG-AH-AI 井区主力生产层位为山二段和本溪组。自开发以来，经历了 2012 年 4 月、2014 年 11 月、2015 年 10 月三次规模建产，累计建成 $23 \times 10^8 m^3/d$ 产能。截至 2018 年 12 月，延安气田 AG-AH-AI 井区累积产气 $96.38 \times 10^8 m^3/d$，累积产水 $12.91 \times 10^4 m^3/d$，累积水气比 $0.13 m^3/10^4 m^3$，2018 年水气比 $0.15 m^3/10^4 m^3$。采气速度 2.07%，采出程度 9.01%。平均单井日产气 $1.06 \times 10^4 m^3/d$，平均单井日产水 $0.16 m^3/d$。

1. 气井生产特征

对气井进行分类评价是气藏动态分析的基础。影响气井评价的关键指标包括静态地质指标、储层改造指标和生产动态指标。优选了其中的储能系数（$\phi h S_g$）、地层系数（KH）、返排率（FBR）、无阻流量（Q_{aof}）、试气量（Q_{test}）、动储量（DR）、单位套压累产量（PDQ）7 个指标，以日产气量为主因素，分析各指标参数与日产气量的相关性，得到影响气井评价及分类指标的权重值（表 8-8），并计算综合评价指标（WC），对气井进行分类（表 8-9）。

表 8-8 影响气井评价及分类指标的权重值

影响指标	储能系数	地层系数 /($10^{-3}\mu m^2 \cdot m$)	动储量/$10^8 m^3$	无阻流量 /($10^4 m^3/d$)	试气量/$10^8 m^3$	返排率/%	单位压降累产量 /($10^8 m^3/MPa$)
权重值	0.067	0.067	0.219	0.219	0.219	0.067	0.143

表 8-9 评价及分类表

综合指标	>1.0	0.5～1.0	<0.5
分类	I	II	III

注：$WC = 0.067 \times (\phi h S_g) + 0.067 \times (KH) + 0.219 \times DR + 0.219 \times Q_{aof} + 0.219 \times Q_{test} + 0.067 \times FBR + 0.143 \times PDQ$

分类结果表明，延安气田 I 类、II 类、III 类井的比例分别为 27.5%、22.1%、50.4%，以 III 类井为主。不同分类的气井，表现出不同的生产动态特征。

1）I 类井

I 类井储层特征评价好，地层系数高，能以合理产量连续稳定生产，地层能量稳定，压降速度缓慢，井筒中一般无积液。

SS127 井是一口典型的 I 类井，产量高，压力稳，生产综合曲线如图 8-22 所示。计算无阻流量为 $128.9 \times 10^4 m^3/d$，基本不产水。初期配产 $14.0 \times 10^4 m^3/d$，2013 年 10 月因保护高产井策略，产量调整为 $6.5 \times 10^4 m^3/d$，此后生产一直平稳，套压下降缓慢，年平均套压下降 1.45MPa，平均单位套压降采气量为 2019.6 $\times 10^4 m^3$。

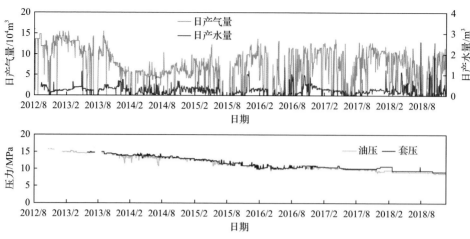

图 8-22　SS127 井综合生产曲线

2）Ⅱ类井

Ⅱ类井储层特征评价较好，地层系数较高，以合理产量稳定生产的井为主，地层能量相对稳定，压降速度较慢，有一定的携液能力，辅以排水采气措施能够连续生产。

SS214 井为一口典型的Ⅱ类井，产量中等，压力稳定，生产综合曲线如图 8-23 所示。计算无阻流量 $17.6 \times 10^4 \mathrm{m}^3/\mathrm{d}$，基本不产水。2010 年 5 月 18 日至 2010 年 9 月 30 日进行试采，初始套压为 16.8MPa，试采期间稳定产气量为 $4.2 \times 10^4 \mathrm{m}^3/\mathrm{d}$，水气比为 $0.29 \mathrm{m}^3/10^4 \mathrm{m}^3$，试采结束时单位套压降采气量为 $361.9 \times 10^4 \mathrm{m}^3$。该井于 2012 年 5 月正式投产，配产 $2.0 \times 10^4 \mathrm{m}^3/\mathrm{d}$，产量基本保持稳定，套压下降较缓慢，年平均套压下降 1.68MPa，平均单位套压降采气量约为 $497.9 \times 10^4 \mathrm{m}^3$，水气比为 $0.12 \mathrm{m}^3/10^4 \mathrm{m}^3$。

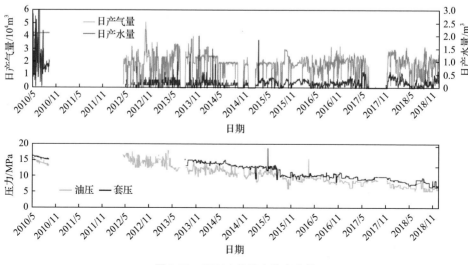

图 8-23　SS214 井综合生产曲线

3）Ⅲ类井

Ⅲ类井储层特征差，地层能量不稳定，压降速度较快，产量普遍较低，井底易积液，需辅助频繁的排水作业才能维持连续生产，部分井无法连续生产。

SS225井为一口典型的Ⅲ类井，产量低，生产压力波动，生产综合曲线如图8-24所示。计算无阻流量$0.5×10^4m^3/d$，基本不产水。初期配产$0.1×10^4m^3/d$，后因压力过低关井，测压显示井底有积液。2013年11月采取排水措施后开井生产，配产$0.7×10^4m^3/d$，能够保持正常生产。生产过程中，一直存在轻微积液现象，通过气井自身携液能力辅助泡沫排水作业可带出液体，保持稳定生产，套压呈波动下降，年平均套压下降2.21MPa，平均单位套压降采气量约为$101.6×10^4m^3$，水气比为$0.06m^3/10^4m^3$。

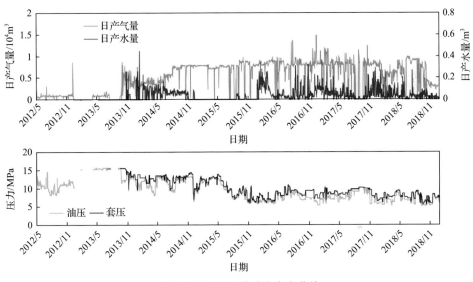

图8-24　SS225井综合生产曲线

2. 区块开发特征

(1) 单井产能低，平面上和纵向上产能差异大，气区生产总体以低产量井（日产气量小于$1×10^4m^3/d$）为主，产量贡献率低。

平面上，AG、AH、AI区块单井产能依次降低，压裂后单井试气平均无阻流量分别为$11.6×10^4m^3/d$、$9.8×10^4m^3/d$、$7.7×10^4m^3/d$，以低产量井为主。试气无阻流量大于$30×10^4m^3/d$的井占9.2%，试气无阻流量小于$10×10^4m^3/d$的井占72.8%，其中以试气无阻流量为$(1～5)×10^4m^3/d$的井为主。

纵向上产能差异较大：盒八段平均无阻流量为$2.79×10^4m^3/d$，最高无阻流量为$9.45×10^4m^3/d$；山一段平均无阻流量为$1.91×10^4m^3/d$，最高无阻流量为$3.68×10^4m^3/d$；山二段平均无阻流量为$15.14×10^4m^3/d$，最高无阻流量为$127.69×$

$10^4 \mathrm{m}^3/\mathrm{d}$；太原组平均无阻流量为 $2.73 \times 10^4 \mathrm{m}^3/\mathrm{d}$，最高无阻流量为 $3.81 \times 10^4 \mathrm{m}^3/\mathrm{d}$；本溪组平均无阻流量为 $9.34 \times 10^4 \mathrm{m}^3/\mathrm{d}$，最高无阻流量为 $87.67 \times 10^4 \mathrm{m}^3/\mathrm{d}$。

主力气井主要分布在山二段河道砂体中部和本溪组障壁岛砂体核心部位。气井无阻流量 Q_{aof} 和地层流动系数 KH 呈较好的幂指数关系（图 8-25，图 8-26）。

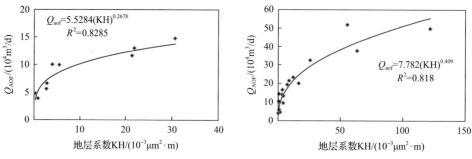

图 8-25　单采山西组无阻流量与地层参数关系　图 8-26　单采本溪组无阻流量与地层参数关系

低产井井数多但产量贡献率低。日产气量小于 $1 \times 10^4 \mathrm{m}^3$ 的井初期井数占 43.8%，产量占 14.5%，生产 6 年后井数占 60.3%，产量占 22.8%。

(2) 定产降压模式生产条件下，井口套压下降呈现先快后慢并逐渐平稳的特征。

单井投产初期短时间内井口套压下降较快，后期压力下降变缓，呈线性下降规律（图 8-27）。全区生产套压曲线表现为，套压随产气量的季节性变化而波动，但总体上呈线性下降趋势。

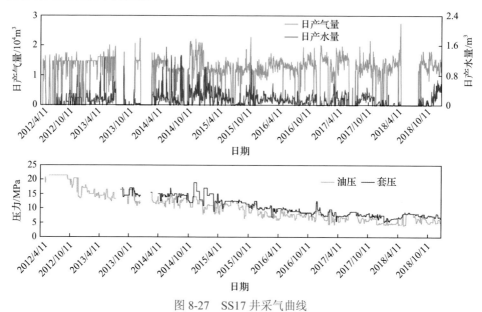

图 8-27　SS17 井采气曲线

单位套压压降采气量初期增加较快，随后逐渐趋于稳定（图 8-28）。按照单位压降采气量对气井进行分类(表 8-10),I 类井单位压降采气量大于 $500 \times 10^4 m^3/MPa$,平均套压压降速率为 0.0038MPa/d,II 类井单位压降采气量为 $(200 \sim 500) \times 10^4 m^3/MPa$,平均套压压降速率为 0.0061MPa/d,III 类井单位压降采气量小于 $200 \times 10^4 m^3/MPa$,平均套压压降速率为 0.0121MPa/d。各单井单位压降产采气量与日套压降速率和日均产气量的散点图如图 8-29、图 8-30 所示。

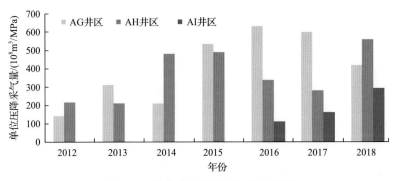

图 8-28　单位套压压降采气量变化图

表 8-10　分类气井单位压降采气量与压降速度统计表

分类	单位压降采气量 /$(10^4 m^3/MPa)$	平均无阻流量 /$(10^4 m^3/d)$	日均产气量/$10^4 m^3$	日均压降速率/MPa
I 类井	>500	33	2.8	0.0038
II 类井	200~500	7	1.7	0.0061
III 类井	<200	3	0.8	0.0121

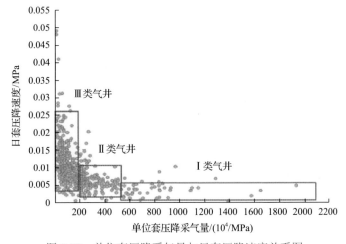

图 8-29　单位套压降采气量与日套压降速度关系图

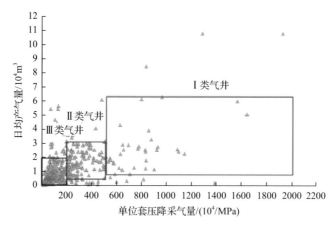

图 8-30　单位套压降采气量与日均产气量关系图

（3）气井产水量相对较低，水气比变化不大。但气区以低产气井为主，生产易受积液影响。

井区整体日产水量低于 $1.5m^3$。单井日产水量与日产气量相关，日产气量高的井日产水量也相对较高。产出水主要为凝析水和地层孔隙水，地层水是产水的主要来源。

各区块历年水气比为 $0.09\sim0.41$，生产期间随排水作业小幅波动，总体上有略微上升趋势。AG 井区水气比最低，AI 井区水气比较高（表 8-11）。层间略有差异，主力产层山二段水气比略低于本溪组，Ⅰ类井水气比略低于Ⅱ类井和Ⅲ类井。

表 8-11　各区块历年水气比变化表　　　　　　（单位：$m^3/10^4m^3$）

区块	2012 年	2013 年	2014 年	2015 年	2016 年	2017 年	2018 年
AG 井区	0.05	0.07	0.09	0.09	0.08	0.08	0.09
AH 井区	0.06	0.13	0.12	0.23	0.19	0.17	0.17
AI 井区				0.27	0.38	0.41	0.33

由于气区以日产气量小于 $1\times10^4m^3$ 的井为主，产水对生产影响很大。且随着生产时间持续，低产气井比例不断增加。小直径生产管柱仍不能完全满足携液需求，以泡沫排水为主要排水技术的采气工作量逐年增加。

第三节　致密气藏气井积液分析与诊断

气井积液现象是由多相流体流动引起的，当井底含液量增加，井底回压变大（主要是重力引起），最终影响气体在地层中的流动，甚至导致气井停产。分析气井积液原因与积液判断，才能采取针对性的排水采气措施来消除积液，提高气井产量，保证气井长期稳定的开采，提高其采收率，是致密气藏采气工艺的重点工作。

一、气井产水原因及危害分析

气井产出水可能是气层水(包括边水、底水等)，也可能是非气层水，如凝析水、泥浆水、残酸水，或从其他地方(如上下层)窜入的外来水等。而在开采中会对生产产生长期严重影响的一般是边水、底水或外来水。

多数气井在正常生产时的流态为环雾流，液体以液滴的形式由气体携带到地面，气体呈连续相而液体呈非连续相。当气相流速太低，不能提供足够的能量使井筒中的液体连续流出井口时，液体将与气流呈反方向流动并积存于井底，气井中将存在积液。

气井产水对生产的影响和危害主要表现在以下几个方面。

(1)气井产水后，由于在产层和自喷管柱内形成气水两相流动，压力损失增大，能量损失也增大，从而导致单井产量迅速递减，气井自喷能力减弱，逐渐变为间歇井，最终因井底严重积液而水淹停产，使最终采收率降低。

(2)气井产水后，降低了气相渗透率，气层受到伤害，产气量迅速下降，递减期提前。

(3)加快了液面下油、套管的电化学腐蚀。

(4)气井产水将降低天然气产量，产出的地层水需要处理，增加脱水设备和费用，增加了天然气的开采成本。

二、气井积液诊断方法

1. 主要的气井积液诊断方法对比

气井积液诊断方法主要有直观分析判别法、油套压差诊断法、压力梯度分析法、回声仪探测液面法、苏联经验公式法、动能因子-积液高度计算法、临界滑脱密度法、凝析水量计算法、临界携液流量法等。

将主要的气井积液诊断方法从所需参数、诊断准则、适用范围及应用效果几个方面进行列表进行对比，见表8-12。

在实际生产过程中，分析诊断井筒积液一般采用各种方法进行综合分析。通常首先进行直观分析和压力梯度分析，如产量突然下降、井口出现液体段塞、井筒压力梯度变化巨大、井口温度降低、产液量降低、油压与套压在较长时间不平衡等；再通过理论临界携液流量和实际生产情况的对比分析等诊断井筒是否存在积液的可能性。

表 8-12　气井积液诊断的几种方法对比

判别方法	所需参数	诊断准则	适用范围	应用效果
直观分析判别法	产气量、产液量等	短期内异常波动	全部	定性诊断一般
油套压差诊断法	井口油压、套压	比较油压与套压之间差异	井下无封隔器	一般
临界携液流量法	临界流速、临界流量，实际流速、实际流量、井口压力、温度等数据	比较临界携液流量与实际流量的大小	全部	定量分析高气液比好
压力梯度分析法	实际测试的压力梯度曲线数据	压力梯度出现突变，或波动	能够进行下压力计进行压力测试的井	很好
凝析水量计算法	理论计算的凝析水量、气井实际产出水量	比较凝析水量与实际产出水量的大小	生产初期无自由水产出	一般
动能因子-积液高度计算法	井底流压、管鞋处的流速	动能因子小于 8.0 计算井底有液柱高度	需要得到井底流压、流速	较好
苏联经验公式法	井底流压		需要得到井底流压	较好
回声仪探测液面法	采取回声仪探测环空液面	探测环空液面位置	井下无封隔器	一般，易受干扰
临界滑脱密度法	井口压力	平均滑脱密度来反映气液间的滑脱损失	全部	计算繁琐，较好

对于致密气藏，尤其是高气液比的气井，普遍采取临界携液流量法来诊断气井积液。

2. 井下节流气井积液诊断

常规气井井筒出现积液后，管柱中液体作用造成井底回压增大，可以通过油套压差变化较为直观地进行诊断。但为防止井筒天然气水合物生成而安装井下节流器的气井无法通过油套压差直观反映井底积液情况和积液周期，给积液诊断造成了困难。

一般认为，节流降压作用使节流井在节流器下游的气体膨胀、气流速度增加，从而使节流器下游气体的携液能力增加，节流器下游的流体中不容易出现积液。然而现场测试结果表明，目前许多节流气井在节流器上段的井筒内出现了明显的积液。所有节流器上段积液的气井，节流器下段都出现了积液现象，而节流器下段未出现积液的气井，节流器上段也未出现积液现象。

当气井压力损失很大，液体段塞经过节流孔时，由于气流流速很低，气孔不再对液体段塞产生作用，经过气孔的段塞逐渐累积，节流器上段便变为泡状流，此时节流器上方压力梯度迅速增大，致使节流器下上方基本不存在节流压差，天然气只以气泡形式穿过液柱缓慢上升，节流器上下方充满积液。

1) 生产动态分析法

生产动态分析法[4]主要结合现场气井生产动态特征，根据现场气井生产动态分析，积液产水气井生产过程中表现特征主要有以下几个方面。

(1)压力、产量频繁波动。根据积液井大量生产动态资料分析，气井携液能力不足时，一般压力波动范围超过 1.0MPa/d，产量波动幅度大于 10%。

(2)生产过程中，压降速率大于 0.3MPa/d。

(3)压力恢复时油套压差大。实际生产过程中，可通过短期关井获取油、套压差法，粗略计算井筒积液量。

(4)部分积液井在生产曲线表征上表现为油套压差上升。

2)关井恢复压力排查法

为准确确定产水井点，便于生产管理，根据生产情况诊断产水的初步判断结果，采用逐井关井恢复压力，通过记录所关井恢复压力后油压和套压的变化、油套压差的大小来核实气井是否产水，并初步估算气井的井筒积液高度。关井时间可以根据关井后油套压差的变化进行确定，如果油压和套压恢复较慢、油套压差较大的气井，可以延长此类井的关井时间，以进一步确定井筒的积液程度[4]。

积液初期及中期用油套压差计算，井筒积液初期基本上是属于油管积液，导致油压和套压存在压差是因为油管积液。通过关井恢复油压和套压，根据油套压差情况可以初步诊断气井井筒积液情况。

3)回声仪探测液面法

回声仪探测液面法[4]是采取回声仪探测液面以确定井筒积液情况，结合气井井筒结构，估算井底积液量。

油套压差和环空液柱高度在一定程度上较好地反映了井筒的积液量，并与理论计算值基本吻合，有利于指导气井积液情况的诊断和分析。

4)油管充压法

油管充压法[4]是在现场实际工作中，根据节流器生产特征总结的一种快速简洁的诊断方法，具体步骤为：将套管压力向油管充压，根据油压变化诊断积液位置。若油压逐渐下降，则说明节流器以下积液；若油压无变化或变化速率小，则说明节流器以上积液。

5)积液高度预测算法

积液高度预测算法[5]主要步骤为：①采用流动气柱法，从井口油压往井底迭代计算流动气柱压力，绘制压力曲线 A。②采用静止气柱法，从井口套压往井底迭代计算出井底压力作为井底流压。③从井底开始每 100m 按照所诊断的流态模型，计算一次气井的压力。④沿井筒一直计算到井筒内的压力小于或等于井口油压为止，绘制曲线 B。曲线 A 与曲线 B 的交点，即为井筒积液深度。

三、气井临界携液流量模型优选

1. 各临界携液流量模型的比较评价

目前，判定气井积液的基本方法主要为临界携液流量方法，国内外许多学者已经提出了计算气井临界携液流量的数学公式，现场上常见的临界携液流速模型有 7 种：Duggan 模型[6]、Turner 模型[6]、Coleman 模型[6]、Nosseir 模型[6]、李闽模型[7]、杨川东模型[8]、王毅忠模型[9]。Duggan 模型基于统计数据得到了气井临界流量表达式，后 6 种模型以液滴模型为基础，以井口或井底条件为参考点，推导出了临界流量公式。各种公式由于其推导的理论基础不同，具备不同的适用性，见表 8-13。

表 8-13　几种主要国内外气井临界携液模型对比

模型	计算公式	使用条件	液滴模型	阻力系数 C_D	压力选取
Duggan 模型	临界流速高于 1.524m/s	统计规律			
Turner 模型	$v_c = 6.6[\sigma(\rho_l - \rho_g)/\rho_g^2]^{0.25}$，$q_c = 2.5 \times 10^4 \dfrac{A v_c P}{ZT}$	液气比小于 731m³(标) /10⁶m³	球形	0.44	井口压力
Coleman 模型	$v_c = 4.45[\sigma(\rho_l - \rho_g)/\rho_g^2]^{0.25}$，$q_c = 2.5 \times 10^4 \dfrac{A v_c P}{ZT}$	液气比小于 731m³(标) /10⁶m³	球形	0.44	井口压力（< 3.45MPa）
Nosseir 模型	低压瞬变流：$v_c = 4.55 \sigma^{0.35}(\rho_l - \rho_g)^{0.21}/\mu_g^{0.134}\rho_g^{0.426}$ 高速紊变流：$v_c = 6.63 \sigma^{0.25}(\rho_l - \rho_g)^{0.25}/\rho_g^{0.5}$	液气比小于 731m³(标) /10⁶m³	球形	0.44	井口压力
李闽 模型	$v_c = 2.5[\sigma(\rho_l - \rho_g)/\rho_g^2]^{0.25}$，$q_c = 2.5 \times 10^4 \dfrac{A v_c P}{ZT}$	液气比小于 731m³(标) /10⁶m³	椭球形	1.0	井口压力
杨川东 模型	$v_c = 0.03313\left(10553 - 34158\dfrac{\gamma_g P_{wf}}{ZT_{wf}}\right)^{0.25}\left(\dfrac{\gamma_g P_{wf}}{ZT_{wf}}\right)^{-0.5}$ $q_c = 0.648(\gamma_g ZT_{wf})^{-0.5}\left(10553 - 34158\dfrac{\gamma_g P_{wf}}{ZT_{wf}}\right)^{0.25}(P_{wf})^{0.5}d^2$	液气比小于 40m³/10⁴m³	球形	—	井底流压
王毅忠 模型	$v_c = 1.8[\sigma(\rho_l - \rho_g)/\rho_g^2]^{0.25}$，$q_c = 2.5 \times 10^4 \dfrac{A v_c P}{ZT}$	液气比小于 731m³(标) /10⁶m³	球帽形	1.17	井口压力

注：v_c 为气井临界携液速度，m/s；ρ_l 为液体的密度，kg/m³；ρ_g 为气体的密度，kg/m³；γ_g 为天然气相对密度，无因次；σ 为气水界面张力，N/m；q_c 为气井临界携液流量，10⁴m³/d；A 为油管面积，m²；P 为井口压力，MPa；T 为井口温度，K；P_{wf} 为井底流动压力，MPa；T_{wf} 为井底流动温度，K；Z 为气体偏差系数

Duggan 是通过经验观测给出的临界流速，为了使用方便，将井口作为参考点。Duggan 指出的 1.524m/s 的气体临界流速是现场数据的统计值，对一定的气井有适用性。但是 Duggan 没有考虑到气藏条件和井筒条件的差异性，气井生产的临界流速不会是也不可能是一个常量。然而 Duggan 的最大贡献在于他提出了气井生产的临界流速的概念，为气井积液与否提供了诊断依据。

Turner 模型以球形液滴作为基础推导出的临界流速和临界流量公式，在气液比非常高(大于 1400)，流态属于雾状流的气井计算中具有相当好的精度。

Coleman 对 Turner 模型进行了修正，模型适用于井口压力小于 3.4475MPa 的低压井的计算。

Nosseir 模型考虑了两种流态，经过流态的划分进一步提高了计算的准确性。

杨川东模型以井底作为参考点，充分考虑了我国气田的实际情况，从质点力学的角度推导出了临界流速，适用性广泛。但需要得到井底压力、温度等参数，不如以井口为参考点进行计算方便。

李闽模型和王忠毅模型比国外学者提出的模型更加符合我国气田的实际情况。李闽模型将 Turner 的球形模型修正为椭球模型，其计算的临界流速只有 Turner 模型的 38%，其计算的临界流速与现场实际数据相比偏高；王毅忠模型提出了球帽状液滴模型，其计算的临界流速与现场实际数据相比偏低，在实际应用中需要根据各自气田实际进行调整修正流量流速系数。

2. 延安气田临界携液流量模型确定

李闽模型和王毅忠模型计算结果最接近气田实际测得的数据，由临界流速公式和临界携液流量分析可知，影响临界流量的气液密度、气液表面张力、井深和压缩系数各气田均有差异。因此，应该根据各气田的实际情况对计算模型加以修正系数才能更准确地计算各气田的临界携液流量，从而更好地诊断气井积液状况。

根据对延安气田怀疑存在积液的气井进行了 654 井次井筒流压测试资料加以统计分析，发现 213 井次存在较明显的积液现象，441 井次能正常携液生产，无明显的积液。并做出积液气井井口压力与气产量分布图，如图 8-31 所示，从延安气田气井井筒积液进行的诊断结果来看，发现李闽模型计算出的结果与延安气田实测结果最接近，但稍微偏大。为了更准确诊断延安气田气井积液情况，重新拟合适合延安气田的气井临界流速表达式(8-6)，拟合延安气田气井临界流速的系数为 2.25，从而得到延安气田临界携液流量模型。

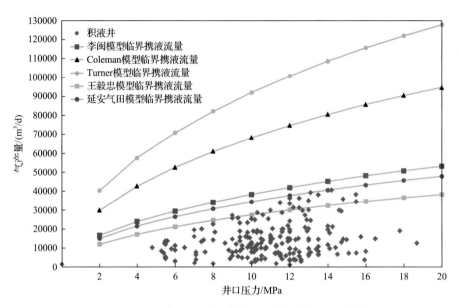

图 8-31　延安气田积液气井井口压力与气产量分布图

延安气田临界携液流速表达式为

$$v_c = 2.25 \left[\frac{\sigma(\rho_l - \rho_g)}{\rho_g^2} \right]^{0.25} \tag{8-6}$$

延安气田气井临界携液流量为

$$q_c = 2.5 \times 10^4 \frac{PAv_c}{TZ} \tag{8-7}$$

按照理论计算临界携液流量，对比实际日产气量得出，多数低产井在正常生产时不能达到临界携液流量，部分中产井在正常生产时不能达到临界携液流量，见表 8-14。

表 8-14　2014 年 Yq2-Y128 区块气井携液能力统计表

井类别	统计井数/口	未达临界携液流量气井数/口	未达临界携液流量气井比例/%
III$_{动态}$	42	18	44.44
II$_{动态}$	31	3	11.11
I$_{动态}$	33	0	0.00

第四节　致密气藏排水采气工艺

致密气藏采气过程中，应从采气生产早期、中期和后期采取相适用的采气工艺技术。开发早期主要是依靠地层自身能量进行携液生产，开发中期搞好气藏管理，稳定产能工作，延长气藏稳产年限。开发后期采取排水采气工艺技术，延长气井生产时间，提高气藏采收率工作。为控制气田的递减和延长气井生产寿命，一方面对明显积液的气井采取机械排水、化学排水的方法排除井筒积液，对地层能量较充足的气井，可采用优选管柱法采用小油管采气，提高气体的携液能力；另一方面采用压缩机提高输压、降低井口压力的开采方式。采取合适的排水采气工艺是开发致密气藏、延长气井寿命，提高最终采收率的关键。

一、排水采气工艺技术适用性分析

我国大多数气藏属于低孔、低渗致密气藏，开发实践证实，气井的积液对中后期低压气井的生产和气田采收率影响极大，致密气藏多数气井具有"低渗、低产、低压"的特征，产气量低于临界携液流量就容易形成积液，将使气井产能受到损害，从而影响最终采收率。因此，应根据致密气藏特征，及时采取合适的排水采气工艺，来消除气井积液，延长相对稳定时间，提高气藏最终采收率。

气井排水采气是气藏生产中常见的采气工艺，是保障气井正常生产的关键技术，是出水气田稳产和提高采收率的主体工艺技术。根据多年来对各种排水采气工艺的研究、优选、实践和发展，目前我国排水采气工艺主要有以下几种比较成熟的方法：优选管柱排水采气、泡沫排水采气、气举排水采气、柱塞气举排水采气、游梁抽油机排水采气、电潜泵排水采气、射流泵排水采气等。

在对国内外比较成熟应用的多种排水采气工艺进行适用性分析的基础上，结合延安气田致密气藏产水特点、生产情况和地形特征，优选出适宜的排水采气工艺，各项排水采气工艺适用性分析见表 8-15。

表 8-15　致密气藏排水采气工艺的适用性对比分析表[10]

	优选管柱	抽油机	超声旋流雾化	射流泵	电潜泵	气举排液			泡排
						气举阀气举	柱塞气举	橇装气举	
排液范围/(m³/d)	<100	<70	<10	<350	30～500	<400	<50	<100	<50
最大井深/m	4000	3200	3500	3500	3500	4000	3000	4500	3500
井身情况(斜井或弯曲井)	适宜	受限	受限	适宜	受限	适宜	受限	适宜	适宜
地面及环境条件	适宜	一般适宜	适宜	适宜	需高压电	适宜	适宜	适宜	适宜

		优选管柱	抽油机	超声旋流雾化	射流泵	电潜泵	气举排液			泡排
							气举阀气举	柱塞气举	橇装气举	
开采条件	高气液比	很适宜	较适宜	适宜	一般适宜	一般适宜	适宜	很适宜	很适宜	很适宜
	含砂	适宜	较差	较差	适宜	<0.5%	适宜	受限	适宜	适宜
	结垢	化学防垢较好	化防较差	化防较差	化学防垢较好	化学防垢较好	化学防垢较好	较差	适宜	适宜
	腐蚀性	缓蚀适宜	较差	较差	适宜	较差	适宜	适宜	适宜	缓蚀较适宜
设计难易		简单	较易	较易	较复杂	较复杂	较易	较易	较易	简单
维修管理		很方便	较方便	方便	方便	方便	方便	方便	方便	方便
投资成本		低	较低	较低	较高	较高	较低	较低	较低	低
运转效率/%		好	一般		较低	较高	较低	好	好	好
灵活性		工作制度可调	产量可调	调节量很小	喷嘴可调	变频可调,很好	可调	好	可调	注入量、周期可调
免修期/a		>2		>2	0.5~1.5	0.5~1.5	>3年	>2年	>0.1	

致密气藏单井产能低，为"三低"气藏，采取丛式井开发，且一般液气比较低。由表 8-15 可知，受定向井、气液比高和投资成本等因素的影响，抽油机排液、电潜泵排液、射流泵、超声旋流雾化均不适宜。

考虑尽量减少气层伤害，提高采收率，首先采用优选管柱工艺，致密气藏适合小直径油管进行长期携液生产，主要采用 $\Phi60.3mm$ 油管或更小尺寸的连续油管速度管柱进行生产。积液初期采用泡沫排液维持生产，中后期再根据各井具体情况选择气举排液、柱塞气举、连续油管、井口增压或连续油管+泡沫排液复合工艺。气举采用邻井高压气举或压缩机增压气举。

致密气藏应依据气井产能、井深、气液比、流体性质井身结构等来选择合适的排水采气工艺，排水采气工艺选择流程如图 8-32 所示。

二、气井积液预防工艺

为了预防气井生产积液的生产，需要气产量高于临界携液流量，为满足这个条件，主要选择合理的油管尺寸，使气井生产时的天然气流速大于临界携液流速，为避免高速气流对油管的冲蚀需要低于临界冲蚀流速，同时结合生产优化来确定最优油管尺寸，确保气井在高于临界携液流量情况下进行携液生产，预防积液生产。主要有优选油管尺寸和采用连续油管速度管柱。

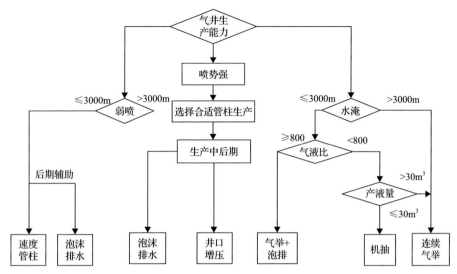

图 8-32 排水采气工艺选择流程

1. 优选管柱排水采气工艺

优选管柱排水采气工艺是需要根据气井产能确定合适的油管尺寸，从而达到长期安全携液生产。

1) 油管尺寸选择主要考虑因素

油管尺寸的选择主要从以下三个方面考虑。

(1) 从天然气生产优化出发，利用节点系统分析方法，确定最优的油管尺寸，满足产能要求。

(2) 分析油管抗气体冲蚀性能，避免气井出现冲蚀现象。

(3) 考虑气井正常携液生产的要求。选择较小直径的油管有利于提高气井自身的携液能力，延长气井的带液生产周期。

油管尺寸的选择由气井的产能、携液能力、油管的抗冲蚀临界流量及成本等几个方面的因素来综合确定。对各种规格的油管尺寸，根据不同油管中气流压力损失的大小，应用气井生产系统节点分析方法选择合理管径尺寸；为使气井能够携液生产，利用携液理论，通过计算不同油管尺寸临界流量确定满足要求的生产管柱尺寸；避免出现气体冲蚀现象。

2) 油管抗气体冲蚀/腐蚀性能分析

高速气体在管内流动时发生显著冲蚀作用的流速称为冲蚀流速，当气流速度低于冲蚀流速时，冲蚀不明显；当气流速度高于冲蚀流速时，采气管柱产生明显的冲蚀，严重地影响气井的安全生产。因此，冲蚀流速也称为管柱所允许的最大流速。1984 年，Beggs 提出了计算冲蚀流速的关系式[11]：

$$\upsilon_e = \frac{122}{\rho_g^{0.5}} \tag{8-8}$$

式中，υ_e 为冲蚀速度，m/s；ρ_g 为气体的密度，kg/m^3。

$$\rho_g = 3484.4 \frac{\gamma_g P}{ZT} \tag{8-9}$$

式中，γ_g 为混合气体的相对密度；P 为油（套）管流动压力，MPa；Z 为气体偏差系数；T 为气体绝对温度，K。

在工程实际中，考虑到天然气含有 H_2S 和 CO_2 等腐蚀性气体产生的不同程度腐蚀影响，美国石油学会（API）建议的两相流（气/液）管道中冲蚀极限速度（APIRP14E）为

$$\upsilon_e = \frac{C}{\rho_g^{0.5}} \tag{8-10}$$

式中，C 为经验常数。若流速在临界速度以内，则可控制腐蚀的速度。对于 H_2S 的情况钢表面形成的硫化铁膜，C 确定为 116。对于 CO_2 的情况钢表面形成的碳酸铁腐蚀膜，C 为 110。若腐蚀膜是 Fe_3O_4，C 为 183。

若令 $C=120$，并将式 (8-9) 代入式 (8-10)，则有

$$\upsilon_e = 2.0329 \left(\frac{ZT}{\gamma_g P} \right)^{0.5} \tag{8-11}$$

气流从井底流向井口，由于重力及摩阻的影响，井口流动压力要比井底流动压力小，而流动速度越来越大。因此只要井口处的气流速度能满足不产生明显冲蚀的条件，则井筒中管柱任何断面处的速度也一定能满足该条件。井口处油管的冲蚀流速与气井相应的冲蚀流量和油管内径的关系式可由下式表示：

$$\upsilon_e = 1.4736 \times 10^{-5} \frac{q_e}{d^2} \tag{8-12}$$

式中，q_e 为气井井口处的冲蚀流量，$10^4 m^3/d$；d 为油管内径，mm。

整理式 (8-11) 和式 (8-12) 得

$$q_e = 1.3794 \times 10^{-5} \left(\frac{ZT}{\gamma_g P} \right)^{0.5} d^2 \tag{8-13}$$

据井口处冲蚀流量与地面标准条件下体积流量的关系式：

$$q_{max} = \frac{Z_{sc}T_{sc}}{P_{sc}} \frac{P}{ZT} q_e \qquad (8\text{-}14)$$

式中，q_{max} 为地面标准条件下气井受冲蚀流速约束确定的产气量，$10^4 m^3/d$。

当地面标准条件为 P_{sc}=0.101MPa，T_{sc}=293K，Z_{sc}=1.0，则有

$$q_{max} = 0.04 \left(\frac{P}{ZT\gamma_g} \right)^{0.5} d^2 \qquad (8\text{-}15)$$

取气井井口温度 20℃，计算出不同内径油管气体冲蚀临界流量，如表 8-16。所示。

表 8-16 不同井口压力、油管尺寸下油管气体冲蚀临界流量

井口流压/MPa	不同内径油管气体冲蚀临界流量/$(10^4 m^3/d)$						
	20.9mm	26.6mm	35.1mm	40.9mm	50.3mm	62mm	76mm
2	1.46	2.36	4.11	5.59	8.45	12.84	19.29
4	2.09	3.38	5.88	7.99	12.08	18.36	27.59
6	2.58	4.18	7.27	9.88	14.94	22.70	34.10
8	3.00	4.86	8.46	11.49	17.38	26.40	39.67
10	3.37	5.46	9.51	12.92	19.53	29.68	44.59
12	3.71	6.01	10.46	14.20	21.47	32.63	49.02
14	4.01	6.50	11.31	15.36	23.24	35.30	53.04
16	4.29	6.95	12.10	16.42	24.84	37.74	56.71
18	4.54	7.36	12.81	17.40	26.31	39.97	60.06
20	4.77	7.73	13.47	18.28	27.65	42.02	63.13

从表 8-16 可以看出，按最低井口压力 2.0MPa 计算，要避免出现气体冲蚀现象，产量 $2.36×10^4 m^3/d$ 以下，选用内径 26.6mm 油管；产量$(2.36\sim4.11)×10^4 m^3/d$，选用内径 35.1mm 油管；产量$(4.11\sim5.59)×10^4 m^3/d$，选用内径 40.9mm 油管；产量$(5.59\sim8.45)×10^4 m^3/d$，选用内径 50.3mm 油管；产量$(8.45\sim12.84)×10^4 m^3/d$，选用内径 62mm 油管；产量$(12.84\sim19.29)×10^4 m^3/d$，选用内径 76mm 油管。致密气藏气产量普遍低于$10×10^4 m^3/d$，因此，选用内径 50.3mm 及以下尺寸油管较为合适。

3) 油管携液能力预测

取井口温度 20℃，采取延安气田临界携液流量模型进行计算，计算出在不同油管内径条件下的临界携液流量结果，如表 8-17 所示。

由表 8-17 可以看出，随着油管管径的变大，气井临界携液流量也增大。因此致密气藏选择内径 50.3mm 油管及以下尺寸油管为主要生产油管较为合适。

表 8-17 不同井口压力、油管尺寸下的气井临界携液流量

井口流压/MPa	不同内径油管的临界携液流量/(10^4m^3/d)						
	20.9mm	26.6mm	35.1mm	40.9mm	50.3mm	62mm	76mm
2	0.17	0.28	0.49	0.66	1.00	1.52	2.30
4	0.25	0.40	0.69	0.94	1.42	2.16	3.27
6	0.30	0.49	0.85	1.16	1.75	2.66	4.03
8	0.35	0.57	0.99	1.34	2.03	3.09	4.67
10	0.39	0.64	1.11	1.50	2.27	3.46	5.23
12	0.43	0.70	1.21	1.65	2.49	3.78	5.73
14	0.46	0.75	1.31	1.77	2.68	4.08	6.17
16	0.49	0.80	1.39	1.89	2.86	4.34	6.57
18	0.52	0.84	1.47	1.99	3.02	4.58	6.93
20	0.55	0.88	1.54	2.09	3.16	4.80	7.26

2. 连续油管速度管柱排水采气工艺

对于气产量低于临界携液流量的井，可以采用下入小直径连续油管来排出井筒积液，维持气井正常生产。连续油管排液时可采用两种方式：一种是作为排液装置，排液后取出，可配合泡排使用；另一种是作为速度管柱留在井下作为气井生产管柱。

1) 速度管柱的优点

与传统的一般油管作业技术相比，连续管作业技术的主要优点是：①起下速度快，占地面积小，节省时间和成本；②可以实现井口密封，进行带压作业和欠平衡作业(不压井)；③可以过油管作业，作业过程不停泵，避免砂埋或砂卡；④具有较强的刚性，水平井中能替代钢丝作业；⑤不动管柱，调整产量；⑥不接单根，可以连续拖动，连续上下活动连续管。

2) 速度管柱装置

连续管作为生产管柱排水采气，要选择适合气井实际状况的连续油管尺寸、连续油管作业车、悬挂作业操作窗、连续油管井口悬挂器及其他配套工具。成功的关键在于连续油管下入井内后，能否将连续油管悬挂在井口装置上，并将连续油管与原有油管的环形空间密封。

连续油管作业车作为连续油管的运输工具和下入装置，悬挂作业操作窗用于连续油管悬挂操作，井口悬挂器用于连续油管的悬挂。

3) 连续油管速度管柱规格

用于作为速度管柱进行排水采气的连续管尺寸主要有 Φ25.4mm(1in)、Φ31.75mm(1.25in)、Φ38.1mm(1.5in)、Φ44.45mm(1.75in)、Φ50.8mm(2in)、Φ60.8mm(1.5in)等不同规格，根据气井产能和压力状况选择能够满足携液生产的合理管径。

4) 速度管柱的适应性分析

速度管柱天然气水合物形成预测图如图 8-33 所示，从图中可以看出，当井口压力低于 4.5MPa 时，井筒水合物形成风险不大，当井口压力高于 4.5MPa 时，在冬季低产气井的井口或者地面管线有一定的水合物形成风险。

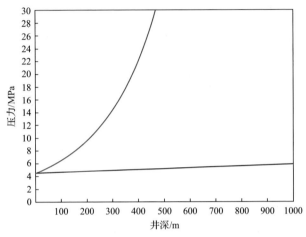

图 8-33 速度管柱天然气水合物形成预测图

考虑连续油管速度管柱携液及防止冲蚀，进行不同井口压力、不同尺寸下连续油管临界携液流量和冲蚀流量计算（表 8-18，表 8-19）。其中按 Φ38.1mm（内径 30.1mm）连续油管，气井井口压力为 2.0～4.5MPa 时，对应的临界携液流量为 $(0.26～0.45)\times10^4\text{m}^3/\text{d}$，冲蚀产量为 $(3.03～4.60)\times10^4\text{m}^3/\text{d}$，气井产量介于二者之间，同时满足携液和安全的要求可以选择采用连续油管速度管柱。

表 8-18 不同井口压力、不同尺寸下连续油管临界携液流量

井口流压/MPa	不同内径连续油管的临界携液流量/($10^4\text{m}^3/\text{d}$)					
	18.8mm	24.35mm	30.1mm	35.65mm	41.2mm	50.4mm
2	0.14	0.23	0.36	0.50	0.67	1.00
4	0.20	0.33	0.51	0.72	0.96	1.43
4.5	0.21	0.35	0.54	0.76	1.01	1.52
6	0.24	0.41	0.63	0.88	1.18	1.76
8	0.28	0.48	0.73	1.02	1.36	2.04
10	0.32	0.53	0.81	1.14	1.53	2.28
12	0.35	0.58	0.89	1.25	1.67	2.50
14	0.38	0.63	0.96	1.35	1.80	2.70
16	0.40	0.67	1.02	1.44	1.92	2.87
18	0.42	0.71	1.08	1.51	2.02	3.03
20	0.44	0.74	1.13	1.59	2.12	3.17

表 8-19　不同井口压力、不同尺寸下连续油管气体冲蚀临界流量

井口流压/MPa	不同内径连续油管气体冲蚀临界流量/(10^4m^3/d)					
	18.8mm	24.35mm	30.1mm	35.65mm	41.2mm	50.4mm
2	1.18	1.98	3.03	4.24	5.67	8.48
4	1.69	2.83	4.33	6.07	8.11	12.13
4.5	1.79	3.01	4.60	6.45	8.62	12.90
6	2.09	3.50	5.35	7.50	10.02	15.00
8	2.43	4.07	6.22	8.73	11.66	17.45
10	2.73	4.58	6.99	9.81	13.11	19.61
12	3.00	5.03	7.69	10.79	14.41	21.56
14	3.25	5.45	8.32	11.67	15.59	23.33
16	3.47	5.82	8.90	12.48	16.67	24.94
18	3.68	6.17	9.42	13.22	17.65	26.42
20	3.86	6.48	9.90	13.89	18.55	27.76

因此致密气藏选择 Φ38.1mm（内径 30.1mm）连续油管为主要速度管柱较为合适。

三、产水量低时排水采气工艺优选

随着气井生产，地层能力衰减，气井产能降低，气井产量逐渐下降低于临界携液流量，不能正常携液生产。因此，需要采取合适的排水采气工艺来维持气井生产。对于产水量较少的气井多采用泡沫排水采气、涡流排水采气、柱塞气举排水采气和超声旋流雾化排水采气。

1. 泡沫排水采气工艺

泡沫排水采气工艺是针对气井产能低、自喷能力不足、气流速度低于临界流速的气井的一种较为有效的排水采气方法。其原理是将表面活性剂(起泡剂)从携液能力不足的生产井井口注入井底，借助于天然气流的搅拌作用，使之与井底积液充分混合，从而减小液体表面张力，产生大量比较稳定的含水泡沫，减少气体滑脱量，使气液混合物密度大为降低，从而降低自喷井油管内的摩阻损失和井内重力梯度，使井底积液更易被气流从井底携带至地面。

起泡剂注入方式有泵注法、平衡罐注法、泡排车注法和投注法。从注入方式、工艺特点、适用性及工艺特点对泡排加注工艺进行分析，见表 8-20。

表 8-20 泡排加注工艺适用性分析表

注入方式	工艺特点	适用性	工艺优点
投药筒	重力作用原理，油管堵头处加入	井口压力低于 10MPa	设备简单、费用低
平衡罐	每次可加 30L，针阀控制速度	井口压力低于 6MPa	不需要外加动力
泡排车	加注量大，小于 250L	井口压力低于 32MPa	可移动性强、加注量大
柱塞泵	电动机提供动力	井口压力低于 40MPa，产水量大	连续加注、方便改变加注速度

2. 柱塞气举排水采气工艺

柱塞气举排水采气工艺是利用气井自身能量推动油管内的柱塞举水，由于柱塞在举升气体与采出液之间形成了一个固体界面，将举升气体和被举升的液体分开，因而有效地防止气体上窜和液体回落，从而减少滑脱损失，提高举升气体的效率。

柱塞气举是间歇气举的一种特殊形式，柱塞作为一种固体的密封界面，将举升气体和被举升液载分开，减少气体窜流和液体回落，提高举升气体的效率。柱塞气举的能量主要来源于地层气，但当地层气能量不足时，也向井内注入一定的高压气，这些气体将柱塞及其上部的液体从井底推向井口，排除井底积液，增大生产压差，延长气井的生产期。柱塞在井中的运行是周而复始的上下运行，柱塞下落时受到的阻力太大，需要关井减小阻力才能使柱塞下落到井底，因此，气井的生产是间歇式的。

典型的柱塞气举装置[12]如图 8-34 所示，主要由井下工具、井口装置、远程智能控制系统三部分组成。

井下工具主要由柱塞、井下缓冲器和卡定器等配件组成，其主要作用是分隔气液、缓冲柱塞下落冲击和限定柱塞最大行程。

井口装置包括防喷管、井口缓冲器、薄膜阀、捕捉器等部件，主要用于控制气井开关、缓冲柱塞到达井口的冲击、对柱塞进行捕捉和投放。

控制系统由智能控制器、电磁阀、到达传感器和数据传输系统组成，能够实现对柱塞气举井的远程智能控制。

柱塞气举适用范围：①气井自身具有一定的自生产能力；②携液能力较弱的自喷井或间喷井；③日产水量小于 50m³；④气井深度原则上不大于 5000m；⑤油套管畅通；⑥适用于直井、斜井、水平井（油管斜度大于 20° 柱塞采用中间弹簧连接，视现场具体情况而定）。

柱塞气举生产方式设置主要有定时开关井、时间优化、压力微升优化和压力控制优化四种生产方制度优化模式。现场多根据气井生产情况采用定时开发井模式。

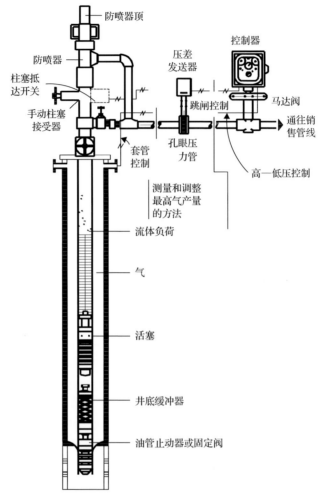

防喷器顶

防喷器

柱塞抵
达开关

手动柱塞
接受器

套管
控制

压差
发送器

控制器

跳闸控制

马达阀

孔眼压
力管

通往销
售管线

高—低压控制

测量和调整
最高气产量
的方法

流体负荷

气

活塞

井底缓冲器

油管止动器或固定阀

图 8-34 典型的柱塞气举装置

3. 涡流排水采气工艺

涡流排水采气工艺原理如图 8-35 所示,井下涡流排水采气[13]是基于改变流体介质流体的运动方式,使原有的垂直向上紊流流态变为使流体流动截面积减小的螺旋状向上涡旋层流,这有效降低油管的流动摩阻与滑脱损失,充分依靠气体自身膨胀能量提高流体的携液举升能力[13]。

井下涡流流动轨迹如图 8-36 所示,旋线结构使流经工具的气水混合物产生旋流,气水分离后,水相沿油管壁面螺旋上升,天然气在油管中心向上流动,油管内流动由水气混相转变为水气分相,大大降低流动阻力,提高携液能力,进而提高产气量。采用涡流排水采气技术可明显降低临界流量,增加产水量和产气量,进而延长气井寿命，特别是对低产气井效果良好[13]。

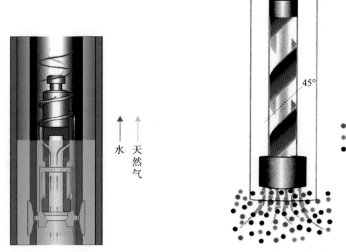

图 8-35 井下涡流排水采气示意图 　　图 8-36 井下涡流流动轨迹示意图

目前国内常见的用于井下排水采气的涡流工具如图 8-37 所示，由打捞头、绕流器、导流筒，坐封器及接箍挡环等部件组组成。井下涡流排水采气工具打捞头连接在绕流器上部，导流筒连接在绕流器下部，坐封器的上端与导流筒下端螺纹连接。其特征为：绕流器的外壁表面固定有凸起的螺旋带，导流筒有中心

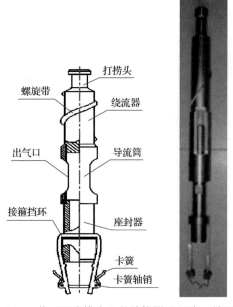

图 8-37 井下涡流排水工具结构图及涡流工具照片

孔，导流筒壁上均匀分布 3 个出气口，导流筒下端螺纹连接坐封器，坐封器为圆柱形，有中心空，坐封器下端外壁有凸起的环形台阶；接箍挡环套在坐封器外壁上，接箍挡环能在坐封器外壁上滑动；接箍挡环由环形体和弹簧板组成，在环形体的一个端面连接有两个对称并垂直的弹簧板。在其下端外壁，分别有采用钢丝弯成的带卡簧轴销的固定耳。使用电缆或钢丝连接导引销将工具下入井底，由键槽固定在油管内[13]。

4. 超声旋流雾化排水采气工艺

超声旋流雾化排水采气工艺是将双旋流气动超声雾化喷嘴用于井下排水采气，正好可利用地下气体及液体本身所具有的压力势能，经在喷嘴内旋流气动作用，将积液雾化成细微的雾状液滴（一般小于 100μm），并使雾状液滴均匀分布在气流中，形成均匀的两相流，依靠气井自身能量将液体携带到地面，降低了滑脱损失，保证了气井稳定的产气量。

四、产水量高时排水采气工艺优选

对于产水量较高的气井采用泡沫排水采气、涡流排水采气和柱塞气举排水采气具有一定的局限性，需要采用气举排水采气、抽油机排水采气、电潜泵排水采气工艺和射流泵排水采气工艺等。

1. 气举排水采气工艺

气举排水采气是利用高压气井的能量或压缩机为气举动力，向产水气井的井筒内注入高压气体，降低管柱内液柱的密度，补充地层能量，提高举升能力，排除井底积液，恢复气井生产能力的一种人工举升工艺。气举排水采气可分为连续气举、间歇气举。

气举阀气举排水采气的原理是利用从套管注入的高压气，来逐级启动安装在油管柱上的若干个气举阀，逐段降低油管柱的液面，从而使水淹气井恢复生产。

连续气举排水采气工艺适用于水淹井复产、大产水量井助喷及气藏强排水。最大排水量为 400m³/d，最大举升高度为 3500m；装置设计、安装较简单，易于管理，经济投入较低。

气举阀气举排水采气的工作原理如图 8-38 所示，是利用从套管注入的高压气，来逐级启动安装在油管柱上的若干个气举阀，逐段降低油管柱的液面，如此连续不断地降低油管内的液面，使静液柱对地层的回压不断下降，直到气井恢复产气液。

气举阀有套管压力操作阀和油管压力操作阀等，国内气田气举排水普遍使用的是非平衡式波纹管套管压力操作阀，现场称为套压阀。

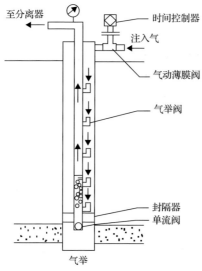

图 8-38　气举阀工作原理图

1)气举阀的结构和工作原理

套管压力操作阀结构如图 8-39 所示，主要由储气室(内充氮气)、波纹管(带动阀杆运动，使阀打开或关闭)、阀杆、阀芯、阀座等部件组成。其工作原理为：气举阀主要应用波纹管受压后能产生相应位移的原理制成，当根据需要给储气室注入一定压力(氮气)时，由于波纹管与储气室相连接，波纹管就要伸长，波纹管端部又与滑套固接，而阀芯又通过螺纹固定在滑套上。因此，当波纹管伸长时，阀芯位置随之变化；当气室压力足够大时，阀芯钢球即将阀嘴堵死。

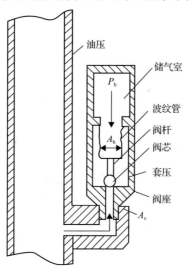

图 8-39　套管压力操作气举阀工作原理图

P_b 为波纹管及腔室的充氮压力；A_v 为阀座孔眼面积；A_b 为波纹管有效面积

气举阀下井后，外部压力通过气孔作用于阀芯和波纹管上，根据力平衡原理，当外部压力对波纹管有效受力面积的作用力大于气室压力对阀芯的作用力时，波纹管压缩向上移动，阀芯被推动，阀嘴孔打开，外部气体经阀嘴孔进入油管。

气举阀气举排水采气具有两个特点：①气举排液是靠气举阀的逐级打开和关闭来实现的，且气举阀的打开和关闭压力都是自上而下逐级减小的。②只有上一级气举阀关闭，气流被截断，环空液面才能继续下降。即上一级气举阀的关闭是下一级气举阀发挥作用的前提。

2) 气举生产管柱类型和气举方式

气举生产管柱如图 8-40 所示，主要有光油管气举管柱、开式气举管柱、半闭式气举管柱和闭式气举管柱四种。光油管气举管柱没有下气举阀，直接采用光油管生产管柱进行气举，开式气举管柱无封隔器完井，半闭式气举管柱单封隔器完井，闭式气举管柱单封隔器及固定球阀完井。

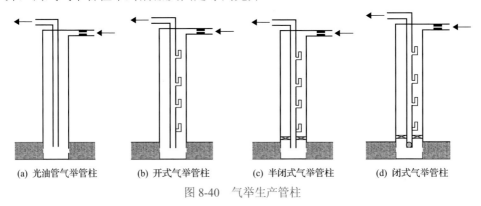

(a) 光油管气举管柱   (b) 开式气举管柱   (c) 半闭式气举管柱   (d) 闭式气举管柱

图 8-40　气举生产管柱

一般气举工艺以反举方式为主，主要原因是当泵压和压入井中气体深度相同时，反举压入的气量多，油管滑脱损失小，掏空程度彻底，但由于所需气源压力较高，部分积液量较大气井采用该种方式不能有效复产。为此，气举作业前要根据井筒液柱高度，合理选择气举方式。

使用压缩机气举降低井口压力，使生产井可以在较低的压力下，保持较高的生产量，这样就可以延长生产井的寿命。增压机增压气举气源主要来源于本井气、邻井产出气和站内反输气。对于复产井所在集气站需有目前井口压力较高的气井作为气源井，气源井的高压天然气通过现有流程或简单改造即可引入复产井进行井间互联气举。对积液严重无自喷能力的气井，泡沫排水效果较差，泡排无效气井实施现场制氮气举排水工艺。

3) 气举工艺适应条件

连续气举排水采气工艺适合于水淹井复产及气藏强排水，排水方式主要含有三种类型，即开式气举、半闭式气举和闭式气举，选井要求一般包括以下方面。

(1)开式气举：井底静压≥15MPa，产水量为 50～250m³/d。

(2)半闭式气举(正举)：井底静压≥10MPa，产水量为 50～250m³/d。

(3)半闭式气举(反举)：井底静压≥14MPa，产水量为 300～400m³/d，最高可超过 1000m³/d。

(4)闭式气举：井底静压≥8MPa，产水量为 50～150m³/d。

(5)井深≤4200m。

2. 抽油机排水采气工艺

机抽排水采气工艺即为游梁式抽油机排水采气工艺的简称。其方法是将有杆深井泵下入井筒动液面以下适当深度，泵筒中的柱塞在抽油机带动下做上下往复运动而抽吸排水，达到排水采气的目的。进入泵筒内的地层水从油管中排出，而天然气则从油套环形空间产出。

3. 电潜泵排水采气工艺

电潜泵排水采气是将油井采液用的电潜泵下入气水井井底，启泵后将井底积液迅速排出井口，使水淹井的井底回压得以降低，气水井能恢复稳定生产。适用于产水量大的气井排水采气，致密气藏因为少有产水量特别大的井，因此较少使用。

4. 射流泵排水采气工艺

水力射流泵装置的泵送是通过两种运动流体的能量转换来达到的。地面泵提供的高压动力流体通过喷嘴把其位能(压力)转换成高速流体的动能；喷射流体将其周围的井液从汇集室吸入喉道而充分混合，同时动力液把动量传给井液而增大井液能量，在喉道末端，两种完全混合的流体仍具有很高的流速(动能)；此时，它们进入一扩散管通过流速降低而把部分动能转换成压能，流体获得的这一压力足以把自己从井下返出地面。

五、生产后期排水采气工艺技术

气井生产后期，能力衰减，地层压力下降至较低，需要进行低压生产或采用组合排水采气工艺来维持气井生产。主要有井口增压排水采气工艺、间歇开采排水采气工艺和组合排水采气工艺。

1. 井口增压排水采气工艺

对于低压生产的气井，尽量降低井口回压将有助于气井提高日产，增压开采正是利用了这一基本原理，当气井井口生产压力接近输压时是对其进行增压开采的最佳时机。通过降低气井井口压力来扩大生产压差，提高气井流速，达到携液生产，再通过增压机增压至管输压力进入天然气集输管网。

2. 间歇开采排水采气工艺

1)致密气藏间歇开采压力和产能变化规律

致密气藏井间歇开采过程中压力和产能随时间的变化如图 8-41 所示。开井初期，气井井筒(油管和环空)的压缩气体弹性释放，井口压降较快，井口瞬时流量较高，时间较短，压力下降速度降低并趋于稳定。开井生产过程中，随着井筒压力降低，井底流动压力逐渐下降，生产压差逐渐增大，地层产能逐渐增大，随着近井地带压力释放结束，地层产能将逐渐下降。当井口压力和产能下降到接近极限值时，关井恢复压力，地层产量继续降低，直到井筒底端压力与地层静压平衡，地层产量接近于零，当井口压力恢复到一定值时，再次开井生产[14]。

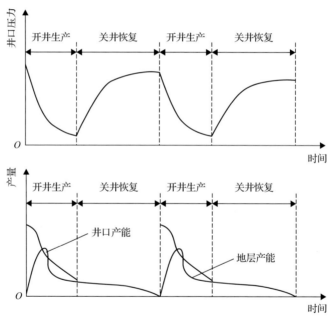

图 8-41　间歇开采过程压力和产能随时间的变化图

2)间歇开采生产制度优化

对间歇开采井实施科学管理，不断优化间歇开采井的生产制度，从而提高间歇开展气井的单井产气量，同时实现排水采气的目的。

间歇开采采气井的井底流压、间歇开采时间、气井产能等参数之间相互联系、相互耦合，需要开展不同开关井制度试验，求出开井生产时间和关井恢复压力时间及不同间歇开采制度下的产气量，从而确定间歇开采制度的最优工作制度。对比各种开关井制度下的气井产能，结合约束条件，选定最优间歇开采方案。

3. 组合排水采气工艺

组合排水采气工艺是将成熟的单项工艺有机地结合在一起，以充分发挥各单项工艺技术的优势，扩大单项工艺的适用范围，实现优势互补，增加举升系统的效率。气举+泡排、增压+气举+泡排、连续油管+泡排、柱塞+泡排工艺等。

以上各项排水采气工艺技术有各自的优缺点，都只能在一定范围内适用，应根据气藏的地质特征和气井的开发特点分别采用相应的排水采气工艺技术措施以维持生产。

六、致密气藏排水采气工艺发展方向

致密气藏由于其自身特征，产能普遍不高，排水采气显得尤为重要，基本上是从生产初期就需要考虑选择合适的排水采气工艺。首先要针对气井产能情况优选合适的生产管柱尺寸来保障正常携液生产，生产中后期产生积液后再根据具体情况选择合适的排水采气工艺。泡排是应用最广泛的排水采气工艺技术，是解决中低产水气井有效最广泛的主体排水采气工艺；气举工艺主要用于产能较好的严重积液气井或水淹停；速度管柱和柱塞气举应用规模继续扩大。

经过多年的研究和试验，国内已形成了以优选管柱、泡排、气举、井口增压、机抽、柱塞气举、电潜泵、水力射流泵为代表的致密气藏排水采气工艺技术。近年来，随着排水采气工艺技术的不断完善与发展，致密气藏排水采气工艺发展方向主要表现在以下方面。

1. 由单一工艺转为组合工艺

单一排水采气工艺在应用中难以解决日趋严重的积液问题，需要由单一工艺向组合工艺应用方向发展，主要有气举+泡排、气举+柱塞、机抽+喷射、气举+井口增压、泡排+井口增压等组合工艺。

2. 由单井治理向气藏整体治理发展

单井排水难以解决致密气藏气井积液，需要从气藏整体来考虑，进行有针对性的气藏整体治理来解决致密气藏排水采气问题，重点研究了单井排水技术与气藏工程相结合的多学科气藏整体治水技术。

3. 工艺设计软件化

排水采气工艺设计由常规优化设计发展为软件系统决策，单井配套作业向系统工程转变，并将经济评价列入排水采气工艺决策中，使排水采气工艺技术的应用更加科学、合理、经济。

4. 降低成本为主要目标

致密气藏开发尤其要考虑经济效益，因此，需要开发出了一些以降低成本为主要目标的排水采气新技术，不仅提高了气藏采收率，而且获得了可观的经济效益。

5. 配套装备自动化智能化

随着自动化智能化技术发展，不断发展新的采气设备与技术，以及智能配套装备，使采气工艺生产操作逐步向遥控、集中、高度自动化、智能化方向发展。

第五节　水合物防治技术

天然气水合物若在井筒中形成，会降低气井产能，严重影响气井正常生产，甚至会造成停产事故。因此，如何防止水合物的形成是采气工艺中应该研究的问题。

一、水合物的形成条件及防治措施

1. 天然气水合物的形成条件

天然气水合物的形成必须具备以下三个条件：天然气中存在液态水；温度不能太高；压力足够大。影响水合物形成的主要因素体现在以下方面。

(1)天然气的含水量处于饱和状态。天然气中的含水量处于饱和状态时，常有液相水的存在，或易于产生液相水。液相水的存在是产生水合物的必要条件。

(2)压力和温度。当天然气处于足够高的压力和足够低的温度时，水合物才可能形成。不同密度的天然气，在不同压力下都有一个对应的水合物形成温度。对同一密度的天然气，压力升高，形成水合物的温度升高；压力相同时，天然气密度越大，形成水合物的温度也就越高；温度相同时，天然气相对密度越大，形成水合物的压力越低。当气体升高到一定温度时，无论加多大压力也不会形成水合物，这一温度即气体水合物的临界温度。各种气体水合物的临界温度见表 8-21。

表 8-21　气体水合物的临界温度

气体名称	甲烷	乙烷	丙烷	异丁烷	正丁烷	二氧化碳	硫化氢
临界温度/℃	21.5	14.5	5.5	2.5	1.0	10.0	29.0

(3)流动条件突变。在具备上述条件时，水合物的形成，还要求有一些辅助条件，如天然气压力的波动，气体因流向的突变而产生的搅动，以及晶种的存在等。

2. 水合物形成预测方法

利用气井资料，按生产井口压力 20MPa 进行了井筒水合物形成预测，如图 8-42 所示，可以看出气井生产的时候井筒内井口至 360m 处可能会产生天然气水合物。因此，需要采取措施防止天然气水合物在井筒内产生，避免堵塞井筒。

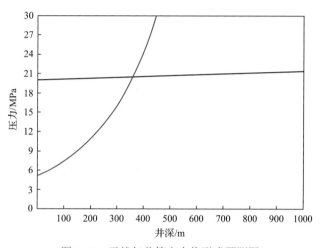

图 8-42　天然气井筒水合物形成预测图

3. 防止水合物形成的措施

根据对水合物形成的机理及影响因素的分析，防止水合物形成的主要途径有使系统压力降低到低于给定温度下水合物的形成压力；保持气流温度高于给定压力下水合物的形成温度；改变天然气水溶液体系的物理化学性质，提高水合物形成压力或降低水合物形成温度，或者抑制水合物晶体的聚结和生长。针对形成天然气水合物的几个重要因素，有 4 条途径可阻止水合物形成：①脱除天然气中的水分，使水蒸气不致冷凝为自由水；②压力降低至水合物的形成压力以下；③提高天然气的流动温度；④向天然气中加入抑制剂，降低水合物的形成温度。

在天然气生产过程中，通常采用降低压力至水合物形成压力以下、提高天然气的流动温度及降低水合物的形成温度等方法预防水合物对生产的影响。表 8-22 为达到这些目的在现场所采用的措施。

表 8-22   防治水合物形成的方法及应采取的措施

序号	防治水合物形成的方法	应采取的措施
1	降低压力至水合物形成压力以下	井下节流法
2	提高天然气的流动温度	加热
3	降低水合物的形成温度	加抑制剂

根据不同水合物防治技术的适用性及优缺点,结合延安气田的现场生产实际,气井井筒防治水合物形成主要采用注水合物抑制剂法和井下节流气嘴法。

二、井下节流防治水合物技术

1. 井下节流器基本原理

天然气节流是一个降压降温过程,常规的地面节流工艺,在节流前需要对天然气进行加热,以免节流后气流温度过低而形成水合物堵塞。而井下节流是通过在井下油管内安装节流器,实现井筒降压至 8MPa 左右。利用地温加热,使节流后气流温度基本能恢复到节流前温度,不会在井筒内形成水合物,从而在降低压力的同时,有效地防止气水混合物在井筒和井口产生冻堵。井下节流前后的井筒温度、压力剖面[15]如图 8-43 所示。

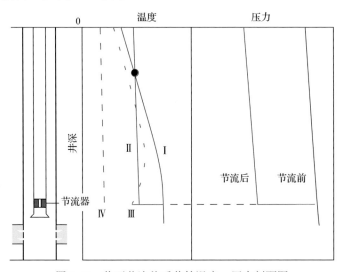

图 8-43   井下节流前后井筒温度、压力剖面图

Ⅰ-节流前井筒流体温度;Ⅱ-节流前水合物生成温度;Ⅲ-节流后井筒流体温度;Ⅳ-节流后水合物生成温度

2. 井下节流器种类及特点

目前井下节流器主要分固定式和活动式,其中固定式井下节流器及工作筒如

图 8-44 所示，工作筒是随油管安装下入在井内固定位置，固定型节流器采用试井钢丝投放下至工作筒内；活动式井下节流器如图 8-45 所示，通过钢丝作业下入到井下油管柱任意位置。活动式井下节流器和固定式井下节流器的投放、坐封和打捞都是通过试井钢丝操作完成，井下节流器投放和施工示意图如图 8-46 所示。

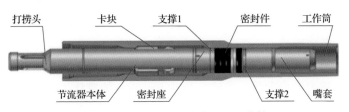

图 8-44 固定式井下节流器及工作筒

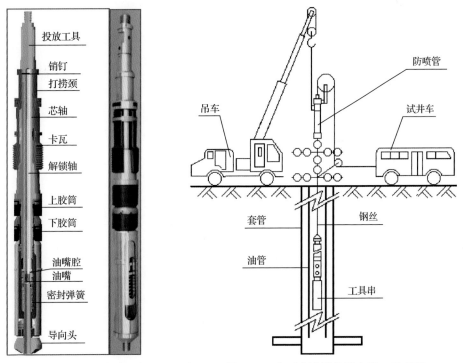

图 8-45 活动式井下节流器示意图及照片   图 8-46 井下节流器投放和施工示意图

3. 井下节流器参数设计

根据井下节流器防治水合物生产的作用，井下节流器既要考虑节流后气流温度不能太低，又要考虑达到一定流速，满足气井携液要求。因此参数设计从以下两个方面考虑。

1)井下节流器最小下入深度计算

井下节流工艺参数设计的关键在于井下节流器合理下入深度的确定,下入深度过浅,容易导致节流嘴前的温度过低,使高压天然气经过节流后,节流嘴后的气流温度低于水合物形成温度,达不到井下节流的目的。下入深度过深,容易导致节流前后的节流压差过大,影响节流嘴封闭圈的使用寿命,因此井下节流器需要选择合理的下入深度。根据井下节流机理,合理下入深度主要根据节流嘴前后的气流温度、节流温降、水合物形成条件确定。

井下节流前后的流体温度梯度曲线[16]与地温曲线的关系如图 8-47 所示,曲线 I 为沿井筒的地温梯度曲线、曲线 II 为井下节流前的流体流动温度曲线、曲线III 为井下节流后的流体流动温度曲线。可以看出当有井下节流时,井筒中流体的温度由于受地热的影响而回升。

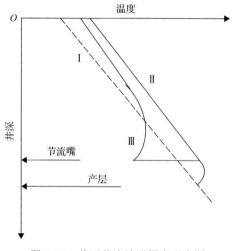

图 8-47　井下节流地温梯度示意图

传统方法在确定节流气嘴最小下入深度时,计算节流前的天然气流温度 t_1 采用的是地温梯度计算模型,即将井筒气流温度近似等于相应井深的地层温度,如图 8-47 中曲线 I 所示,计算式为

$$t_1 = L_{\min} / M_0 + t_0 + 273.15 \tag{8-16}$$

根据井下节流前后压力与温度关系可得到节流后气流温度 t_2:

$$t_2 = \frac{t_1}{\beta_{\mathrm{k}}^{-Z_1(k-1)/k}} \tag{8-17}$$

气嘴最小下入深度计算式为

$$L_{\min} \geqslant M_0 \left[(t_h + 273.15) \beta_k^{\frac{-Z_1(k-1)}{k}} - (t_0 + 273.15) \right] \tag{8-18}$$

式(8-16)~式(8-18)中，$L_{\min}$ 为节流器最小下入深度，m；M_0 为低温增率，m/℃；t_h 为水合物形成温度，℃；β_k 为临界压力比，无因次；Z_1 为节流嘴上游天然气偏差系数，无因次；k 为天然气绝热系数，无因次；t_0 为地面平均温度，℃。

2) 节流气嘴直径设计

气体参数在节流前后的变化符合嘴流等熵原理，气体通过节流器后，在亚临界流态状态，参数之间的关系如式(8-19)所示。

确定井口油压之后，就可以确定井下节流的压力降，从而确定气嘴直径。临界流是流体在气嘴喉道里被加速到声速时的流动状态。在临界流态状态下，气嘴下游压力的变化对气井产量没有影响，因为压力干扰向上游的传播不会快于声速。因此，为了预测气嘴流动状态即产量与节流压降的关系，必须确定气嘴的流动是否为临界流状态。

当 $\dfrac{P_2}{P_1} \geqslant \left(\dfrac{2}{k+1}\right)^{\frac{k}{k-1}}$ 时，气嘴流动状态为非临界流，流动方程为

$$q_{sc} = \frac{0.408 P_1 d^2}{\sqrt{\gamma_q T_1 Z_1}} \sqrt{\left(\frac{k}{k-1}\right)\left[\left(\frac{P_2}{P_1}\right)^{\frac{2}{k}} - \left(\frac{P_2}{P_1}\right)^{\frac{k+1}{k}}\right]} \tag{8-19}$$

则节流嘴直径为

$$d = \frac{\sqrt{q_{sc}}}{\sqrt{4.066 \times 10^3 P_1}} \sqrt[4]{\frac{r_g T_1 Z_1}{\left(\dfrac{k}{k-1}\right)\left[\left(\dfrac{P_2}{P_1}\right)^{\frac{2}{k}} - \left(\dfrac{P_2}{P_1}\right)^{\frac{k+1}{k}}\right]}} \tag{8-20}$$

当 $\dfrac{P_2}{P_1} < \left(\dfrac{2}{k+1}\right)^{\frac{k}{k-1}}$ 时，气嘴流动状态为临界流，流动方程为

$$q_{\max} = \frac{0.408 P_1 d^2}{\sqrt{\gamma_q T_1 Z_1}} \sqrt{\left(\frac{k}{k-1}\right)\left[\left(\frac{2}{k+1}\right)^{\frac{2}{k-1}} - \left(\frac{2}{k+1}\right)^{\frac{k+1}{k-1}}\right]} \tag{8-21}$$

则节流嘴直径为

$$d = \frac{\sqrt{q_{max}}}{\sqrt{4.066 \times 10^3 P_1}} \sqrt[4]{\frac{r_g T_1 Z_1}{\left(\dfrac{k}{k-1}\right)\left[\left(\dfrac{2}{k+1}\right)^{\frac{2}{k-1}} - \left(\dfrac{2}{k+1}\right)^{\frac{k+1}{k-1}}\right]}} \tag{8-22}$$

式(8-19)~式(8-22)中，q_{sc} 为通过气嘴的标准状态下的气体流量，m^3/d；q_{max} 为通过气嘴的最大气体流量，m^3/d；P_1 为节流前压力，MPa；P_2 为节流后压力，MPa；T_1 为节流器前温度，K；Z_1 为节流器前天然气偏差系数；γ_q 为天然气相对密度；k 为天然气绝热系数，一般为 1.25~1.30。

4. 井下节流器在延安气田的应用

目前延安气田 Yq2-Y128-Y145 井区有 474 口井采用中压集气采用井下节流工艺防治井筒水合物生产，均没有发生井筒内天然气水合物生产，水合物防治方面取得了良好的效果。

延安气田井下节流器应用参数：节流器下入深度为 1800m，井下气嘴入口压力为 15MPa，天然气相对密度为 0.5907，气嘴入口处的温度为 70℃，气嘴入口处的气体压缩系数为 0.93，天然气出口压力分别为 2MPa、3MPa、4MPa、5MPa、6MPa，产气量分别为 $0.6 \times 10^4 m^3/d$、$1.0 \times 10^4 m^3/d$、$4.0 \times 10^4 m^3/d$、$7.0 \times 10^4 m^3/d$、$10.0 \times 10^4 m^3/d$，计算求得的不同压力、不同产气量下的气嘴直径如表 8-23 所示。

表 8-23 不同压力、不同产气量下的气嘴直径

产气量/($10^4 m^3/d$)	0.6	1.0	4.0	7.0	10.0
气嘴直径/mm	1.5	2.0	4.0	5.3	6.3

延安气田主要采取活动式井下节流器，为了提高排水采气效果，将井下节流器下至接近油管底部，在通过节流降压利用地热升温防止水合物在井筒形成的同时，也可以更好地携液生产，减少气井积液。

延安气田在应用常规井下节流器之外，为了提高井下节流器打捞困难的问题，提高井下节流器打捞成功率，对井下节流器进行持续改造创新，还开展音速雾化节流器、可调井下节流器和可捞气嘴井下节流器等新型井下节流器。

三、注抑制剂防治水合物技术

1. 水合物抑制剂优选

向天然气中注入天然气水合物抑制剂能降低水合物形成温度的。常用的抑制剂有甲醇、乙二醇(EG)、二甘醇(DEG)等。常用水合物抑制剂物理化学性质[12]如表 8-24 所示。

表 8-24　常用水合物抑制剂的物理化学性质

项目	甲醇	乙二醇	二甘醇	三甘醇	四甘醇
分子式	CH_3OH	$HOCH_2CH_2OH$	$O(CH_2CH_2OH)_2$	$(C_2H_4O)_2C_2H_4$ $(OH)_2$	$(C_2H_4O)_3C_2H_4$ $(OH)_2$
分子量	32.04	62.07	106.1	150.17	194.2
冰点/℃		−11.5	−8.3	−7.2	−5.6
沸点(760mmHg)/℃	64.7	197.3	245.0	287.4	327.3
相对密度 d_{20}^{20}	0.7915(d_4^{20})	1.1088	1.1184	1.1254	1.1282
与水溶解度/20℃	完全互溶	完全互溶	完全互溶	完全互溶	完全互溶
绝对黏度(20℃)/(mPa·s)	0.593	21.5	35.7	47.8	
汽化热/(J/g)	1101		348	416	
比热/[J/(g·K)]	2.5	2.3	2.3	2.2	
理论热分解温度/℃		165	164.4	206.7	237.8
实际使用再生温度/℃		125	148.9~162.8	176.7~196.1	204.4~223．9
性状	无色易挥发的易燃液体	甜味无色的黏稠液体	无色无臭的黏稠液体	中等臭味的稠黏液体	中等臭味的稠黏液体

甘醇类的醚基和羟基团形式相似于水的分子结构，与水有很强的亲和力。向天然气中注入的抑制剂与冷却过程凝析的水形成冰点很低的溶液，天然气中的水汽被高浓度甘醇溶液吸收，导致水合物形成温度明显下降。

甘醇类防冻剂(常用的主要是乙二醇和二甘醇)无毒，沸点较甲醇高，蒸发损失小，一般都回收、再生后重复使用，适用于处理气量较大的井站和管线，但是甘醇类防冻剂黏度较大，有凝析油存在时，操作温度过低会给甘醇溶液与凝析油的分离带来困难，增加了凝析油中的溶解损失和携带损失。

甲醇适用于气流温度不低于–85℃，且压力较高的场合；当气流温度不低于–25℃，宜用二甘醇；当气流温度不低于–40℃，宜用乙二醇。

甲醇和乙二醇矿场用得最多。甲醇易挥发、具刺激性、有毒；但由于沸点较低，水溶液冰点低，在较低温度时不易冻结，宜用于较低温度的场合，温度高时损失大，通常用于气量较小的井场节流设备或管线；甲醇富液经蒸馏提浓后可循环使用；价格较低。因此，矿场多选择甲醇作为井筒水合物抑制剂。

形成水合物堵塞的位置主要在井筒、地面节流阀、地面集输管线等处。根据不同的堵塞位置，采取相应的加药方式来预防或解除水合物堵塞。

2. 抑制剂注入量的优化

醇类抑制剂注入系统的总量，包括液相用量和气相蒸发量，应满足使液相水溶液和进入气相中的抑制剂具有必要的浓度。而进入气相中的抑制剂量对水合物形成条件影响极小。

天然气流的液相中必须具有的最小抑制剂浓度 X(质量分数)用 Hammerschmidt 经验公式计算。

$$X = \frac{M\Delta T}{K + M\Delta T} \times 100 \tag{8-23}$$

式中，X 为抑制剂最低富液浓度的质量分数，%；M 为抑制剂分子量；ΔT 为水合物形成温度降，℃；K 为与抑制剂种类有关的常数，甲醇、乙二醇、异丙醇、氨等取 1297.2，氯化钙取 1200，二甘醇取 2427.8，乙二醇取 1222.2。

1) 气相蒸发量

G_g 在给定甲醇溶液浓度时转化为气相的甲醇量，与温度和压力有关，可用下列经验公式计算：

$$G_g = 1.97 \times 10^{-2} P^{-0.7} \exp(6.054 \times 10^{-2} T - 11.128) \tag{8-24}$$

式中，G_g 为甲醇气相蒸发损失，mg/m³；P 为压力，MPa；T 为温度，K。

乙二醇蒸发气压较低，气相损失小，气相蒸发量可以采用经验数据 0.0035mL 乙二醇/m³ 天然气。

2) 液相用量

甲醇液相用量为

$$G_l = \frac{X}{C-X}\left(W_1 - W_2 + W_f + \frac{100-C}{100}G_g\right) \tag{8-25}$$

3) 注入总液量

甲醇抑制剂的日注入量为

$$G = 10^{-6}Q_{sc}(G_l + G_g) \tag{8-26}$$

式(8-25)～式(8-26)中，G 为甲醇注入量，kg/d；G_l 为液相甲醇用量，mg/m³；G_g 为甲醇气相蒸发损失，mg/m³；C 为注入抑制剂的质量分数，%；W_1 为抑制剂注入处的天然气饱和含水量，mg/m³；W_2 为抑制剂出口处的天然气饱和含水量，mg/m³；W_f 为带入系统的游离水量，mg/m³；Q_{sc} 为产气量，10^4m³/d。

4) 加注时机

当气井进行生产时井口压力一般保持在 3～15MPa，此时对应水合物形成温度为 10~20℃，冬季受地面低温影响，井内油管井口附近温度较低，此时容易形成水合物，夏季由于环境温度较高(温度一般高于 20℃)，一般不形成水合物。现场施工可根据实际温度确定是否采取防治措施。

3. 延安气田注醇防治水合物方案

延安气田高压集气井铺设了注醇管线，通过油套环空连续加注甲醇来预防水合物的形成，主要采用"高压集气集中注醇"防止水合物的形成，对个别边远井及形成水合物时间较少的气井采用流动注醇车井口注醇的方法。

延安气田高压集气井采用注醇防治水合物，一般在 11 月冬季最低温度达到 –5℃时开始加注甲醇。在高压、低温环境下，天然气易产生水合物，因此在集气站内建注醇泵房，一井一泵集中向井口注入抑制剂。

单井注醇量考虑从气井产气、产水及温度变化出发，结合单井产水实施调控，调控原则是：单井产量越高，注醇量越大；气温越低，注醇量越大；产水量越大，注醇量越大；管线越长，拐角处越多，注醇量越大。

考虑到延安市昼夜温差大，冬季单井日注醇分为白天注醇量和夜晚注醇量，同时，按进站温度、水气比参数分白天和夜晚对注醇量进行优化后注醇参数优化方案见表 8-25。

表 8-25　延安气田高压集气井注醇参数优化方案

水气比 /(m³/10⁴m³)	注醇量/L							
	进站温度≥10℃		5℃≤进站温度≤10℃		0℃≤进站温度≤5℃		进站温度≤0℃	
	白天	夜晚	白天	夜晚	白天	夜晚	白天	夜晚
<0.10	12	24	16	39	20	51	26	74
0.10~0.50	18	36	23	59	30	76	40	111
0.50~1.00	25	50	33	81	42	106	55	154
>1.00	30	60	39	98	51	127	66	185

单井注醇量考虑从气井产气、产水及温度变化出发，结合单井产水实施调控，调控原则是单井产量越高、气温越低、产水量越大、管线越长拐角处越多，注醇量越高。

注醇量的确定：采用现场经验与理论计算相结合的方法，即现场注醇以计算结果为依据，通过观察压力及气量的变化情况，若气井运行平稳，则适当调小注醇泵的行程，若气井压力及气量出现波动则适当调大泵的行程。通过多次反复调整，从而确定出气井在不同工作制度和环境下的最小注醇量。

注醇工艺采用高效的集中注醇工艺，高效集中注醇工艺主要包括以下方面。

(1)集气站设置甲醇罐和加注泵。采用双头隔膜甲醇加注泵。每 2 个井组设 1

台具有高可靠性的双头隔膜式加注泵。集气站至管辖的采气井组，每个丛式井组敷设 1 条加注管线；注醇泵出口同时设置外输的集气管线注醇管线。

（2）井口至采气汇管采用黄夹克保温措施，注醇点移至采气汇管。

（3）甲醇注入量主要通过集气站加注泵出口阀控制。

（4）集气站注醇工艺流程为甲醇自集气站内的甲醇储罐来，通过集气站设置的加注泵向采气井场和外输集气管线注入甲醇。延安气田高效注醇工艺流程示意、注醇泵及井口照片分别如图 8-48 和图 8-49 所示。

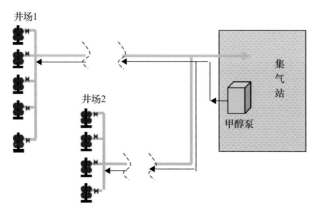

图 8-48　集中注醇工艺示意图

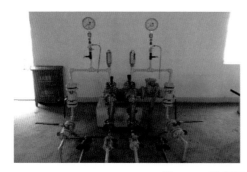

图 8-49　注醇泵及井口照片

集中注醇工艺与高压集气工艺的单井注醇工艺相比具有以下优点：①平均注醇量、单井注醇管线平均长度、注醇管线压力等级大幅度降低。注醇管线压力等级由 25MPa 降低至 8.0MPa，单井平均注醇管线长度降低 40%～50%。②单台注醇泵辖气井数明显提高。单个注醇泵管辖气井数从 1.21 提升至 3.01。③能够实现同时为集气管线、采气管线和集气干线注醇。④适应山区地形的生产需要，减少雨雪天气对生产的影响。通过在延安气田的水合物防治技术应用，经过对井下节流器的持续改进完善，提高井下节流器的打捞成功率，并优化注醇参数，形成延安气田特色"井下节流为主，注醇为辅"的致密气田井筒天然气水合物防治技术。

参 考 文 献

[1] 辛翠平, 张磊, 王凯, 等. 延安气田 Y 井区稳产时间研究[J]. 非常规油气, 2019, 6(2): 79-84.

[2] 马镝. 低渗透气田气井产量递减规律分析[D]. 西安: 西安石油大学, 2013.

[3] 孙贺东. 油气井现代产量递减分析方法及应用[M]. 北京: 石油工业出版社, 2013.

[4] 尤星, 李赟, 李媛, 等. 苏里格气田井下节流气井积液高度计算方法[J]. 石油化工应用, 2016, 35(3): 85-88.

[5] 谈泊, 冯朋鑫, 王惠, 等. 苏里格气田井下节流状态积液井判断方法探讨[J]. 石油化工应用, 2013, 32(4): 22-25.

[6] 向耀权, 辛松, 何信海, 等. 气井临界携液流量计算模型的方法综述[J]. 中国石油和化工, 2009, (9): 55-58.

[7] 李闽, 孙雷, 李士伦. 一个新的气井连续排液模型[J]. 天然气工业, 2001, 21(5): 61-63.

[8] 杨川东. 采气工程[M]. 北京: 石油工业出版社, 2000.

[9] 王毅忠, 刘庆文. 计算气井最小携液临界流量的新方法[J]. 大庆石油地质与开发, 2007, 26(6): 85-85.

[10] 李海涛. 天然气工程(第三版·富煤体) 采气工程分册[M]. 北京: 石油工业出版社, 2017.

[11] 廖锐全, 曾庆恒, 杨玲. 采气工程. 第二版[M]. 北京: 石油工业出版社, 2012.

[12] 李士伦, 等. 天然气工程. 第二版[M]. 北京: 石油工业出版社, 2008.

[13] 杨涛, 余淑明, 杨桦, 等. 气井涡流排水采气新技术及其应用[J]. 天然气工业, 2012, 32(8): 63-66.

[14] 邓雄, 王飞, 梁政, 等. 低渗产水气井间歇开采制度研究[J]. 石油天然气学报, 2010, 32(6): 158-161.

[15] 牟春国, 胡子见, 王惠, 等. 井下节流技术在苏里格气田的应用[J]. 天然气勘探与开发, 2010, 33(4): 61-65.

[16] 刘鸿文, 刘德平. 井下油嘴节流机理研究及应用[J]. 天然气工业, 1990, 10(5): 57-62.

第九章 地面集输与处理技术

天然气地面集输与处理是指在天然气开采过程中，从天然气井口开始，利用管网将天然气收集并输送至集中处理站场，净化处理至符合商品天然气质量标准，然后通过外输的方式将商品天然气输送到下游用户的一个重要环节，天然气地面集输与处理技术是天然气开发技术的重要组成部分。我国的致密气主要分布在高原、山地、丘陵和荒漠等地区，地面集输难度大；加上致密气单井产量低，一般采用衰歇式开发，投产后的递减率高，稳产主要依靠区块的接替和打加密井，致密气地面集输的设计和优化一般需要尽可能遵从简化工艺、节省投资、降低运行成本等基本理念。

第一节 集 气 工 艺

一、国内外常见集气工艺

目前，国内外常见的气田地面集输工艺主要包括高压集气工艺、中压集气工艺、中低压集气工艺，以及低压、负压集气工艺四种工艺形式。

1. 高压集气工艺

高压集气工艺的主要特点是"高压集气、集中注醇、多井加热、轮换计量、站场脱水"，即井口不加热、不节流，通过高压采气管线输往集气站，在集气站内集中加热、节流、计量与处理。为防止集气过程中形成水合物冻堵，需要注入水合物抑制剂来解决，抑制剂一般采用甲醇、乙二醇等，其中注甲醇应用最为广泛。注醇方式常采用在集气站集中设置注醇泵，一井一泵集中向井口注醇，注醇管线和采气管线同沟敷设。高压集气工艺流程如图 9-1 所示。

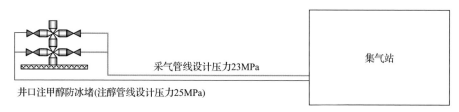

图 9-1 高压集气工艺流程

高压集气工艺的井场流程简单，便于控制管理，同时充分利用了地层压力的节流效应脱水脱烃，应用范围较为广泛。

高压集气工艺主要适用于气井较多、井口压力大、生产压力稳定、压降慢、单井产量相对较高的天然气田开发。不足之处在于由于气井间的压力差异，易造成系统压力匹配困难；而且由于每口井都要设置采气管线和配套的注醇管线，投资较高。例如，长庆靖边气田采用高压集气工艺，井口不节流，采气管线按关井压力25MPa设计，其目的是简化井口流程，实现无人值守[1]。高压集气工艺以长庆靖边气田、榆林气田及中石化华北石油局大牛地气田为代表。

2. 中压集气工艺

中压集气工艺一般适用于单井产量较高或生产井数量较少的天然气田。主要有单井加热节流中压集气工艺和井下节流中压集气工艺两种方式。

单井加热节流中压集气工艺的主要特点是在井场设加热炉，天然气在井场加热节流后，通过中压采气管线输往区域集中处理站进行分离、脱水处理后外输，工艺流程如图9-2所示。该工艺设置单井加热站，投资高、管理点分散。适用于井口压力大、单井产量较高、生产井数量少的天然气田。井口加热节流地面集输模式，在四川、胜利等油田应用较多[2]，以川渝天然气田和普光气田为代表。

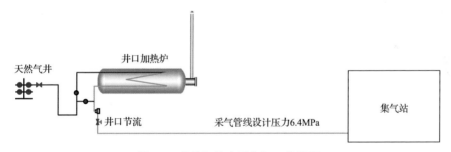

图 9-2 单井加热中压集气工艺流程

井下节流中压集气工艺的主要特点是井下设节流阀，井场和集气站不节流、不加热。节流后的压力通过净化厂或外输压力反推的井口压力来确定，同时通过模拟测算该压力下井口天然气水合物的形成温度确保夏季不注醇冬季少注醇。工艺流程如图9-3所示。

3. 中低压集气工艺

中低压集气工艺的主要特点为井下节流、井口不加热、不注醇、带液计量、井间串接、常温分离、二级增压、集中处理等。即采用井下节流、多井串接、采气管线中低压输送、集气站设置压缩机增压外输的工艺，其突出特点是冬夏季集输系统采用不同运行的压力，实现井口和采气管线少注醇或者不注醇。冬季井口

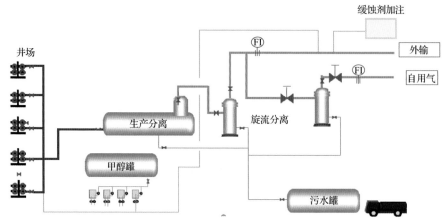

图 9-3 井下节流中压集气工艺流程
FI 为流量计

压力节流至 1.3MPa 左右，集气站增压运行，实现低压集气；夏季气井井口压力节流至 4～6MPa，实现中压集气。该工艺集气站不设置加热炉，简化了集气站流程。集输管网方面，采气管线就近串接入集气干管，节省了部分单井管线投资。中低压集气工艺流程如图 9-4 所示。

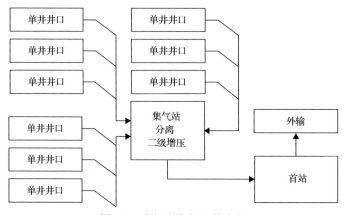

图 9-4 中低压集气工艺流程

中低压集气工艺的集气站工艺流程简单，管线压力等级低，井下节流充分利用了地层能量，建设投资和运行成本均较低。不足之处在于下游需设置压缩机增压外输。中低压集气工艺适用于"低孔、低渗、低产、低丰度"的四低天然气田，以长庆苏里格天然气田、延安气田为代表。

4. 低压、负压集气工艺

低压气增压集输工艺是将低压气直接增压来提高压力以满足管输要求的集气工艺。增压的主要方式有压缩机增压和引射器增压两种。负压集气是指利用一定的工艺设备，将气井井口压力由不低于大气压降为负压来实施采气。这项技术可以加快开采速度和提高最终采出程度，使有限的能源得到充分的利用。

以美国为例，Columbia 输气公司所属的天然气田 20 世纪 70 年代中期以来就使用了功率在 60～450kW 的小型压缩机组 100 多套实施低压负压集气。由于压缩机装置大多位于边远的地区，一般采用无人值守。SanJuan 盆地、BlackWarrior 盆地的煤层气整装开发广泛地采用低压集气技术，Warren 石油公司、北方天然气公司、LongStar 气体公司所属得克萨斯州的 Ranger 油田、潘汉德东部管道公司所属的西得克萨斯潘汉德天然气田等都采用了负压集气技术[3]，利用负压集气管网对多口井同时进行负压采气和集气。

低压、负压集输工艺在我国研究起步较晚，四川气田曾进行过低压采气及其配套的增压集输工业试验。负压集气在我国应用相对较少，除在采卤伴生气和浅层天然气中曾应用过外，在天然气和石油伴生气的正规开采中应用很少。

比较四种集气工艺类型，高压集气工艺投资相对较高，适用于气井较多、井口压力高、生产压力稳定、压降慢、单井产量相对较高的天然气田开发。单井加热中压集气工艺适用于井口压力大、单井产量较高、生产井数量少的天然气田。从投资、成本和工艺上来说，井下节流中压集气工艺和中低压集气工艺对于致密气的开发具有明显优势。主要集气工艺比较见表 9-1。

表 9-1　主要集气工艺比较表

类别	特点	适用范围	不足之处	投资	代表气田
高压集气工艺	高压集气、集中注醇、多井加热、轮换计量、站场脱水	适用于气井数较多、井口压力高、生产压力稳定、压降慢、单井产量相对较高的天然气田开发	气井间的压力差异，易造成系统压力匹配困难	较高	靖边气田、榆林气田、大牛地气田
中压集气工艺	单井加热节流中压集气工艺需要井场设加热炉，在井场加热节流	适用于井口压力大、单井产量较高、生产井数量少的天然气田	管理点分散	较高	川渝天然气田和普光气田
中低压集气工艺	井下节流、井口不加热、不注醇，集气站或净化厂二次增压	单井产量更低、稳压时间短的区块	下游需设置压缩机增压外输	低	苏里格气田
低压、负压集气工艺	对低压气直接增压而提高压力，从而满足管输要求	可以加快开采速度和提高最终采出程度，使有限的能源得到充分利用	氧气污染、设备贵、管道腐蚀、工艺相对复杂	高	国内很少用

二、延安气田集气工艺优化

延安气田位于地形条件复杂的多层砂体的平面展布、空间叠合关系复杂，为混合井网立体开发模式，地层能量较弱。地面集输主要的做法是尽可能简化站场工艺节约土地与投资，优化集输管线以降低投资和生产运行成本。先导实验区采用高压集气工艺，井口不节流，高压天然气经单井管线直接进入集气站[4]。集气站加热节流、气液分离后外输，工艺较为复杂且投资高，生产的过程中暴露出"压力下降快、系统压力匹配困难、携液能力差、建设投资和运行费用高"等诸多问题[5]，在后续的开发过程中积极开展工艺优化与调整，秉承保证气田运行稳定性、尽可能降低投资和运行成本的基本原则，气田生产初期尽可能不加热、不节流、不增压，在主体产气区采用中压集输工艺，在相对低产区采用中低压集输工艺。

1. 中压集输工艺

中压集输工艺主要工艺特点是井下设节流阀，井下节流后的压力依据净化厂进站压力或外输压力反推的井口压力确定，一方面充分利用地层能量进行天然气井下节流后的复温，同时实现集输过程不加热、不增压、不节流；另一方面开展模拟测算该压力下天然气的水合物形成温度，尽可能实现气田集输过程的夏季不注醇、冬季少注醇。

天然气经井下节流后通过采气树接入采气管线。井场设置紧急切断阀，当采气管线出现超压自动切断，保护后续管线。为防止采气过程中水合物冻堵，在集气站内建注醇泵房，集中向单井注入甲醇抑制剂，单井计量采用差压式或旋进旋涡流量计并预留移动计量撬接口。

集气站采用"不加热、不节流、常温脱水、湿气外输"的工艺技术，缩短了集气站流程，简化了集气站站内工艺[6]。集气站进行天然气的气液分离、天然气出站计量、集中注醇、污水和甲醇装卸车、清管配套、站场事故状态下紧急截断和安全放空等。气田开发初期，井口气压节流至 6.3～6.8MPa 输至集气站，经生产分离器、旋流分离器分离后外输。站内设注醇泵，注醇管线和采气管线同沟敷设，冬季向井筒内注醇。延安市夏季地温为 16℃，水合物形成温度为 10～13℃，运行温度高于水合物形成温度，夏季不需注醇。由于气田压力递减，一般气田开发 5～7 年后，井口压力降低不能满足输送压力要求，根据不同气井压力降情况，在集气站内逐步增设压缩机，压缩机多采用气驱的往复式压缩机。

2. 中低压集输工艺

针对单井产量更低、稳压时间短的区块，延安气田的地面集输工艺的优化选择主要基于以下考虑：考虑气田气藏条件差，气田开发两三年内就需要增压稳产，采用中低压集气工艺虽然在气田开发初期就需要在集气站设置增压机，但能够节省集气站至井场的注醇管线投资。在综合对比压缩机投资及其运行费用、集气站至井场注醇管线的投资后，多数采用了中低压集输工艺。

该工艺的主要特点是整体集输系统遵照中压集输工艺设计，与中压集气工艺不同之处：一是井口与采气管线不注醇，二是集气站设压缩机增压。冬夏季采用不同的运行方案，夏季采用与中压集输工艺完全相同的运行方案，不加热、不注醇、不运行压缩机；冬季气温低的时间段运行集气站内的压缩机增压，通过压缩机进口背压的抽吸效应,实现井口至集气站的采气管线低压(运行压力由天然气水合物生成曲线及地温曲线确定)运行,确保采气管道内不形成水合物。中低压集输整体流程见图9-5。

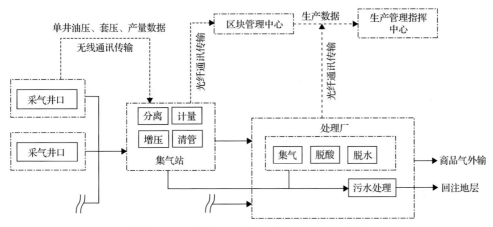

图 9-5　延安某气田中低压地面集输整体流程

井场流程为气井井下节流,出油嘴的天然气经高低压紧急切断阀,通过中压采气管线去集气站。气井单井紧急切断阀后采用差压式或智能旋进流量计计量并预留移动计量撬接口。集气站至井场不铺设注醇管线、不设注醇点。

集气站进行天然气的气液分离、增压机增加、天然气出站计量、集气管线注醇、污水和甲醇装卸车、清管配套设施、站场事故状态下紧急截断和安全放空等;夏季工况时采用中压集输工艺,压缩机不运行。冬季工况时,通过集气站的压缩机抽吸保证井口至集气站的采气管线低压运行,进站后经生产分离器分离后,进入压缩机增压、冷却、外输,站内设集气管线注醇泵,外输前需注醇,保证外输天然气不生成水合物。压缩机采用燃气驱的往复式压缩机。

气田运行至中后期,井口压力低于外输压力时,集气站压缩机全年运行,全年维持低压运行模式。

第二节　集输管网优化与管道积液防治

复杂地形的致密气田,一方面单井产量低、递减速度快,稳产及高效开发难度较大;另一方面地形沟壑纵横、山高、坡陡、地形破碎,造成地面集输管线路由选择、站场选址难度大,施工难度大、工程建设投资高;另外,气田地面集输管道的高低起伏,造成天然气集气过程中的管道积液,影响管道的安全稳定运行。气田地面集输一方面要保证集输管线整体的压力梯度满足集中净化处理及外输输送的要求,尽可能消除管线积液和水合物的不利影响,保证天然气的正常集输;

另一方面需要尽可能优化场站选址与采气集气管线路由，降低地面集输工程投资以确保较好的经济效益。

一、集输管网优化

延安气田针对井数多、单井产量低及地形条件复杂等实际情况，通过采用适当增加集气站辖井数、缩短采气管线长度、减少地形起伏变化对管线积液影响等手段，积极开展多工况模拟、集气站合理选址和管网优化。

集气站选址尽量选择地势较低、相对平坦的区域，控制集气半径不大于8km，对于个别偏远丛式井组，采用井口设置分离器脱水、增设清管收发球装置防止管道积液，提高集气站纳入井数。

采气管线尽可能由高向低沿川道铺设，降低地形起伏对管线积液的影响。由于气井产量普遍较低，采气管线采取井间串接工艺。

井场天然气采用"枝上枝"形式进站，集气站至净化厂的管线像树干，集气站间的管道像树枝，采气管线像小的树枝[4]。实现采气管线"一井场一管线"或"多井场一管线"，明显缩短了采气管线总长度，减少了集输管线工程量，降低了气田地面集输工程投资。延安气田某区块管线辐射枝上枝连接见图9-6。

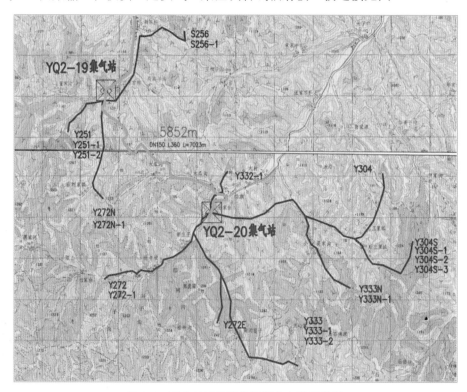

图9-6　延安气田某区块辐射枝上枝管线图

二、管道积液预测与防治技术

1. 天然气集输管道积液主要危害

(1) 形成段塞流和水堵。积液会降低管内气体的有效输送截面积，增加输送阻力，尤其在地势起伏较大的地段，极易形成段塞流，导致气井井口压力过高，紧急切断阀频繁紧急起跳关井；严重时形成水堵，需人工到井场进行采气管线积液返排作业后才能恢复正常生产。

(2) 形成天然气水合物。采气管线内有积液存在时，在一定压力、温度条件下(尤其是冬季)会形成水合物，造成冻堵并影响生产。

(3) 影响生产时间。采气管线内积液可能造成井口压力超压、井口紧急切断甚至井口被迫关停和排液，造成年生产时间减少，影响气田产量。

(4) 加速管线腐蚀。天然气管道中的积液低点聚集，积液中的 CO_2 等会加快管线的局部腐蚀速度。

因而预测和预防管道积液对于气田地面集输的生产运行具有重要的意义。

2. 管道积液模拟预测

集气管线积液的主要原因包括集气半径过大、集气管径偏大导致的携液能力降低、管线沿程较大的高差起伏、气井含水量超预期等。

延安气田地形条件复杂，在设计阶段积极通过管道积液预测辅助管道路由的优化选择与设计。管道积液的预测主要针对集气半径较大、管线沿程地形高差起伏大的"爬坡段"和"U 形管段"，采用多相流模拟软件 OLGA 进行模拟[7]。主要输入参数包括管线沿程地形参数、天然气组分与含水量、管线运行压力、冬季地温参数等；按照不同的管径、输气量进行软件模拟计算。通过预测携液情况以及是否可能出现的段塞流，判断是否会影响管道的稳定运行。管道积液模拟选择见图 9-7。

积液模拟如发现管道积液比较严重，首先考虑通过调整采气管线管径、调整天然气产量，或者同时调整管径和产量增压管道携液能力，降低管道积液；如果仍无法实现管道积液程度的有效降低，则考虑管道路由的重新优选。

提高天然气产量和减小管径均有利于管线中天然气的流动，提高天然气流速，增加携液能力，降低井口回压，而且管内天然气的流动状态有了很大的改善，持液率能得到有效较低。以 Y165 气井为例，由于采气管线较长、管线路由起伏大，通过优化调整后，管道积液仍然可能导致井口回压高于紧急切断阀关断压力。因而考虑了井口脱水或管线路由的再次优化等措施。Y165 气井采气管线管道积液模拟及调整后模拟如图 9-8 和图 9-9 所示。

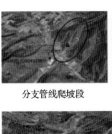

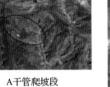

分支管线爬坡段　　　　A干管爬坡段　　　　　　G干管爬坡段　　　安2井组分支管线爬坡段

A干管U形段　　　　　　　　　　　　　　　G干管U形段

图9-7　某区块部分管道积液模拟选取区域示意

图9-8　延安气田Y165井采气管线积液模拟结果示意图

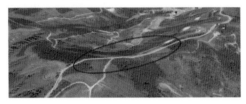

图9-9　延安气田Y165气井采气管线积液优化管径和产量后的模拟示意图

3. 延安气田管道积液防治

1) 设计阶段的管道积液预防

延安气田地形条件复杂，在工程可行性研究与设计过程中，坚持通过合理布置集气站和管线路由优选，严格控制集气半径和管径大小，合理气井配产确保天然气流速控制在经济流速范围内；集气管线路由坚持结合地形条件，管线路由选择应尽可能避免连续长距离的爬坡或 U 形地段，采气管线走向尽量顺地势情况由高向低沿川道铺设，提升管道携液能力。

通过集气站选址的优化、集气管线集气半径以及管线路由的调整，开展重点部位的集气管线的管道积液模拟预测，做好在设计阶段的管道积液的预防。

2) 生产过程防治管道积液的措施

采用管线吹扫、管线通球、加泡排剂、井场返排、井口脱水等常见措施处置气田生产过程中的管道积液。

(1) 管线吹扫。

管线吹扫一般采用反向吹扫和惰性气体(氮气)吹扫两种方法。反向吹扫是利用集气站已采出天然气反向吹扫排出采气管线中的积液，防止管线内水合物的生成。该方法需要天然气放空和积液外排，存在安全隐患和天然气浪费；氮气吹扫是利用撬装制氮设备定期进行管线吹扫作业，不足之处在于需要增加制氮设备。

(2) 管线通球。

管线通球是把具有一定硬度和弹性的橡胶球当成球形活塞，橡胶球内充满盐水，排出球内空气，然后打压涨开，其过盈量达到 4%～8%，使橡胶球在管内的外皮紧贴管内壁，形成一个密封的、具有一定硬度的球形活塞。当球后的气体压力大于球前的气体压力时，球形活塞在差压的作用下克服球与管壁之间的摩擦阻力、管内积液的阻力向前移动，实现管道清管和排液。

(3) 加泡排剂。

加泡排剂是利用管线积液与表面活性剂接触后，借助天然气流搅动产生大量低密度含水泡沫，降低积液的表、界面张力，含水气泡随气流快速通过管线，使液体以泡沫的方式被带出，达到排出管线积液的目的。目前延安气田 Y145 井区主要使用该方法消除管线积液。

(4) 井场返排。

定期进行井场放喷返排是快速解决管线积液的有效措施，也是目前气田主要的解决措施之一，该方法与反向吹扫类似，由于存在安全隐患和天然气浪费，在延安气田较少应用。

(5)井口脱水。

由于井口安装脱水装置要明显增加投资和生产运行管理难度，在延安气田应用仅限于极个别偏远气井。目前延安气田正在试验适用于安装井口的管式旋流脱水器，具有体积小、安装维护方便、脱水效率高的特点，如果能实现大面积推广，可以有效防治采气管线的管线积液。

第三节　标准化设计与撬装化技术应用

复杂地形条件下的气田地面集输工程量大、施工难度大、建设工期长等是现实存在的问题。标准化、撬装化设计更能适应气田滚动开发、快速建产的需要，规模系列化、统一工艺流程、统一模块划分、统一设备选型、统一建设标准的气田地面集输工程标准化设计具有明显优势。

延安气田开发地面集输设计积极采用集气站标准化、模块化设计技术。一是按照不同的集气规模对集气站统一工艺流程，统一模块划分、统一设备选型等；二是开展撬装式集气站试验应用与推广。大幅度提高了工程设计、设备采购和施工周期。

集气站场应用标准化设计，一般按照 $15 \times 10^4 m^3/d$、$30 \times 10^4 m^3/d$ 和 $50 \times 10^4 m^3/d$ 三种规模对集气站标准化设计[6]，部分集气站适时采用撬装式集气站设计。大大减少了设计、采购和施工工作量，缩短建设周期。标准化、模块化设计示意图如图 9-10 所示。

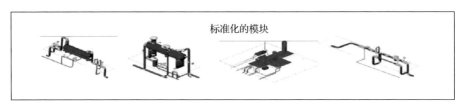

(a) 标准化模块

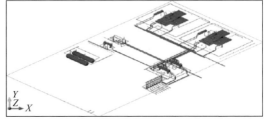

(b) 模块化标准化设计

图 9-10　标准化和模块化设计示意图

采用标准化、模块化设计有以下特点。

(1)利用先进、科学的技术，根据区块不同功能将阀组、加热炉、分离计量、排污、清管等区块进行多系列化、多规格化的模块化、标准化模块设计。

(2)将结构先进、性能可靠的阀件、工艺设备及控制仪表等统一规格、统一品牌，并在工厂集成组装、检验确保质量，现场施工只需完成模块与模块间的连接。

(3)采用模块化、标准化，可大大优化设计，缩减设计工作量。工艺专业只需根据新区块的开发方案选用适宜的规格，然后进行模块间的配管连接。

(4)布置紧凑，结构规则，加工容易，现场安装方便、迅速。实现设备材料标准化、规格化。

(5)模块化设计装置，现场搬运安装方便，便于批量采购，采购周期可大大缩短，能够更好地适合气田滚动开发的需要。

(6)模块化、标准化设计可实现施工方提前预制管材，提前采购设备，缩短施工周期。

延安气田采用的撬装式集气站，站内设备采用组合式撬装装置，主要包括进站阀组撬、分离分液撬、脱水撬、注醇注剂撬、外输计量撬等，设计、采购和施工工作量大幅度减少，缩短项目的建设周期。

第四节 防止地质灾害的工程应对措施

复杂地形地貌的油气集输管道的建设，尤其是延安市黄土塬的地形地质条件，主要重点考虑地表湿陷沉降、滑坡、崩塌、坍塌、洪水等影响。延安气田的主要做法是通过划分重点区域、确定重点部位，在适度范围内增加管线埋深、严格规范管沟开挖回填、线路土工构筑物及水工保护等措施进行管线安全风险的预防。

一、充分考虑不同工程区域的管线埋深要求

根据有关规范规定及地形地区等级、土壤类别和物理力学性质，在保证不受冻土层影响的条件下，重点考虑强降雨、洪水灾害等条件下管线稳定性的要求，综合确定管道的埋深。

(1)要充分考虑冬季冻土层的影响，管线埋深应位于冻土线以下并留有一定的余量。

(2)山区河谷根据河流冲刷度确定埋深。穿越大中型河流时，管顶埋设至少置于百年一遇洪水时最大冲刷层以下和河床稳定层以下；在河流滩地范围内

敷设时，埋设深度根据河流穿越位置的冲刷深度及河流防洪等级等综合确定管道埋深。

(3)特殊地质地段，根据相应的地质条件，考虑适度增减管道埋深。

二、线路土工构筑物的要求

地面采气、集气管线土工构筑物主要包括挡土墙、护坡、阻水墙、淤土坝和抗冲层等。

(1)挡土墙。挡土墙材料选用条石、灰土、水泥固化土、加筋土、混凝土、钢筋混凝土等。基础埋置深度满足稳定性和承载力的要求。并根据附近地形、地貌及水体浸入情况，修建必要的截水沟、排水沟或封闭地表等措施。并根据填料透水性能设置泄水孔、墙背反滤层。

(2)护坡。坡面平整夯拍后多采用灰土垫层，必要时坡面用水泥砂浆浆砌石或预制混凝土板。

(3)阻水墙、淤土坝、抗冲层。一般采用灰土或其他固化土，高差较大时，抗冲层材料采用块石或预制混凝土块砌筑。

三、特殊段水工保护要求

1. 河流、冲沟地段的水工保护

(1)岩质段岸坡。考虑河岸较稳定，一般采用浆砌石等刚性护岸结构。

(2)土质段岸坡。河岸地质良好时，采用浆砌石结构形式护岸；当河岸地质不良时，则可能受水力侵蚀、河流态势影响较大致使河岸垮塌而不稳定，一般采用自身调节能力较强的散体材料柔性护岸结构。

(3)岸坡较缓(坡度小于45°)且水深较浅时，采用浆砌块石护坡形式。

(4)岸坡较陡(坡度大于45°)且水深较深时，采用浆砌块石重力式挡土墙护岸形式；当河流、冲沟的岸坡情形复杂、水深变化较大时，采用重力式挡土墙与护坡相结合的复合护岸形式。

(5)河流岸坡护坡、挡土墙的基础埋深要充分考虑管线穿越岸坡处局部最大冲刷深度；情况特殊的两岸的防护宽度宜适当加宽。

2. 管线穿越河流、冲沟段河床防护

(1)基本稳定的土质河床及河床表面砂砾层较厚的河床采用过水面护底措施。管线应埋设在最大冲刷线1.0m以下，管沟基础采用细石混凝土垫层，过水面一般采用符合规定厚度的石笼、抛石、干砌石、浆砌石、混凝土结构，过水面宽度不小于管沟上口宽度，长度应覆盖管道穿越长度并嵌入两侧河沟岸。

(2)岩基河床或岩基表面砂砾层埋深较浅的河床,铺管后管沟采用满槽混凝土连续浇筑稳管。

(3)土质河(沟)床的冲刷采用地下防冲防护。防冲墙的结构形式一般采用浆砌石、石笼或混凝土地下防冲墙,位置根据河沟床的纵坡程度设置于管道穿越下游的 5～10m 范围内。

对于冲刷强烈的河、沟道,多采用防冲墙与过水面相结合的组合防护形式。河、沟床比较大的河、沟道,多采用多级防冲墙的组合防护形式。

3. 管线穿越田埂、陡坎及路堤、路堑保护

(1)管线穿越田埂,施工完成后采用浆砌片石护坡、挡土墙、原土夯填等方式恢复田埂,避免耕作土壤的流失。

(2)管线穿越陡坎,对于稳定的边坡,采用直立式砌石挡土墙的形式;对于不稳定边坡,采用混凝土加设锚杆支护形式;对较坚硬的大面积岩体,可根据工艺要求开凿管沟并对管道采用混凝土包裹进行防护。

(3)对受到开挖管沟影响的路堤、路堑,有防护结构的按原结构恢复路堤、路堑;无防护结构的可根据实际情况适当加设砌石挡土墙、护坡路堤、路堑,以确保管道及穿越处道路的安全。

第五节 天然气处理与利用技术

天然气田生产过程中,从地层中开采出来的天然气通常都含有砂、铁锈等固体杂质,以及水、水蒸气、硫化物和二氧化碳等有害物质,这对天然气的输送、储存以及自身热值都存在负面影响,需要采用一些工艺进行净化处理,使其达到国家商品天然气质量指标。天然气净化一般包含天然气脱酸工艺、天然气脱水工艺、轻烃回收工艺等过程。

一、天然气脱酸工艺

天然气脱酸是指将原料气中的 H_2S、有机硫化物及 CO_2 脱除的过程。常用的脱酸方法有化学吸收法、物理吸收法、混合溶剂吸收法、直接氧化法及其他脱酸法等,其中以化学吸收法中的醇胺法及砜胺法应用最广,本节仅对常用的化学吸收法进行简要介绍。

化学吸收法是采用某种溶于水的碱性溶液和酸性气体(H_2S, CO_2)反应生成"复合物",以化学结合的方式"吸住"酸性组分,然后通过提高温度和降低压力解析出酸性组分的过程。醇胺溶液是化学吸收法内使用最为广泛的吸收

剂，醇胺法也是目前使用最广的天然气脱酸工艺。醇胺法脱硫脱碳工艺流程见图 9-11。

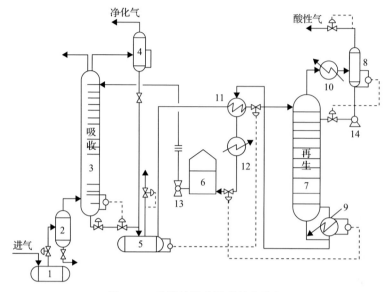

图 9-11 醇胺法脱硫脱碳基本流程

1-分离器；2-分液器；3-吸收塔；4-分离器；5-中间闪蒸罐；6-乙醇胺储槽；7-再生塔；8-回流槽；
9-再沸器；10-冷凝器；11-热交换器；12-冷却器；13-循环泵；14-回流泵

醇胺法脱硫脱碳工艺根据是否同时脱除 H_2S 和 CO_2 分为常规醇胺法和选择性醇胺法。

1) 常规醇胺法

常规醇胺法在工业上获得应用较早，可同时脱除 H_2S 和 CO_2。按照吸收溶剂的不同主要分为一乙醇胺（MEA）法、二乙醇胺（DEA）法、二异丙醇胺（DIPA）法、二甘醇胺法（DGA）法等。

一乙醇胺（MEA）法脱除 H_2S 和效率高，能达到很高的净化度，但由于 MEA 与氧硫化碳（COS）及二硫化碳（CS_2）发生不可逆降解，不适用于处理含 COS 及 CS_2 的天然气，而且 MEA 溶液具有一定的腐蚀性，通常要控制 MEA 溶液浓度在 15%左右。

二乙醇胺（DEA）法适用于处理含 COS 及 CS_2 的天然气，不适用于高压条件的天然气净化。

二异丙醇胺（DIPA）法能耗较低，腐蚀性也较弱，不足之处在于 DIPA 相对分子量大，熔点较高导致配置溶液较为困难。

二甘醇胺（DGA）法的 DGA 溶液可采用较高浓度，有利于减少循环量节能效果良好；而且 DGA 溶液的凝固点较低，能够较好地适用于沙漠干旱地区和寒冷地区。

2）选择性醇胺法

选择性醇胺法具有选择性脱硫的特点。气体中同时存在 H_2S 和 CO_2 的条件下，能够几乎完全脱除 H_2S 而仅吸收部分 CO_2 的工艺。选择性胺法的工艺流程与常规胺法基本相同，通常在吸收塔设置数个贫液入口以便根据工况调节从而获得最佳的选择性吸收效果，该工艺具有适应于 H_2S 负荷高 H_2S 净化度变化灵敏、能耗低、装置处理能力增大，但抗污染的能力较弱等特点。

选择性醇胺法最常用的是甲基二乙醇胺（MDEA）溶剂，具有选择性好、节约能量、腐蚀轻微、稳定性好、溶剂损失小等特点。目前，通常根据工业生产需求对 MDEA 溶液进行复配改进。

脱酸工艺比选时应考虑的因素包括：①天然气中酸气的类型和各种酸性组分的含量；②天然气处理规模及压力、温度等；③是否需要选择性地脱除某酸气组分，从酸气中回收硫磺的可行性；④重烃和芳香烃在气体中的数量；⑤管输、下游加工工艺要求，以及销售合同、环保等强制性要求等。

延安气田 CO_2 含量较低，考虑延安气田的天然气处理气量较大、CO_2 含量低，天然气脱碳工艺采用成熟的 MDEA 吸收工艺。对天然气 CO_2 含量低于国家商品天然气 II 类气指标的只建设天然气脱水装置。

二、天然气脱水工艺

天然气脱水是指将原料气中的游离水和水蒸气脱除的过程。常用的脱水方法有低温分离法、固体吸附法、溶剂吸收法等，其中溶剂吸收法中的甘醇脱水多应用于大规模天然气脱水且应用最为广泛，固体吸附法则多适用于处理规模较小且需要深度脱水的场合。

1. 固体吸附法

固体吸附法是利用固体表面对临近气体（或液体）分子的吸附作用来脱除天然气中的水。吸附过程分为化学吸附和物理吸附两种。化学吸附具有显著的选择性，且不可逆，吸附速度较慢，反应时间长。物理吸附一般无选择性，属于可逆过程，吸附速度快，易达到平衡。

固体吸附法的关键在于干燥剂（吸附剂）的选择。天然气脱水的干燥剂一般应具有较大的吸附表面积、良好的吸附性和吸附容量高，同时应具有较长的使用寿命、化学稳定性和经济性且可再生。常用的干燥剂有分子筛、氧化铝、硅胶等。干燥剂的不同，天然气脱水所能达到的最小露点也不同，具体见表 9-2。

表 9-2　固体干燥剂吸附法脱水温度比较表

吸附法脱水材料	最小露点/℃
分子筛	−100
氧化铝	−73
硅胶	−60

固体吸附法具有对进气的温度、压力、流量变化不敏感，具有操作弹性大、操作简单、占地面积小等优点；缺点是气体压降较大、设备投资大、能耗高、操作运行费用高等。

2. 低温脱水法

低温脱水法是利用多组分混合气体中各组分的冷凝温度不同的原理完成天然气脱水的。目前多采用高压天然气节流制冷低温分离脱除天然气的部分水分的方法。

低温法脱水应防止水合物的形成，通常在气流中注入甲醇或乙二醇。由于甲醇沸点低，蒸汽压高，故更适合用于较低的操作温度。一般情况下喷注的甲醇蒸发到气相中的部分不再回收，液相水溶液经蒸馏后可循环使用。由于甲醇具有中等程度的毒性，可通过呼吸道、食道及皮肤侵入人体，因此使用甲醇做抑制剂时应采取相应的安全措施。乙二醇无毒，较甲醇沸点高，蒸发损失小，可以回收，且回收工艺比较成熟。甲醇和乙二醇的物理性质见表 9-3。

表 9-3　甲醇和乙二醇的物理性质

	甲醇	乙二醇
分子量	32.04	62.1
沸点(760mmHg)/℃	64.7	197.3
蒸汽压(25℃)/mmHg	120	0.12
密度(25℃)/(g/cm³)	0.79	1.11
凝固点/℃	−97.8	−13
黏度(25℃)/(MPa·s)	0.52	16.5
水溶性	完全互溶	完全互溶
特性	无色易挥发、易燃液体，中等毒性	无色、无臭、无毒、有甜味的液体

一般地，当进站天然气具有较高的压力，且与下游工艺具有较大的压差可供利用时，低温法脱水操作成本较低，且操作简单，推荐采用低温法脱水。但当无进出站压差可利用，需设置制冷机组提供天然气降温所需的冷量，制冷能耗较高，一般不推荐采用低温脱水法。

3. 溶剂吸收法

溶剂吸收法的原理是采用一种亲水剂与天然气逆流接触，从而脱除天然气中的饱和水。常用的脱水吸收剂有甘醇类化合物和氯化物盐溶液。目前广泛采用的是甘醇类化合物，常用的有二甘醇和三甘醇。

甘醇脱水工艺比较成熟，主要由甘醇高压吸收和常压再生两部分组成，吸收部分降低气体内的水含量和露点，再生部分释放甘醇吸收的水分，提浓甘醇溶液、使甘醇循环使用。甘醇脱水工艺流程见图9-12。

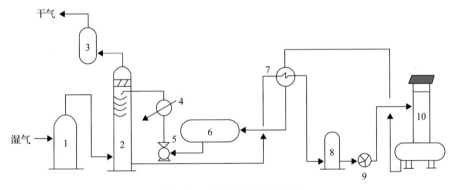

图 9-12 甘醇脱水工艺流程
1-分离器；2-吸收塔；3-雾液分离器；4-冷却器；5-甘醇循环泵；6-甘醇储罐；
7-贫/富甘醇溶液换热器；8-闪蒸罐；9-过滤器；10-再生塔

目前国内外气田普遍使用三甘醇进行吸收法脱水，主要是由于二甘醇由于再生温度限制，其贫液浓度一般为 95%左右，露点降仅 25～30℃，而三甘醇贫液浓度可达 98%～99%，露点降通常为 33～47℃。且三甘醇具有凝固点低、热稳定性好、易于再生等特点；蒸汽压低，携带损失小，27℃时仅为二甘醇的20%；吸水性强。沸点高，常温下基本不挥发，毒性很轻微，使用时不会引起呼吸中毒，与皮肤接触也不会引起伤害。纯净的三甘醇溶液本身对碳钢基本不腐蚀，发泡和乳化倾向相对较小。热力学性质稳定，理论分解温度比二甘醇高40%，脱水操作费用也比二甘醇低。一般对于水露点的要求较低，且处理气量较大，且无节流制冷的条件，一般考虑三甘醇吸收工艺。三甘醇的物理性质见表9-4。

4. 脱水工艺的比选

各种脱水方法都有特定的适用范围。脱水工艺的选择，首先要明确脱水目的和要求，然后通过综合比较分析来确定最优的脱水工艺。常见三种脱水工艺对比情况见表9-5。

表9-4　三甘醇物理性质

分子式	相对分子量	凝固点/℃	沸点(101.3kPa)/℃	密度(25℃)/(kg/m³)	溶解度	闪点/℃
HOCH₂CH₂OCH₂CH₂ OCH₂CH₂OH	150.17	−7.2	285.5	1119	全溶	177

燃点/℃	蒸汽压(25℃)/Pa	黏度(20℃)/(mPa·s)	黏度(60℃)/(mPa·s)	比热容/[kJ/(kg·K)]	理论热分解温度/℃
412.8	<1.33	37.3	9.6	2.20	206.7

表9-5　天然气脱水方案对比表

工艺	低温法脱水工艺	三甘醇脱水工艺	固体吸附脱水工艺
优点	工艺相对简单 烃、水露点可满足输送要求 采用节流制冷时能够充分利用地层能量	工程投资和操作费用较低 工艺技术成熟可靠	脱水前后露点降低多，适用于天然气的水露点要求很低的场合 与三甘醇装置相比，分子筛吸附-再生过程无废气排放 工艺技术成熟可靠，流程及操作简单，占地面积小(特别是小装置)
缺点	注乙二醇时需回收利用 需配套再生加热系统 无地层能量利用，需采用制冷机组制冷，一次性投资及能耗较高	三甘醇需再生回收利用 露点降较小，不能满足深冷分离需要 需配套再生加热系统 流程较直接低温脱水工艺复杂	对于大装置投资和操作费用高。对处理量小，投资和操作费用与三甘醇法相比差别不大 气体压降大，装置能耗和操作费用高

延安市埋地处地温为冬季 3℃、夏季 16℃，外输管道脱水处理后天然气的水露点在寒冬季节应达到−2℃以下。延安气田天然气脱水采用成熟的三甘醇脱水工艺。

三、轻烃回收工艺

含凝析油气田的天然气一般都需要进行轻烃回收，一方面满足外输天然气的烃露点的质量指标要求，另一方面回收的轻烃可作为副产品，天然气轻烃回收常用的有油吸收、吸附法和冷凝法三种，这里仅对使用最为广泛的冷凝法进行简单介绍。

根据制冷方法的不同冷凝法可分为冷剂制冷法、直接膨胀制冷法和联合制冷法等。

1)冷剂制冷法

冷剂制冷法是利用制冷剂蒸发时吸收蒸发潜热的性质，与天然气换热使其温度降低，从而凝析轻烃的方法。冷剂在选择时需要满足蒸发潜热大、操作压力和比体积适宜、化学稳定性好、安全性经济性较好等要求。冷剂的选用主要取决于原料气的组成、冷冻温度和轻烃回收率，目前国内常用于轻烃回收的冷剂有氨和丙烷，且丙烷冷剂的应用在不断增加。

冷剂制冷法的工艺流程为：脱水后的原料气进入原料气分离器分离后，进入原料气预冷器预冷至合适温度，进入外冷系统(丙烷制冷系统、氨制冷系统或混合制冷系统)冷却至合适温度后进入低温分离器进行分离。分离器顶部出来的干气在预冷器内与原料气换热后外输；分离器底部分离出来的凝析液进入乙烷塔进一步分离。乙烷塔顶气(主要是 C_2)输至原料气预冷器回收冷量后作为燃料气使用，底部的 NGL 再进入脱丁烷塔得到液化石油气，合格液化气可直接外输或者再进入脱丙烷塔分别脱出丙烷和丁烷。

2)直接膨胀制冷法

直接膨胀制冷法也称作自冷法，不需要外设单独的制冷系统，原料气降温所需的冷量由气体直接经过串联在系统中的各种膨胀制冷设备来提供。因此，制冷能力直接取决于原料气的组成、压力、膨胀比、制冷设备结构及热力学效率等因素。直接膨胀制冷法分为节流膨胀制冷法和膨胀机制冷法两种。

(1)节流膨胀制冷法是原料气通过节流阀从高压到低压作不可逆绝热膨胀，达到压力、温度降低的原理。经过节流膨胀后，原料气温度降低至露点以下，少量 C_2 和大量的 C_{3+} 将液化分离出来，从而满足烃露点外输要求。分离出来的凝析液经过二塔精馏可得到液化石油气和轻油，经过三塔精馏则可得到 C_3 和 C_4 产品。

节流膨胀制冷法适用于气源压力大、原料气量波动大及高压凝析气井口等情况。节流制冷具有设备简单、投资少等优点，但其能耗高、效率低、NGL 收率低，且节流后如果压力较低，则需要压缩机增压至管输压力。

(2)膨胀机制冷法是利用原料气通过膨胀机进行绝热膨胀做功的同时，压力、温度降低的原理。脱水后的原料气进入原料气分离器进行简单的分离后进入主换热器，用膨胀后的冷气作冷源，将原料气中的丙烷以上组分部分冷凝成液体。出主换热器的原料气为气液混合物，在低温分离器中将气、液分离。液相经过复热后作为脱乙烷塔的上部进料，气相经膨胀机膨胀后的低温气液相去脱乙烷塔顶分离器，液相作为回流液，气相与塔顶馏分气汇合作为主换热器冷源，出主换热器的干气并经膨胀机同轴增压机增压后外输。

膨胀机制冷法适用于原料气较贫、有足够的压差可利用且气源压力、流量及组分稳定的情况。膨胀制冷装置的主要设计参数有原料气预冷温度、膨胀比和膨胀压力。膨胀机的膨胀比一般为 2～4。若膨胀比大于 7，则需要考虑两级膨胀。

3) 联合制冷法

联合制冷法是冷剂制冷法和直接膨胀制冷法的结合，其冷量来源于制冷剂的提供和自身的膨胀制冷，该方法以直接膨胀制冷为主，冷剂制冷作为补冷之用。当原料气中烃类组分较富，采用直接膨胀制冷法产生的冷量不足，不能获得较高的 NGL 收率时可采用联合制冷法。

四、偏远气井回收与利用技术

复杂地形气田的零散井、偏远井，有的产量较低不满足铺设管线的经济性要求，有的位置偏远无法并入集输管网。常见的偏远零散气井回收利用的方案包括天然气发电、对于含碳符合国家标准的进行简单脱水处理就近供给附近用户、撬装 CNG、撬装 LNG 液化回收利用等方案，延安气田的偏远气井回收利用主要包括就近供给附近县城村镇利用、撬装 CNG 及撬装 LNG 液化等，这里仅对工艺技术相对复杂的撬装 LNG 液化技术进行介绍。

撬装 LNG 液化装置不同于基本负荷型天然气液化工厂，普遍规模较小，规模多采用几万立方米/天至十几万立方米/天，具有设备简单紧凑、尺寸小型化、装置撬装化易于搬迁、投资低等特点[8]。单井场撬装 LNG 站按照井口气计量过滤、天然气净化、天然气液化、LNG 装车及相关配套工程进行模块化、撬块化设计。

1. 撬装 LNG 装置采用的工艺技术

单井场撬装 LNG 液化装置一般采用包括天然气脱酸采用成熟的脱硫吸附法+混合胺液(MDEA+活化剂)吸收法工艺；脱水采用 4A 分子筛吸附工艺；脱汞采用浸硫活性炭工艺；天然气制冷液化采用混合制冷剂制冷工艺[9]。

(1)天然气脱碳选用 MDEA+DEA 配方溶液，溶液可实现循环再生。

(2)天然气脱水选用双塔+预吸附塔分子筛脱水流程；采用浸硫活性炭脱汞，避免对铝制冷箱的危害。

(3)天然气液化采取预冷+主冷方式，采用高效的混合制冷剂制冷工艺。

延安某气田井场撬装 LNG 装置工艺流程如图 9-13 所示。

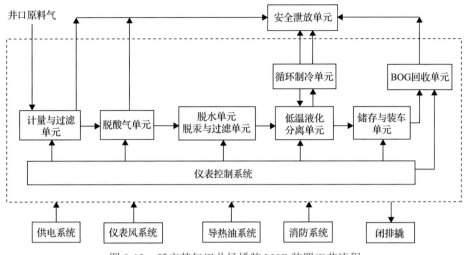

图 9-13　延安某气田井场撬装 LNG 装置工艺流程

2. 撬装 LNG 装置的工艺技术特点

(1)针对井口天然气压力波动变化，增加节流、稳压、计量与过滤功能的计量过滤撬装，降低由于天然气井压力、流量波动对撬装 LNG 装置运行的影响。

(2)天然净化采用灵活的脱硫吸附法+混合胺液(MDEA+活化剂)吸收法工艺，具有较好的现场适应性。

(3)脱酸工艺采用混合醇胺溶液(MDEA+DEA)，能够在基本保持溶液低能耗的同时提高其脱除 CO_2 的能力并较好地解决低压运行时的净化度问题。由于可以使用不同的醇胺比，也具有较大的灵活性。

(4)针对小型撬装化装置的特点，不设硫磺回收撬块，在脱酸装置入口设置填装氧化铁固体脱硫剂的脱硫塔脱除硫化氢，确保脱酸装置尾气排放符合环保标准要求。

(5)针对地处偏远、尽可能减少占地的实际情况，采用浸硫活性炭脱汞、氧化铁固体脱硫剂脱硫、分子筛吸附脱水工艺，生产过程中的分子筛、脱硫剂和浸硫活性炭采用送回厂家再生或运送至专门的固废处理中心方案进行解决，较好地解决装置生产涉及的环境保护问题。

(6)主要动力和供热采用燃气发电机组、电加热和导热油加热。燃料气气源采用 BOG 和管道原料气，燃气发电的烟气进行了余热回收利用，整体节能效果较好。

参 考 文 献

[1] 汤晓勇, 宋德琦, 边云燕, 等. 我国天然气集气工艺技术的新发展[J]. 石油规划设计, 2006, 2: 11-15, 48.

[2] 周迎, 王雪, 刘鹏飞, 等. 苏里格气田天然气集输工艺及处理方案[J]. 石油和化工设备, 2011, 5: 32-33.

[3] 陈彭兵, 苏欣, 张琳, 等. 低压气集输工艺[J]. 油气储运, 2009, 3: 1-3.

[4] 张春威, 梁裕如, 薛红波, 等. 延气 2-延 128 井区地面集输工艺技术[J]. 石油规划设计, 2016, 4: 39-40, 51.

[5] 刘祎. 王登海. 杨光, 等. 苏里格气田天然气集输工艺技术的优化创新[J]. 天然气工业, 2007, 5: 139-141.

[6] 张春威, 张书勤, 韩建红, 等. 延长气田延气 2-延 128 井区地面集输工艺的优化创新[J]. 油气田地面工程, 2016, 4: 42-44.

[7] 王国栋. 油气管线积液及清管模拟技术研究[D]. 青岛: 中国石油大学(华东), 2012.

[8] 余立军. 天然气处理措施研究[J]. 中国石油和化工标准与质量, 2014, 5: 65.

[9] 赵哲军, 杨逸, 赵守明, 等. 国内小型 LNG 撬装技术工艺可行性研究[J]. 天然气技术与经济, 2012, 3: 62-63.